前　言

可编程序控制器(PLC)作为工业自动化的三大支柱之一,广泛地应用于自动化领域。由它组成的控制系统综合了电子技术、电气控制技术、自动控制技术、微机控制和网络通信技术、传感器技术等课程的知识和技能。

本书在编写时,总结了几年来各高职院校在PLC课程的理论与实践教学方面的经验,打破了以往教材的编写思路,立足于应用型、技能型人才的培养目标,具有如下特色:

1. 本书在编写时力求体现"以能力培养为核心,以实践教学为主,以理论教学为辅"的教学思路,在体例上以实训项目为载体,注重学生的基本技能和工程素养的训练。

2. 考虑到教材的适用性,本书在PLC机型的选择上,以普遍使用的S7-200系列的PLC为主,并通过大量的生产实例来设计实训教学项目。

3. 在项目设置和内容选择上,将理论教程和实训教程合二为一。以"必需"与"实用"为原则,合理地将知识性内容和技能训练结合在一起,以利于教师和学生按照项目进行教学、学习,提高教学效率和质量。

4. 本书的实训项目按照知识点与技能要求循序渐进地进行编排。以"任务驱动"的方式导入教学内容,符合学生的学习规律,易于激发学生的学习兴趣。多数项目来自于编写人员的教学和工程实践,项目的工程性比较突出,使学生可以近距离地了解和掌握PLC的实际应用。

5. 引入气动技术、传感器技术、组态技术、变频技术等相关技术,扩大了学生的视野。

6. 教材引入了职业技能鉴定的相关内容,使学生通过实训,能够具备参加职业技能鉴定的技能水平。

本书共分6章,第1章为PLC技术基础实训,第2章为PLC指令及编程实训,第3章为PLC编程技术实训,第4章为PLC工程应用实训,第5章为PLC的综合实训,第6章为PLC模拟试题。本书主要适用于高职高专院校电气自动化、机电一体化、机械自动化、数控技术等专业的学生，也可作为PLC技术的培训教材。

本书第1章、第3章由安徽职业技术学院常辉老师编写；第2章由安徽电子信息职业技术学院江力老师编写；第4章项目4.1至项目4.6由安徽职业技术学院洪应老师编写；第4章项目4.7和项目4.8由安徽机电职业技术学院白金老师编写；第5章由安徽机电职业技术学院汤德荣老师编写，第6章由安徽职业技术学院张栩老师编写。全书由常辉统稿并任主编，由江力任副主编。本书在编写过程中得到了安徽职业技术学院程周、温晓玲、谢军等老师的大力支持，在此表示衷心的感谢。

由于编者水平有限，书中难免存在错误和不足之处，恳请广大读者批评指正，以便在今后修订完善。

编者信箱：changhui_70@163.com。

编　者

2015年5月

高职高专规划教材·电子信息系列
安徽省高等学校“十二五”规划教材

（第2版）

PLC技术实训指导教程

（SIEMENS S7-200系列）

PLC JISHU SHIXUN ZHIDAO JIAOCHENG

（SIEMENS S7-200 XILIE）

常辉 主编

北京师范大学出版集团
BEIJING NORMAL UNIVERSITY PUBLISHING GROUP
安徽大学出版社

内容简介

本书以目前工业控制中使用较广泛的西门子 S7-200 系列 PLC 为主，通过大量的生产实例来设计实训教学项目，以任务驱动方式导入教学内容，将理论教学和实践教学合二为一。全书共分 6 章，共有 30 个实训项目，8 个模拟试题，主要包括 PLC 技术基础实训、PLC 指令及编程实训、PLC 编程技术实训、PLC 工程应用实训、PLC 的综合实训及模拟试题。在各个实训项目中有重点地介绍了 PLC 的硬件、软件、指令、编程方法以及在工程上的应用，突出了学生技能的培养。本书被评为安徽省高等学校"十二五"规划教材。

本书可以作为高等职业院校、中等职业学校、社会培训机构的机电一体化、电气自动化、机械自动化、数控技术等专业的教材，也可供广大工程技术人员参考使用。

图书在版编目(CIP)数据

PLC 技术实训指导教程：SIEMENS S7-200 系列/常辉主编. —2 版.
—合肥：安徽大学出版社，2015.7
高职高专规划教材. 电子信息系列
ISBN 978-7-5664-0948-5

Ⅰ. ①P… Ⅱ. ①常… Ⅲ. ①plc 技术—高等职业教育—教材
Ⅳ. ①TM571.6

中国版本图书馆 CIP 数据核字(2015)第 127399 号

PLC 技术实训指导教程(SIEMENS S7-200 系列)(第 2 版)　　常　辉　主编

出版发行：北京师范大学出版集团
安徽大学出版社
(安徽省合肥市肥西路 3 号 邮编 230039)
www.bnupg.com.cn
www.ahupress.com.cn
印　　刷：安徽省人民印刷有限公司
经　　销：全国新华书店
开　　本：184mm×260mm
印　　张：16.5
字　　数：401 千字
版　　次：2015 年 7 月第 2 版
印　　次：2015 年 7 月第 1 次印刷
定　　价：33.00 元
ISBN 978-7-5664-0948-5

策划编辑：李　梅　武溪溪
责任编辑：武溪溪
责任校对：程中业
装帧设计：李　军
美术编辑：李　军
责任印制：赵明炎

目 录

第1章 PLC技术基础实训

学习目标

- □ 通过本章的实训，使学生初步了解PLC的基本情况。
- □ 了解S7-200 PLC的硬件和内部资源分布情况，理解PLC工作原理和基本的使用方法。
- □ 初步掌握编程软件的使用方法，学会编辑、上载、下载、监视程序的基本方法。
- □ 掌握PLC安装接线的基本方法。

项目1.1 PLC的认识及使用

1.1.1 实训目的

1. 理解PLC的基本组成，了解PLC的应用情况。
2. 认识PLC的外形结构和相关部件。
3. 理解PLC的工作原理。
4. 学会PLC的基本使用方法。

1.1.2 实训器材

1. 西门子S7-200 CPU226 PLC 1台，万用表1块。
2. 计算机1台、连接电缆1根、编程软件1套。
3. 按钮2只(数字量输入模拟开关1块)。
4. 指示灯24V 3只。
5. 电工工具1套。
6. 导线若干。

或者采用PLC实验实训装置。

1.1.3 预备知识

一、PLC 基础知识

1. PLC 基本组成。可编程序控制器（Programmable Logic Controller，PLC）是一种进行数字运算的电子系统，是专为在工业环境下的应用而设计的工业控制器。由于 PLC 具有可靠性高、抗干扰能力强、编程简单、安装维修方便、接口丰富等特点，目前已经广泛应用于工业自动化控制中。其基本组成如图 1-1 所示。

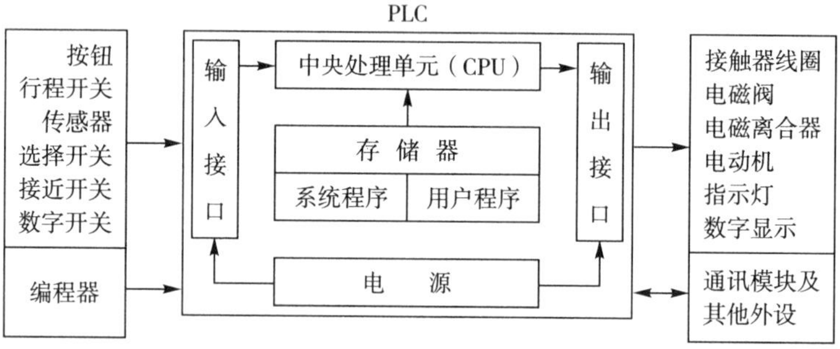

图 1-1 PLC 基本组成

（1）CPU 模块。在 PLC 控制系统中，CPU 模块相当于人的大脑，它不断地采集输入信号，执行用户程序，刷新系统的输出。

（2）I/O 模块。输入和输出模块简称“I/O 模块”，它们是系统的眼、耳、手、脚，是联系外部现场和 CPU 模块的桥梁。

输入模块用来接收和采集输入信号。数字量输入模块用来接收从按钮、选择开关、数字拨码开关、限位开关、接近开关、光电开关、压力继电器等来的数字量输入信号；模拟量输入模块用来接收电位器、测速发电机和各种变送器提供的连续变化的模拟量电流电压信号。数字量输出模块用来控制接触器、电磁阀、电磁铁、指示灯、数字显示装置和报警装置等输出设备。模拟量输出模块用来控制调节阀、变频器等执行装置。

（3）编程装置。程序可以通过手持编程器把指令输入 PLC，一般用于现场调试和维修。在给 S7-200 编程时，应配备一台装有 STEP 7-Micro/WIN 编程软件的计算机和一根连接计算机和 PLC 的 PC/PPI 通信电缆。

（4）电源。PLC 使用 220V 交流电源或 24V 直流电源。内部的开关电源为各模块提供直流 5V、12V、24V 等直流电源。小型 PLC 一般都可以为输入电路和外部的电子传感器（如接近开关）提供 24V 直流电源，驱动 PLC 负载的直流电源一般由用户提供。

2. PLC 的分类。

（1）整体式 PLC。整体式 PLC 又称为“单元式 PLC”或“箱体式 PLC”，其体积小、价格低，小型 PLC 常采用这种结构。整体式 PLC 是将中央处理单元（CPU）、存储器、输入单元、输出单元、电源、通信端口、I/O 扩展端口等组装在一个箱体内构成基本单元，在S7-200 PLC 中被称为“CPU 模块”。S7-200 系列可编程序控制器提供多种具有不同 I/O 点数的 CPU 模块和数字量、模拟量 I/O 扩展模块供用户选用。CPU 模块和扩展模块用扁平电缆连接。整体式 PLC 还配备有许多专用的特殊功能模块，如模拟量输入/输出模块、热电偶、热电阻模块、通信模块等，使 PLC 的功能得到扩展，如图 1-2(a)所示。

(2)模块式 PLC。模块式 PLC 将 CPU 单元、输入单元、输出单元、智能 I/O 单元、通信单元等分别做成相应的电路板或模块，模块之间通过底板上的总线相互联系。装有 CPU 的单元称为“CPU 模块”，其他称为“扩展模块”。这种结构配置灵活，装配方便，便于扩展。一般中、大型 PLC 常采用模块式，如图 1-2(b)所示。

此外，根据 PLC 的 I/O 点数，可以分为小型 PLC(120 点以下)、中型 PLC(120～512 点)和大型 PLC(512 点以上)。

(a) 整体式

(b) 模块式

图 1-2 PLC 的分类

二、S7-200 PLC 硬件的认识

1. S7-200 CPU 单元的外形。S7-200 CPU226 的外形如图 1-3 所示。

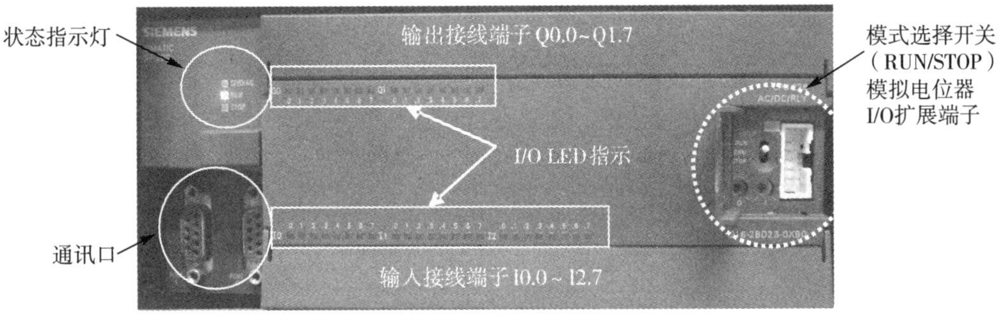

图 1-3 S7-200 CPU226 外形图

(1)工作模式开关。S7-200 CPU 用三挡开关选择 RUN、TERM 和 STOP 3 个工作状态。状态指示灯可以指示 PLC 系统的 SF、RUN、STOP 工作状态。SF 状态 LED 亮(红色)，表示系统出现故障；RUN 状态 LED 亮(绿色)，表示系统运行；STOP 状态 LED 亮(橘黄色)，表示系统停止运行。

(2)通信接口。PORT0、PORT1 用于 PLC 与个人计算机或手持编程器进行通信连接。

(3)输入输出接口。各输入输出点的状态用输入输出状态 LED 显示，外部接线在可拆卸的插座型接线端子板上。

(4)模拟电位器。S7-200 CPU 有 0 和 1 两个模拟电位器，用小型旋具调节模拟电位器，可将 0～255 之间的数值分别存入特殊存储器字节 SMB28 和 SMB29 中，可以作为如定时器、计数器的预置值以及过程量的控制参数。

(5)可选卡插槽。可将选购的 EEPROM 卡或电池卡插入插槽内使用。

2. PLC 与计算机之间的连接。要对 S7-200 CPU 进行编程和调试,还需要 PLC 与编程计算机之间进行通讯连接,其通讯方式有如下几种:

(1)使用 RS-232/PPI 电缆,连接 PG/PC 的串行通讯口(COM 口)和 CPU 通讯口。

(2)使用 USB/PPI 电缆,连接 PG/PC 的 USB 口和 CPU 通讯口。

(3)在 PG/PC 上安装 CP 卡,通过 MPI 电缆连接 CPU 通讯口(PCI 接口卡 CP5611 配合台式计算机使用;PCMCIA 卡 CP5511 配合便携机使用)。

常见的连接电缆及 CP 卡如图 1-4 所示。PLC 与计算机连接示意图如图 1-5 所示。

图 1-4 几种常见的连接电缆及 CP 卡

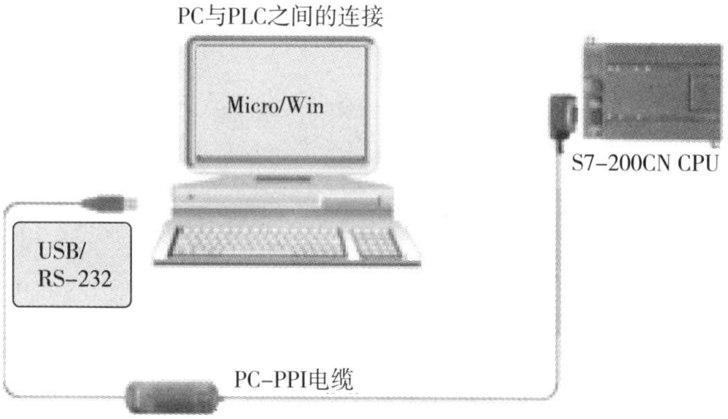

图 1-5 PLC 与计算机之间的连接示意图

3. S7-200 CPU 规格。西门子 S7-200 PLC 提供多种类型的 CPU,以适应各种应用的要求。不同类型的 CPU 具有不同的数字量 I/O 点数和内存容量等规格参数。目前 S7-200 PLC 的 CPU 有 CPU221、CPU222、CPU224、CPU226 和 CPU226XM。

对于每种型号的 CPU 有直流 24V 和交流 120～220V 2 种供电方式,其型号中的 DC/DC/DC表示 CPU 直流供电,直流数字量输入,数字量输出点是晶体管直流电路类型;AC/DC/Relay 表示 CPU 交流供电,直流数字量输入,数字量输出点是继电器触点类型。

S7-200 CPU 规格如表 1-1 所示。

表 1-1 S7-200 CPU 规格表

特性		CPU221	CPU222	CPU224	CPU224XP	CPU226
外形尺寸(mm×mm×mm)		90×80×62	90×80×62	120.5×80×62	140×80×62	190×80×62
程序存储区/字节		4096	4096	8192	12288	16384
数据存储区/字节		2048	2048	8192	10240	10240
掉电保持时间/h		50	50	100	100	100
本机 I/O		6 入/4 出	8 入/6 出	14 入/10 出	24 入/16 出	24 入/16 出
扩展模块数量		0	2	7	7	7
高速计数器	单相/kHz	30(4 路)	30(4 路)	30(6 路)	30(4 路) 200(2 路)	30(6 路)
	双相/kHz	20(2 路)	20(2 路)	20(4 路)	20(3 路) 100(1 路)	20(4 路)
脉冲输出/kHz		20(2 路)	20(2 路)	20(2 路)	100(2 路)	20(2 路)
模拟电位器		1	1	2	2	2
实时时钟		配时钟卡	配时钟卡	内置	内置	内置
通讯口		1RS-485	1RS-485	1RS-485	2RS-485	2RS-485
浮点数运算			有			
I/O 映像区			256(128 入/128 出)			
布尔指令执行速度			0.22μs/指令			

4.扩展模块。为扩展 I/O 点数和执行特殊的功能,可以连接扩展模块。扩展模块主要有数字量 I/O 模块(EM221、EM222、EM223)、模拟量 I/O 模块(EM231、EM232、EM235)、通讯模块(EM277、EM241)和特殊功能模块(EM253)。

三、S7-200 PLC 内部元件

1.输入映像寄存器 I(输入继电器)。输入继电器是 PLC 用来接收用户设备输入信号的接口,S7-200 输入映像寄存器区域有 I0.0~I15.7,是以字节(8 位)为单位进行地址分配的。

在每个扫描周期的开始,CPU 对输入点进行采样,并将采样结果存入输入映像寄存器中,外部输入电路接通时对应的映像寄存器为 ON(1 状态)。输入端可以外接常开触点或常闭触点,也可以接多个触点组成的串并联电路。在梯形图中,可以多次引用输入位的常开触点和常闭触点。注意:PLC 的输入继电器只能由外部信号驱动,在梯形图中不允许出现输入继电器的线圈,只能引用输入映像寄存器的触点。

2.输出映像寄存器 Q(输出继电器)。输出继电器是用来将输出信号传送到负载的接口,S7-200 输出映像寄存器区域有 Q0.0~Q15.7,也是以字节(8 位)为单位进行地址分配的。

在扫描周期的末尾,CPU 将输出映像寄存器的数据传送给输出模块,再由后者驱动外部负载。如果梯形图中 Q0.0 的线圈“通电”,继电器型输出模块中对应的硬件继电器的常开

触点闭合,使接在标号为Q0.0的端子的外部负载工作。输出模块中的每一个硬件继电器仅有一对常开触点,但是在梯形图中,每一个输出位的常开触点和常闭触点都可以多次使用。

3.位存储器M。内部标志位存储器用来保存控制继电器的中间操作状态,其地址范围为M0.0～M31.7,其作用相当于继电器控制中的中间继电器。内部标志位存储器在PLC中没有输入/输出端与之对应,其线圈的通断状态只能在程序内部用指令驱动,其触点不能直接驱动外部负载,只能在程序内部驱动输出继电器的线圈,再用输出继电器的触点去驱动外部负载。

4.特殊标志位存储器SM。PLC中还有若干特殊标志位存储器。特殊标志位存储器提供大量的状态和控制功能,用来在CPU和用户程序之间交换信息,特殊标志位存储器能以位、字节、字或双字来存取,CPU226的SM的位地址编号范围为SM0.0～SM549.7,其中SM0.0～SM29.7的30个字节为只读型区域。如SM0.0,该位总是为“ON”;SM0.1首次扫描循环时,该位为“ON”;SM0.4、SM0.5提供1分钟和1秒钟时钟脉冲;SM1.0、SM1.1和SM1.2分别是零标志、溢出标志和负数标志。

5.变量存储器V。变量存储器主要用于存储变量,可以存放数据运算的中间运算结果或设置的参数,在进行数据处理时,变量存储器会被经常使用。变量存储器可以是位寻址,也可按字节、字、双字为单位寻址,其位存取的编号范围根据CPU的型号有所不同,CPU221/222为V0.0～V2047.7,共2KB存储容量;CPU224为V0.0～V8191.7,共8KB存储容量;CPU226为V0.0～V10239.7,共1MB存储容量。

6.局部变量存储器L。局部变量存储器主要用来存放局部变量。局部变量存储器和变量存储器十分相似,主要区别在于全局变量是全局有效,即同一个变量可以被任何程序(主程序、子程序和中断程序)访问;而局部变量只是局部有效,即变量只和特定的程序相关联。局部变量存储器有L0.0～L63.7。

7.定时器T。S7-200系列PLC所提供的定时器的作用相当于继电器控制系统中的时间继电器,用于时间累计。每个定时器可提供无数对常开和常闭触点供编程使用,其设定时间由程序设置。定时器有T0～T255,其分辨率(时基增量)分为1ms、10ms和100ms 3种。

8.计数器C。计数器用于累计计数输入端接收到的由断开到接通的脉冲个数。计数器可提供无数对常开和常闭触点供编程使用,其设定值由程序赋予,计数器有C0～C255。

9.高速计数器HC。一般计数器的计数频率受扫描周期的影响,不能太高。而高速计数器可用来累计比CPU的扫描速度更快的事件。高速计数器的当前值是一个双字长(32位)的整数,且为只读值。高速计数器有HC0～HC5。

10.累加器AC。累加器是用来暂存数据的寄存器,它可以用来存放运算数据、中间数据和结果。CPU提供了4个32位的累加器,其地址编号为AC0～AC3。累加器的可用长度为32位,可采用字节、字、双字的存取方式,按字节、字只能存取累加器的低8位或低16位,双字可以存取累加器全部的32位。

11.顺序控制继电器。顺序控制继电器是使用步进顺序控制指令编程时的重要状态元件,通常与步进指令一起使用,以实现顺序功能流程图的编程。顺序控制继电器有S0.0～S31.7。

12.模拟量输入/输出映像寄存器(AI/AQ)。S7-200 PLC的模拟量输入电路是将外部输入的模拟量信号转换成1个字长的数字量存入模拟量输入映像寄存器区域,区域标志符为AI。

模拟量输出电路是将模拟量输出映像寄存器区域的 1 个字长的数值转换为模拟电流或电压的输出，区域标志符为 AQ。

由于模拟量为 1 个字长，且从偶数字节开始，所以必须用偶数字节地址（如 AIW0，AQW2）来存取和改变这些值。模拟量输入值为只读数据，模拟量输出值为只写数据，转换的精度是 12 位。

具有掉电保持功能的内存在电源断电后又恢复时能保持它们在电源掉电前的状态。CPU226 的缺省保持范围为：VB0.0～VB10239.7、MB14.0～MB31.7、TONR 定时器和全部计数器，其中定时器和计数器只有当前值可以保持，而定时器和计数器的位是不能保持的。

四、S7-200 PLC 的工作过程

S7-200 CPU 的基本功能就是监视现场的输入信号，根据用户的控制逻辑进行控制运算，输出信号去控制现场设备的运行。

S7-200 所完成的控制逻辑由用户编程实现，并下载到 S7-200 CPU 中执行。S7-200 CPU 按照循环扫描的方式完成各项任务，包括读输入、执行用户控制逻辑、处理通讯任务、执行自诊断、写输出等过程。如图 1-6 所示。

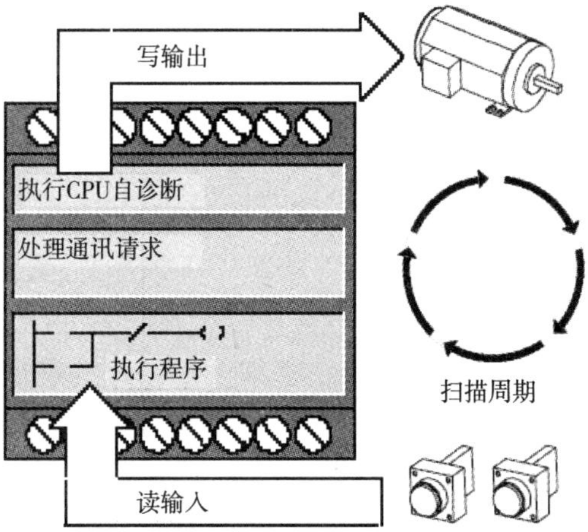

图 1-6 PLC 工作过程

五、S7-200 CPU 的工作模式

1. S7-200 CPU 的工作模式。

(1)停止模式。S7-200 不执行程序，此时可以下载程序、数据和设置 CPU 系统。

(2)运行模式。S7-200 执行程序，此时可以监控程序。

2. 改变 S7-200 CPU 工作模式的方法。

(1)使用模式开关。把开关拨到 RUN 或 STOP 位置，在 TERM 时为不改变当前操作模式。

(2)CPU 上的模式开关在 RUN 或 TERM 时，可以用 STEP 7-Micro/WIN 编程软件工具条上的▶按钮控制 CPU 的运行，用■按钮控制 CPU 的停止。

(3)在程序中插入 STOP 指令,可在条件满足时将 CPU 设置为停止模式。

1.1.4 实训内容

一、任务描述

1. 观察实训设备和 PLC 的外观及其上面标识的含义。

2. 根据提供的 I/O 分配表 1-2,接线图与程序。如图 1-7、图 1-8 所示,由教师指导,先将程序写入 PLC,并按接线图接好。

表 1-2 I/O 分配表

输入信号			输出信号		
元件名称	元件符号	输入点编号	元件名称	元件符号	输入点编号
停止按钮	SB1	I0.0	指示灯 0	HL0	Q0.0
启动按钮	SB2	I0.1	指示灯 1	HL1	Q0.1
			指示灯 2	HL2	Q0.2

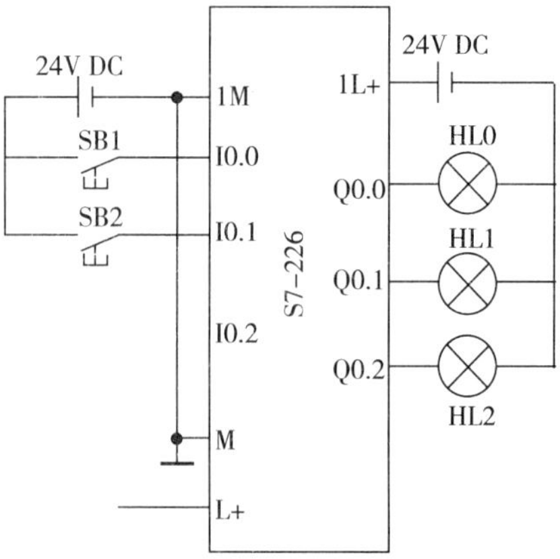

图 1-7 PLC 接线图

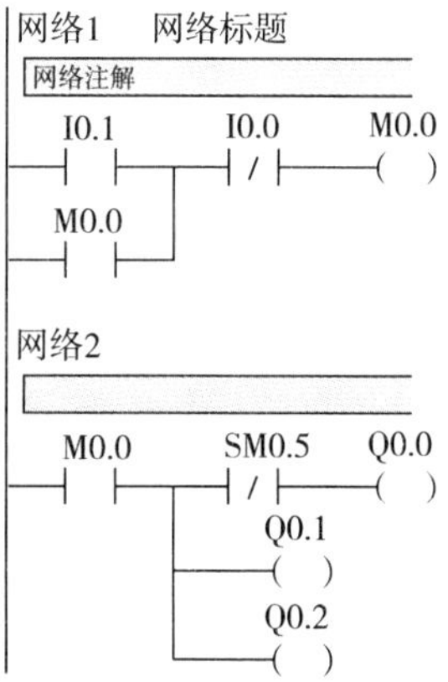

图 1-8 示例程序

3. 根据要求操作,并观察 PLC 的运行情况和计算机监视情况,了解输入输出映像寄存器和其他内部元件的使用方法。

二、实训步骤与要求

1. PLC 硬件观察。完成下列任务,并在实训报告中记录。

(1)根据所给的 PLC 写出具体型号及其含义。

(2)指出 PLC 控制系统的各个部件,并描述其具体作用。

(3)了解模块化 PLC 各模块的名称及作用。

(4)参观由 PLC 控制的生产设备或观看录像。

2. PLC 内部元件的认识。实训前由教师指导,按照 I/O 分配表和接线图接好线路,并将程序写入 PLC,将计算机和 PLC 连接好。按下面步骤进行:

(1)接通 PLC 的电源,此时模式选择开关置于 STOP 状态。观察 S7-200 PLC 上的各LED 指示灯的状态。

(2)将 PLC 置于 RUN 状态,按下启动按钮 SB2,观察各指示灯的状态。然后按下停止按钮 SB1,观察各指示灯的状态。

(3)将模式选择开关由 RUN 切换到 STOP 后,再由 STOP 切换到 RUN 状态,观察各指示灯的状态。

(4)将以上观察的结果填入表 1-3 中,填入亮、灭或闪。

表 1-3 PLC 运行情况记录表

状态	HL0	HL1	HL2
STOP 状态			
RUN 状态按下 SB2			
RUN 状态按下 SB1			
再次由 STOP 切换到 RUN 状态			

1.1.5 实训报告要求及评分标准

一、实训报告要求

1. 整理实训中观察的现象,写出心得体会。
2. 说明 PLC 各部分的作用。
3. 上网查找有关 S7-200 PLC 的资料,并记录网址。
4. 记录 PLC 运行情况,并分析输入/输出映像寄存器、位存储器的工作特点。
5. 说明连接 PLC 输入装置的状态与内部输入继电器、程序中触点的关系。
6. 突然断电后,正在运行的 PLC 中的程序会消失吗?

二、评分标准

表 1-4 实训考核评分表

姓名:	班级:	学号:	工位号:	日期:
考核项目	考核内容	配分	考核要求	得分
实训态度	认真听课	10 分	笔记认真	
	勤于思考	10 分	积极正确回答问题	
	善于动手	10 分	积极动手操作	
	团队精神	10 分	合理分工,互相协作	
实训报告	按要求完成报告	50 分	报告规范,内容详实 40 分,正确回答思考题 10 分	
安全文明	安全文明意识	10 分	正确使用设备、工具,无事故发生	
考评教师签名:			总分:	

项目1.2 编程软件的使用

1.2.1 实训目的

1. 了解和熟悉 STEP 7-Micro/WIN 编程软件的安装过程及主要功能。
2. 认识 S7-200 系列 PLC 与计算机的通信。
3. 初步掌握编程软件的使用方法,学会程序的输入和编辑。
4. 了解 S7-200 PLC 的编程语言。
5. 进一步熟悉 PLC 的使用方法。

1.2.2 实训器材

1. 西门子 S7-200 CPU226 PLC 1 台,万用表 1 块。
2. 计算机 1 台、连接电缆 1 根、STEP 7-Micro/WIN 编程软件 1 套。
3. 按钮 2 只(数字量输入模拟开关 1 块)。
4. 指示灯 24V 2 只。
5. 电工工具 1 套。
6. 导线若干。

或者采用 PLC 实验实训装置。

1.2.3 预备知识

一、PLC 编程语言简介

国际电工委员会(IEC)的 PLC 编程语言标准(IEC1131-3)中有 5 种编程语言:顺序功能流程图(SFC)、梯形图(LAD)、功能块图(FBD)、指令表(IL)和结构文本(ST)。S7-200 系列 PLC 有 2 类基本指令集:SIMATIC 指令集和 IEC1131-3 指令集。SIMATIC 指令集通常执行时间短,而且可以用梯形图(LAD)、功能块图(FBD)和结构文本语言(STL)3 种编程语言来编写。

1. 顺序功能流程图。顺序功能流程图提供了一种组织程序的图形方法。用顺序功能流程图来描述控制系统,控制系统被分为若干个子系统,从功能入手,使系统的操作具有明确的含义,便于设计人员和操作人员设计思想的沟通,便于程序的分工设计和检查调试。顺序功能流程图的主要元素是步、转移、转移条件和动作,如图 1-9(a)所示。

2. 梯形图。梯形图(LAD)类似于继电器控制系统的电路图,很容易被工厂里熟悉继电器控制的电气工作人员掌握,是目前使用最多的一种编程语言,如图 1-9(b)所示。

(1)梯形图的组成。梯形图由触点┤├、线圈-( )和用方框表示的指令盒┤□组成。触点符号代表输入条件(如外部开关)、按钮及内部条件等。线圈表示输出结果,通过输出接口电路来控制外部的指示灯、接触器及内部的输出条件等。指令盒代表一些较复杂的功能,如定时器、计数器或数学运算指令等。

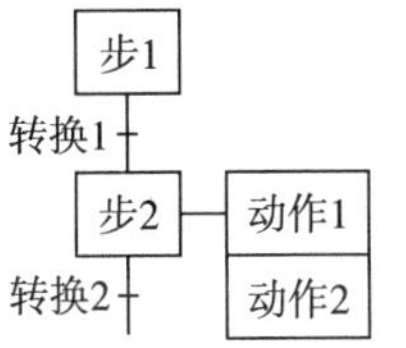

（a）顺序功能流程图

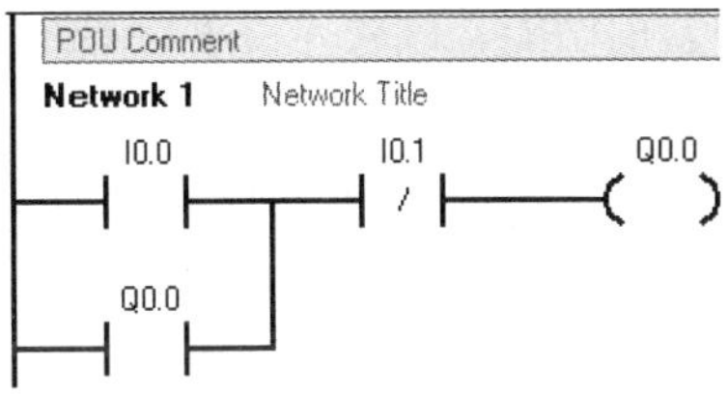

（b）梯形图

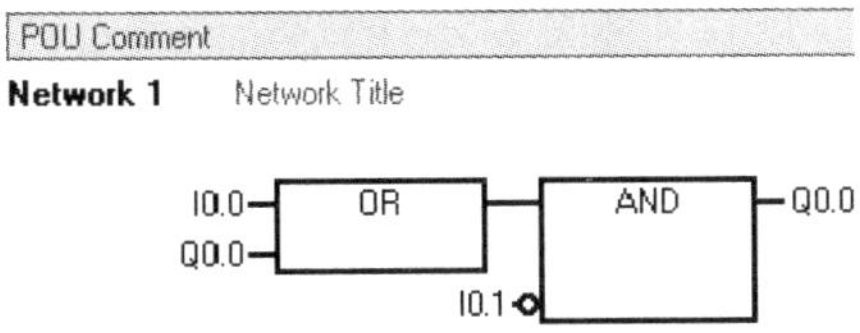

（c）功能块图

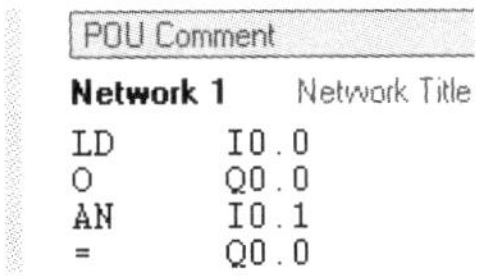

（d）指令表

图 1-9 4 种编程语言

（2）网络。梯形图程序按照逻辑关系可分成网络段，一个网络是按照顺序安排的以一个完整电路的形式连接在一起的触点、线圈和指令盒，不能短路或者开路，也不能有能流倒流的现象存在。在编程时，可以很明显地看出程序的各段结构。为了阅读和调试的方便，可以在网络后面输入程序的标题和注释。

（3）能流/使能。在分析和设计梯形图时，常借助继电器控制电路图的分析方法，把梯形图中的 2 条竖线看作电源线，假设左边竖线为直流电源的正极或交流电源的相线，右边的竖线为直流电源的负极或交流电源的零线。因此，在各条水平连线上，就可能出现自左向右的概念性“能流”。这些“能流”流经一个个触点，而这些触点能否让能流经过，取决于触点的闭合与断开。

梯形图有 2 种基本类型的输入/输出：一种是能量流，另一种是数据。在此使用能流的概念，对于功能型指令，EN 为能流输入，是布尔类型。如果与之相连的触点闭合，则能量可以流过该指令盒，执行这条指令；ENO 为能流输出，如果 EN 为 1，而且正确执行了本条指令，则 ENO 把能流传到下一个单元，否则指令运行错误，能流在此终止。

3. 功能块图。功能块图程序设计语言是采用逻辑门电路的编程语言，有数字电路基础的人很容易掌握。功能块图指令由输入段、输出段及逻辑关系函数组成，如图 1-9(c)所示。

4. 指令表。PLC 的指令是与汇编语言中的指令相似的助记符表达式，由指令组成的程序叫作“指令表程序”，如图 1-9(d)所示。指令表程序较难阅读，其中的逻辑关系很难一眼看出，所以在设计时一般使用梯形图语言。如果使用手持式编程器，必须将梯形图转换成指令表后再写入 PLC。在用户程序存储器中，指令按步序号顺序排列。

5. 结构文本。结构文本是为 IEC61131-3 标准创建的一种专用的高级编程语言。与梯形图相比，它能够实现复杂的数学运算，编写的程序简洁紧凑。

二、STEP 7-Micro/WIN 编程软件安装

STEP 7-Micro/WIN V4.0 是用于 S7-200 PLC 的 32 位编程软件，V4.0 是该软件的大

版本号,西门子公司还推出一系列 Service Pack(即 SP),进行小的升级,使用 SP 对软件升级可以获得新的功能。该软件一般向下兼容,即低版本软件编写的程序可以在高版本软件中打开,但反之不能。

1. STEP 7-Micro/WIN V4.0 的安装步骤。

第 1 步:双击“setup.exe”文件,按照向导的安装提示即可完成软件的安装。

第 2 步:安装过程中,会出现“Set PG/PC Interface”(设置编程器/计算机接口)对话框。选择“PC/PPI Cable”,单击“OK”即可。该设置过程也可以在安装后设置。

第 3 步:安装完成后,单击对话框上的“Finish”按钮重新启动计算机,完成安装。

第 4 步:运行 STEP 7-Micro/WIN 软件,看到的是英文界面。如果想切换为中文环境,执行菜单命令“Tools”→“Options”,点击出现的对话框左边的“General”图标,在“General”选项卡中,选择语言为“Chinese”,单击“OK”按钮后,软件将退出。退出后,再次启动该软件,界面和帮助文件均变为中文。

2. 升级包的安装。STEP 7-Micro/WIN V4.0 SP 升级包可以从西门子官方网站下载,目前已有支持 64 位操作系统的升级包 SP9。在安装过程中,按照弹出的提示进行操作。大致步骤如下:

第 1 步:下载解压后可以双击 STEP 7-MicroWIN_V40_SP9.exe 文件,按照提示开始安装。

第 2 步:安装过程中,系统会要求先卸载旧版本 STEP 7-Micro/WIN V4.0,此时可单击“OK”按钮,暂时退出 SP 的安装进程。然后在控制面板中卸载原先安装的 STEP 7-Micro/WIN V4.0 软件。

第 3 步:重新启动计算机。

第 4 步:通过再次双击 STEP 7-MicroWIN_V40_SP9.exe 文件,安装 STEP 7-Micro/WIN V4.0 SP9。安装完成后重新启动计算机。

三、PLC与计算机通讯的建立和设置

1. PLC 与计算机的连接。计算机和 PLC 之间使用 PC/PPI(RS-232/PPI 或 USB/PPI)多主站电缆,它将 S7-200 PLC 的编程口与计算机的 RS-232 或 USB 相连。具体连接方法如下:

(1)将 PPI 电缆上标有“PPI”的 RS-485 端连接到 S7-200 PLC 的通信口。

(2)如果是 RS-232/PPI,则将 PPI 电缆上标有“PC”的 RS-232 端连接到计算机的 RS-232 通信口。应将电缆小盒中 8 位 DIP 开关中的第 5 位设置为“1”,即选择 PPI 模式。如果是 USB/PPI,则将 PPI 电缆上标有“PC”的 USB 端连接到计算机的 USB 口,DIP 开关不需做任何设置。

2. 通讯参数的设置。为实现 PLC 与计算机的通讯,需要完成下列设置:

(1)运行 STEP 7-Micro/WIN 编程软件,在浏览条中的“检视”中单击“设置 PG/PC 接口”图标 

,会出现“Set PG/PC Interface”对话框。

(2)在 Interface Parameter Assignment 中选择项缺省是 PC/PPI Cable(PPI)。单击“Properties”按钮,出现“PC/PPI Cable(PPI)”属性对话框。如图 1-10 所示。

(3)在对话框中的 PPI 标签中设置地址为 2,传输速率为 9.6kbps。在 Local Connection 标签,根据实际使用的电缆,设置连接到计算机的端口为 COM 或 USB。

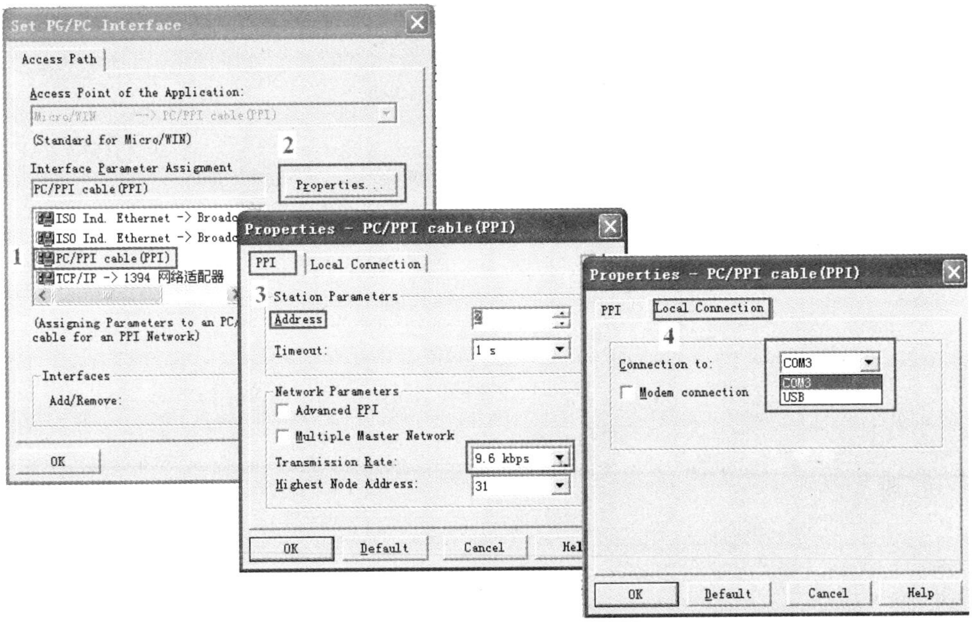

图 1-10　设置 PG/PC 接口

3.建立在线连接。建立与 S7-200 CPU 的在线连接,步骤如下:

(1)单击"通讯"图标,出现一个"通讯"对话框。

(2)双击对话框右侧的刷新图标,STEP 7-Micro/WIN 编程软件将检查连接的所有 S7-200 CPU。

(3)双击要进行通讯的站,单击"确认",即可建立计算机与所选 PLC 之间的通讯。

4.PLC 通讯参数的修改。计算机与 PLC 建立起在线连接后,可以利用软件检查、设置和修改 PLC 的通信参数。步骤如下:

(1)单击浏览条中的系统块图标,将出现系统块对话框。

(2)单击"端口"选项卡,检查各参数,确认无误后单击"确定"。若需修改某些参数,可以先进行有关的修改,再单击"确认"。

(3)单击工具条的下载按钮,将修改后的参数下载到 PLC,设置的参数才会起作用。

5.PLC 信息的读取。选择"菜单"命令"PLC",找"信息",将会显示出 PLC 的 RUN/STOP 状态、扫描速率、CPU 型号错误的情况和各模块的信息。

四、编程软件的基本使用方法

1.STEP 7-Micro/WIN 编程软件窗口组件。STEP 7-Micro/WIN 编程软件窗口组件如图 1-11 所示。

在实际使用编程软件时,由于浏览条功能与指令树功能有重复,为获得较大的程序区,一般将浏览条关闭，方法如图 1-12 所示，单击“检视”→“帧”→“浏览条”。

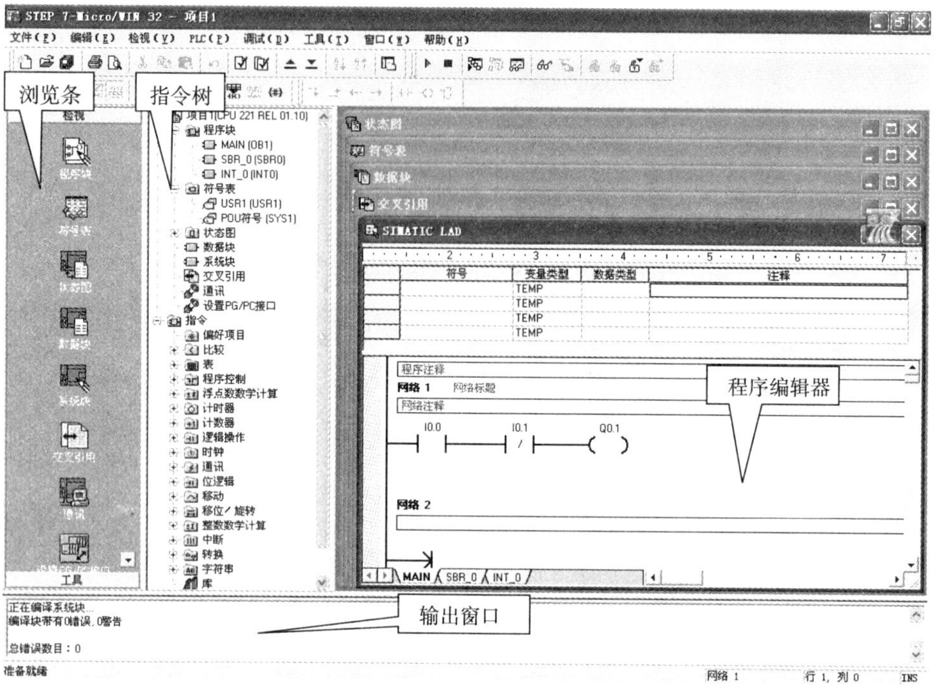

图 1-11　STEP 7-Micro/WIN 编程软件窗口

2. 项目及组件。STEP 7-Micro/WIN 为每个实际的 S7-200 应用生成一个项目，项目以扩展名为“.mwp”的文件格式保存。打开一个.mwp 文件就打开了相应的工程项目。S7-200 的程序组织方式为主程序、子程序和中断程序。一个项目包括程序块、数据块、系统块、符号表、状态图和交叉引用表，如图 1-13 所示。其中程序块、数据块和系统块需要下载到 PLC。

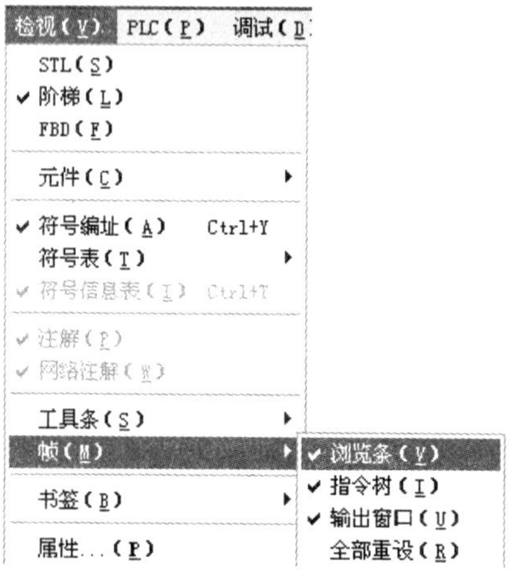

图 1-12　浏览条关闭的方法

图 1-13　项目组成

程序块由可执行代码和注解组成。可执行代码包含一个主程序(OB1)和任意子程序或中断程序。代码被编译并下载至 PLC;程序注解不被编译和下载。

符号表是使用符号编址的一种工具。符号编址会使程序更具有可读性。下载至 PLC 的编译程序将所有的符号转换为绝对地址,符号表信息不下载至 PLC。

状态图允许在执行程序时观察进程数值如何受到影响。状态图不下载至 PLC,而仅是监控 PLC(或模拟 PLC)活动的一种工具。

数据块由数据(初始内存值;常量值)和注解组成。数据被编译并下载至 PLC,注解则不被编译或下载。

系统块由配置信息组成,例如通讯参数,保留数据范围,模拟和数字输入过滤程序,用于 STOP(停止)转换的输出值和密码信息。系统块信息被下载至 PLC。

交叉引用可以用来查看程序中地址和变量的交叉引用和使用信息。

在对 STEP 7-Micro/WIN 项目进行修改后,必须将修改下载至 PLC 之后才会对程序产生影响。

3. 输入和编辑程序。

(1)建立或打开项目。

①建立新项目。双击 STEP 7-Micro/WIN 图标,或从“开始”菜单选择“Simatic”→“STEP 7 Micro/WIN”,启动应用程序,会打开一个新 STEP 7-Micro/WIN 项目。

②打开已有项目的方法。

方法一:“文件”菜单→“打开”,在“打开”对话框中选择项目的路径和名称,单击“确定”按钮。

方法二:直接双击要打开的.mwp 文件。

方法三:如果最近在一项目中工作过,该项目在“文件”菜单下列出,可直接选择,不必使用“打开”对话框。

(2)输入程序。网络必须从接点开始,至线圈或没有 ENO 输出的指令盒结束,线圈不允许串联使用。一个程序段中只能有一个“能流”通路,不能有两条互不联系的通路。

①指令的输入。指令输入方法如下:

方法一:在指令树中选择需要的指令,用鼠标将其拖放到编辑窗口内合适的位置再释放。

方法二:将光标放在需要的位置,在指令树中双击需要的指令。

方法三:将光标放在需要的位置,单击工具栏指令按钮。打开通用指令窗口,选择需要的指令。

方法四:使用特殊键,F4=接点、F6=线圈、F9=指令盒,打开通用指令窗口,选择需要的指令。

当编程元件出现在指定位置后,??.?、???? 上输入元件编号和操作数。当输入的地址或符号不合法时??.? 为红色,更正后红色消失。数值下面有红色波浪线说明输入的操作数超出范围或与指令的类型不匹配。

在梯形图中,符号“--->>”表示开路或者需要能流连接;“--->|”表示指令输出能流,可以级联或串联;符号“>>”表示可以使用能流。

可以从“程序”工具条输入水平和垂直线,或按住键盘上的 CTRL 键并按左、右、上或下箭头键绘制。

②注释的输入。如图 1-14 所示。

➢ 项目组件注释。在“网络 1”上方的灰色方框中单击,输入 POU 注释。单击“切换 POU 注释”按钮,在 POU 注释“打开”(可视)或“关闭”(隐藏)之间切换。

每条 POU 注释所允许使用的最大字符数为 4098。POU 注释是供选用项目,可视时,始终位于 POU 顶端,并在第一个网络之前显示。

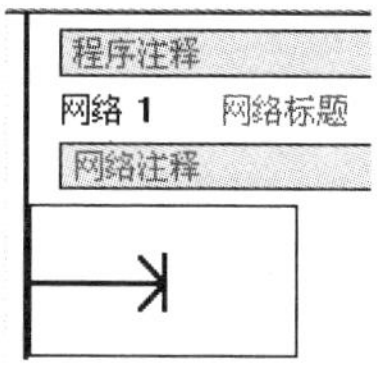

图 1-14　注释的输入

➢ 网络标题。将光标放在网络标题行的任意位置,输入一个识别该逻辑网络的标题。网络标题中可允许使用的最大字符数为 127。

➢ 网络注释。在“网络 1”下方的灰色方框中单击,输入网络注释。可以输入识别该逻辑网络的注释,并输入有关网络内容的说明。

可以单击“切换网络注释”按钮,在网络注释“打开”(可视)和“关闭”(隐藏)之间切换。网络注释中可允许使用的最大字符数为 4096。

(3)程序编辑。如图 1-15 所示。

①剪切、复制、粘贴或删除多个网络。通过拖曳鼠标或使用 SHIFT 键和 UP(向上)、DOWN(向下)箭头键,可以选择多个相邻的网络,进行剪切、复制、粘贴或删除等操作。注意不能选择部分网络,只能选择整个网络。

②编辑单元格、指令、地址和网络。用鼠标选中需要进行编辑的单元,单击右键,弹出快捷菜单,可以进行插入或删除行、列的垂直线或水平线的操作。删除垂直线时,把方框放在垂直线左边单元上,删除时选“行”,或按“DEL”键。进行插入编辑时,先将方框移至欲插入的位置,然后选择“列”。

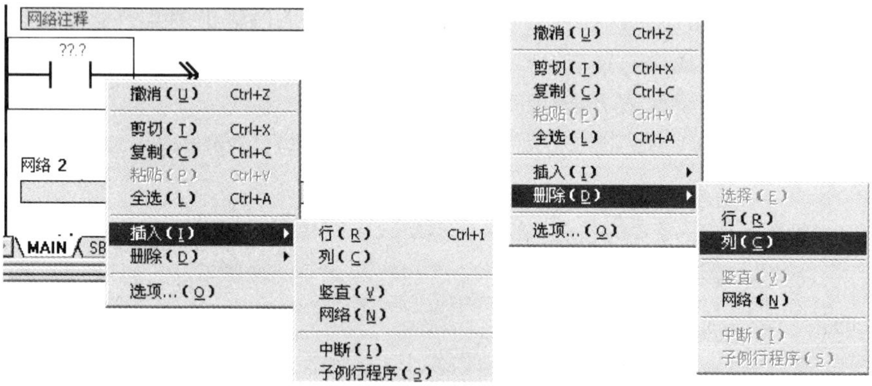

图 1-15　程序的编辑

(4)项目的保存。使用工具条上的“保存”按钮保存,或从“文件”菜单选择“保存”和“另存为”选项保存。

4. 程序的编译。程序必须经过编译后,方可下载到 PLC,编译的方法如下:

方法一:单击“编译”按钮或选择菜单命令“PLC”→“编译”,编译当前活动窗口中的程序块或数据块。

方法二：单击“全部编译”按钮或选择菜单命令“PLC”→“全部编译”，编译全部项目元件，与某个窗口是否活动无关。

编译完成后会在输出窗口显示编译结果。

5. 下载和上载。

(1)下载。如果已经成功建立计算机和 PLC 之间的通讯，就可以将程序从计算机下载到该 PLC。步骤如下：

①程序在被下载至 PLC 之前，PLC 应置于“停止”模式。检查 PLC 上的工作模式指示灯。如果 PLC 未设为“停止”模式，单击工具条中的“停止”按钮，将 PLC 设为“停止”模式。

②单击工具条中的“下载”按钮，或选择“文件”→“下载”，出现“下载”对话框。

③根据默认值，在初次发出下载命令时，“程序代码块”、“数据块”和“CPU 配置”(系统块)复选框被选择。如果不需要下载某一特定的块，则清除该复选框。

④单击“确定”，开始下载程序。如果下载成功，会出现一个确认框显示以下信息：“下载成功。”

⑤如果 STEP 7-Micro/WIN32 中的 PLC 类型与实际使用的 PLC 不匹配，会显示以下警告信息：“为项目所选的 PLC 类型与远程 PLC 类型不匹配。继续下载吗?”此时应更正 PLC 类型选项，选择“否”，终止下载程序。

⑥从菜单条选择“PLC”→“类型”，调出“PLC 类型”对话框。单击“读取 PLC”按钮，由 STEP 7-Micro/WIN32 自动读取正确的数值。单击“确定”，确认 PLC 类型。

⑦单击工具条中的“下载”按钮，重新开始下载程序，或从菜单条选择“文件”→“下载”。

下载成功后，在 PLC 中运行程序之前，必须将 PLC 从 STOP(停止)模式转换回 RUN(运行)模式。单击工具条中的“运行”按钮，或选择“PLC”→“运行”，使 PLC 进入 RUN(运行)模式。

(2)上载。上载是指将 PLC 中的项目元件上载到 STEP 7-Micro/WIN32 程序编辑器。

①单击“上载”按钮。

②选择菜单命令“文件”→“上载”。

③按快捷键组合“Ctrl＋U”。

6. 监视程序。PLC 处于运行方式并与计算机建立起通信后，单击工具条的“程序状态”按钮，可在梯形图中显示出各元件的状态。而且还可显示“强迫状态”的资料，允许从程序编辑器“强迫”或“非强迫”一个位。

在“程序状态”下，某一处触点变为深色，表示该触点接通，能流可以流过；某一处输出线圈变为深色，表示能流流入该线圈，线圈有输出。如图 1-16 所示。

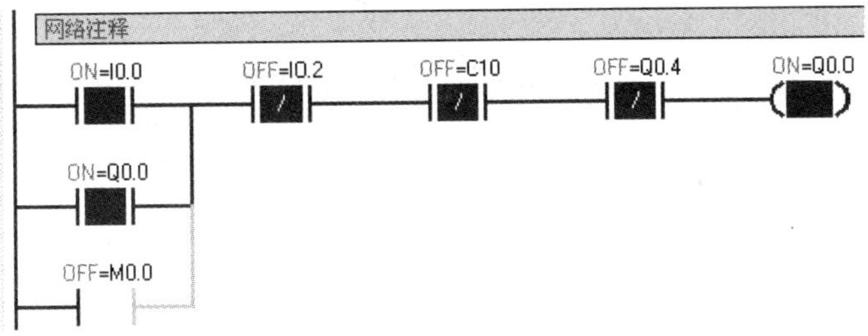

图 1-16 梯形图程序的状态监视

对于方框指令,在“程序状态”下,输入操作数和输出操作数不再是地址,而是具体的数值,定时器和计数器指令中的 Txx 或 Cxxx 显示实际的定时值和计数值。

注意:当程序状态钮按下时,编辑操作无效,必须切换程序状态钮到关闭才能继续进行编辑。

五、仿真软件的使用

仿真软件可以在不连接 PLC 的情况下,在仿真的环境中模拟 PLC 的工作状态,检验程序的正确性,但不能模拟 S7-200 的全部指令和全部功能。在互联网上用搜索工具搜索,可以找到 S7-200 仿真软件。

1. 仿真软件的进入。仿真软件不需要安装,执行 S7-200. EXE 文件就可以打开它。点击屏幕中间出现的窗口,在密码输入对话框中输入密码“6596”,进入仿真软件,如图 1-17 所示。

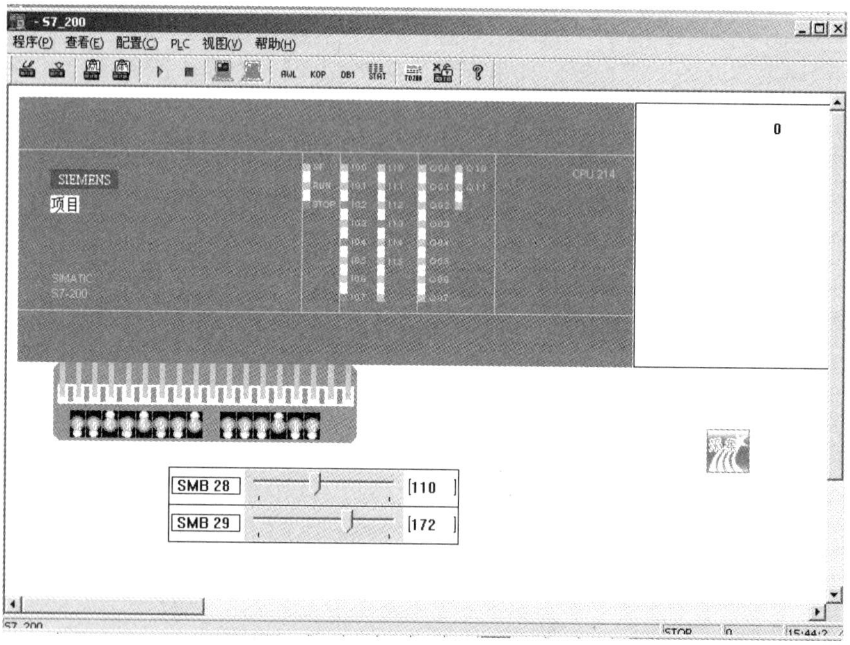

图 1-17　仿真软件界面

2. PLC 配置。执行仿真软件菜单命令“配置”→“CPU 型号”,在“CPU 型号”对话框中的下拉式列表框中选择 CPU 的型号。用户还可以修改 CPU 的网络地址,一般使用默认的地址,如图 1-18 所示。

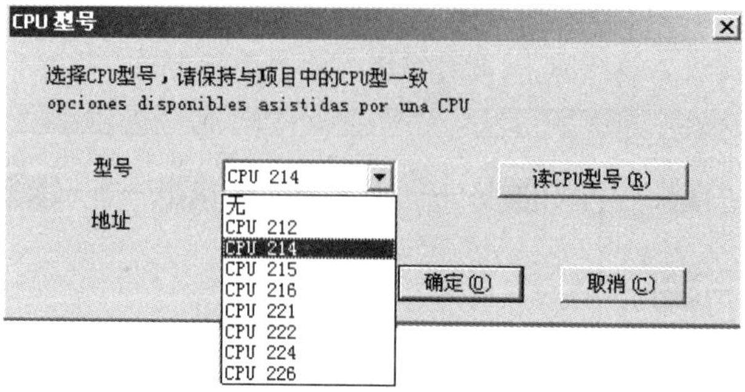

图 1-18　仿真软件中 PLC 的配置

CPU 模块下面是用于输入数字量信号的模拟开关板，与相应 CPU 的输入点对应。模拟开关板下面有 SMB28 和 SMB29 2 个模拟电位器，可以用电位器的滑动块来设置它们的值(0～255)。

CPU 模块右边空的方框是扩展模块的位置，双击紧靠已配置的模块右侧的方框，在出现的“配置扩展模块”对话框中选择需要添加的 I/O 扩展模块。双击已存在的扩展模块，在“配置扩展模块”对话框中选择“无”，可以取消该模块。

3. 导出 S7-200 的程序代码。由于仿真软件直接接收 S7-200 的程序代码，因此必须用“导出”功能将 S7-200 的程序代码转换成 ASCII 文件，然后再载入到仿真 PLC 中，导出的默认文件扩展名为“. awl”。

方法：在 STEP 7-Micro/WIN32 中对已编译好的程序，在菜单中选择“文件”→“导出”，出现对话框，选择文件保存的路径，取好文件名，单击“保存”按钮，保存导出的文件。

如果选择导出子程序或中断程序，只能导出当前打开的单个程序的 ASCII 文本文件。

4. 载入程序。点击仿真软件菜单命令“程序”→“载入程序”，在“打开”对话框中选择要载入的. awl 格式文件。载入成功后，程序的名称会显示在 CPU 模块上，同时会出现下载程序代码文本框，不必理会它，将该文本框关闭即可。

如果仿真软件支持用户程序中的全部指令和功能，点击工具栏中的“运行”按钮 ▶，将从 STOP 模式切换到 RUN 模式，“RUN” LED 变为绿色，点击工具栏中的“停止”按钮 ■，CPU 将切换到 STOP 模式。

如果用户程序中有仿真软件不支持的指令或功能，点击工具栏中的“运行”按钮后，不能切换到 RUN 模式，CPU 模块左侧的“RUN”LED(发光二极管)的状态不会变化。

5. 仿真调试程序。与真正的 PLC 做实验相同，对于数字量控制，在 RUN 模式用切换各个模拟开关的通断状态，改变 PLC 输入变量的状态，通过模块上的 LED 观察 PLC 输出点的变化，可以了解程序执行的结果是否正确。

点击模拟开关上部，可以使模拟开关的手柄向上，触点闭合，PLC 输入点对应的 LED 变为绿色。点击闭合的模拟开关下部，可以使小开关的手柄向下，触点断开，PLC 输入点对应的 LED 变为灰色。

6. 监视变量。执行菜单命令“查看”→“内存监视”，在出现的对话框中可以监视 V、M、T、C 等内部变量的值。“开始”和“停止”按钮用来启动和停止监视，用二进制格式监视字节、字和双字，可以在一行中同时监视多个位变量，如图 1-19 所示。

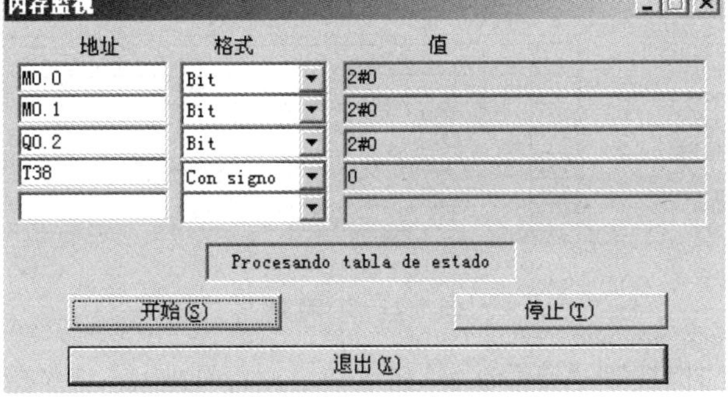

图 1-19 仿真软件中的变量监视

1.2.4 实训内容

一、任务描述

1. 正确安装 STEP 7-Micro/WIN32 编程软件和设置通讯参数。
2. 按照所给的示例程序，用编程软件进行程序的输入、编辑、监控及运行。
3. 使用仿真软件对示例程序进行仿真。

二、实训步骤与要求

1. 安装 STEP 7-Micro/WIN32 编程软件。

(1)正确安装 STEP 7-Micro/WIN32 软件。

(2)正确安装 STEP 7-Micro/WIN32 SP9 升级包。

2. 编程前的准备。

(1)在断电情况下，接上数字量输入的模拟开关，用编程电缆连接 PLC 和计算机的串行通信口，接通计算机和 PLC 的电源。

(2)打开 STEP 7-Micro/WIN32 软件，新建一个项目。

(3)检查计算机和 PLC 之间的通信电缆的连接后，使用菜单命令“PLC”→“类型”，设置与读取 PLC 型号，并设置通信参数。

(4)选择“SIMATIC”指令集和 LAD 编辑器。在菜单命令“工具”→“选项”→“一般”标签中进行设置。

3. 输入、编辑。以图 1-20 所示的示例程序为例。

(1)输入示例程序，在输入过程中灵活利用软件的快捷菜单对程序进行编辑。

(2)利用软件系统的自动转换功能，将梯形图转换成语句表指令，并记录截图。

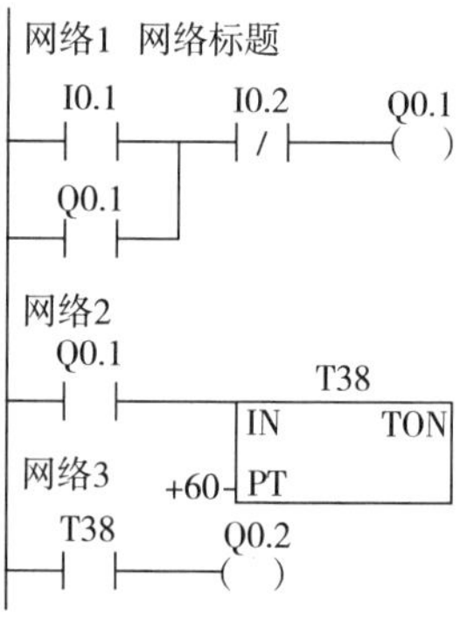

图 1-20 示例程序

(3)给梯形图加上程序注释、网络标题和网络注释。

(4)编写符号表。

①编写符号表。打开指令树中的“符号表”文件夹中的“USER1”，在表中输入自己定义的符号和对应的地址，如图 1-21 所示。在“选项”对话框中，选择操作数显示形式为：符号和地址同时显示。

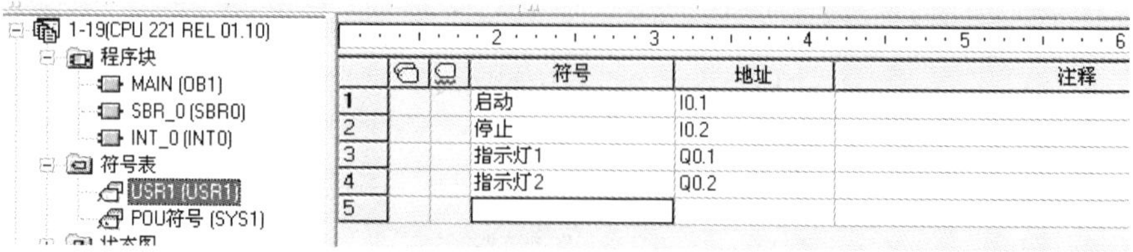

图 1-21 符号表

②利用菜单命令“检视”→“符号编址”显示和隐藏符号地址，观察梯形图上地址的变化，并记录截图。

③利用菜单命令“检视”→“符号信息表”，在梯形图上显示和隐藏符号信息表，并记录截图。

4. 编译程序，并观察编译结果，如有错误，继续修改，直到编译成功。

5. 将编译好的程序下载到 PLC。

6. 建立状态图监视各元件的状态，打开指令树的“状态图”文件夹，双击“CHTI”，在状态图中输入要监视的元件地址，如图 1-22 所示。

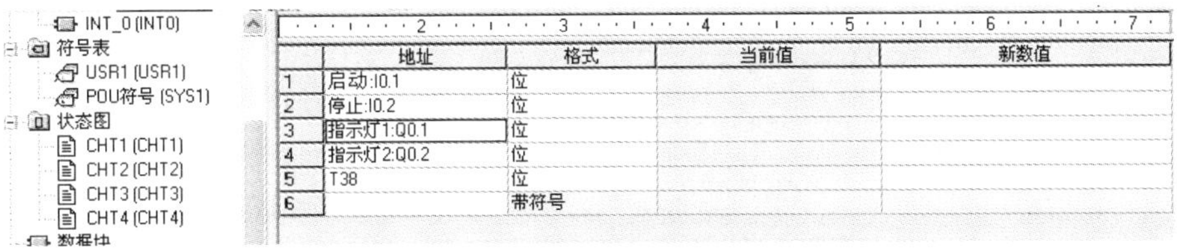

图 1-22　状态图

7. 运行程序，单击工具栏上的按钮，按下接在输入端子 I0.1、I0.2 上的模拟开关，观察 PLC 上状态指示灯的变化，并记录。

8. 启动状态图，单击工具条上的按钮，观察状态图中各地址状态的变化，并记录。

9. 输入强制操作。因为一般实验不带负载进行调试，所以可以采用强制功能模拟实际运行时的开关接通。强制 I0.1 状态为“ON”，I0.2 状态为“OFF”。

10. 在 PLC 运行时显示梯形图的程序状态，可以用工具栏上按钮，并记录。

11. 使用仿真软件来运行、监视程序。

1.2.5　实训报告要求及评分标准

一、实训报告要求

1. 整理实训操作中出现的现象。

(1)PLC 的型号及通信参数设置。

(2)LAD 切换成 STL 后的截图。

(3)符号表操作的结果截图。

(4)PLC 运行时状态指示灯的变化情况。

(5)状态图和梯形图程序状态监视截图。

2. 总结操作心得，写出实训报告。

3. 思考题。

(1)怎样将编程软件的语言设置为英文？

(2)使用 PC/PPI 电缆需要进行哪些设置？

(3)状态表和程序状态这两个功能有何区别？在什么情况下应使用状态表？

(4)若希望在断电后保持各数字量输出点的状态不变，该如何设置？

二、评分标准

表 1-5　实训考核评分表

姓名：	班级：	学号：	工位号：	日期：

考核项目	考核内容	配分	考核要求	得分
实训态度	认真听课	2 分	笔记认真	
	勤于思考	3 分	积极正确回答问题	
	善于动手	5 分	积极动手操作	
	团队精神	5 分	合理分工，互相协作	
实训操作	安装软件	5 分	正确安装软件，安装不成功扣 5 分	
	PC 与 PLC 连接及参数设置	2 分	连接及参数设置错误，每处扣 1 分	
	程序建立、编辑	5 分	每操作错误一次扣 0.5 分	
	建立符号表	5 分	符号命名不合理扣 1 分，符号表不能熟练操作，每次扣 0.5 分	
	编译、传送程序	5 分	编译出现错误，每处扣 0.5 分，不能正确上载和下载程序扣 2.5 分	
	PLC 运行	3 分	会设置 PLC 工作状态，使 PLC 正常运行，不会操作 PLC 扣 3 分	
	监视程序	5 分	正确运用状态表和程序状态监视程序运行，每错一次扣 0.5 分	
	仿真软件的使用	5 分	能熟练使用仿真软件进行程序的调试，每错一个环节扣 0.5 分	
实训报告	按要求完成报告	40 分	报告规范，内容详实 30 分，正确回答思考题 10 分	
安全文明	安全文明意识	10 分	正确使用设备、工具，无事故发生，每错一次扣 1 分	
考评教师签名：			总分：	

项目 1.3　PLC 的安装与接线

1.3.1　实训目的

1. 能够根据 PLC 的型号，判断其输入、输出端子的类型。
2. 了解 PLC 安装、接线以及保护的注意事项。
3. 学会按照 PLC 的安装与接线工艺，进行 PLC 控制系统的接线。
4. 进一步熟悉编程软件的使用以及程序调试的方法。

1.3.2　实训器材

1. 西门子 S7-200 CPU226 PLC 1 台，万用表 1 块。
2. 计算机 1 台、连接电缆 1 根、STEP 7-Micro/WIN 编程软件 1 套。

3. 安装铁板 600mm×900mm 1 块。
4. 导轨 C45 40mm 2 根。
5. 空气断路器 Multi9 C65N D20 1 只。
6. 端子 D-20 20 只。
7. 按钮 2 只(数字量输入模拟开关 1 块);光电开关 1 块。
8. 指示灯 220V 3 只。
9. 电工工具 1 套。
10. 各种规格导线若干。

1.3.3 预备知识

一、PLC 的安装与拆卸

1. 安装环境条件。PLC 是为适应工业现场而设计的,为了保证工作的可靠性,延长 PLC 的使用寿命,安装时要注意周围环境条件:环境温度在 0～55℃ 范围内;相对湿度在 35%～85%范围内(无结霜),周围无易燃或腐蚀性气体、过量的灰尘和金属颗粒;避免过度的震动和冲击;避免太阳光的直射和水的溅射。

2. 安装方式。S7-200 既可以安装在控制柜背板上,也可以安装在标准导轨上;既可以水平安装,也可以垂直安装。利用总线连接电缆,可以把 CPU 模块和扩展模块连接在一起。需要连接的扩展模块较多时,将模块安装成两排,如图 1-23 所示。

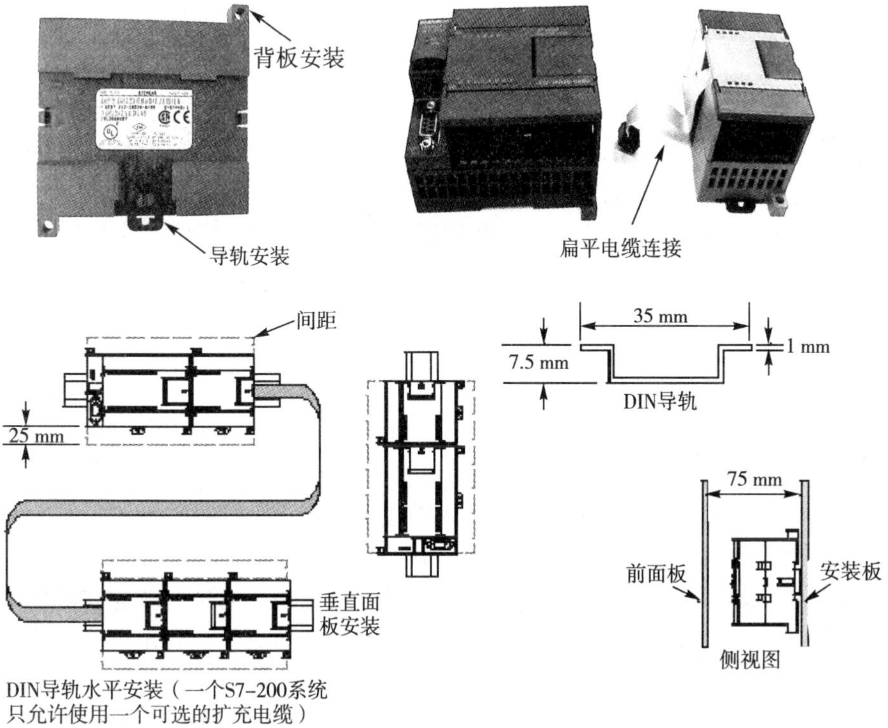

图 1-23 PLC 安装的方式、方向和间距

(1)控制柜背板安装。按照PLC的尺寸进行定位,钻安装孔,用合适的螺钉将模块固定在背板上。若使用了扩展模块,将扩展模块的扁平电缆连到前盖下面的扩展口。如果系统处于高振动环境中,使用背板安装方式可以得到较高的振动保护等级。

(2)DIN导轨安装。打开模块底部的DIN夹子,将模块背部卡在DIN导轨上,合上DIN夹子。仔细检查模块上DIN夹子与DIN导轨是否紧密以及固定好。如果使用了扩展模块,应放在CPU模块的右侧,固定好各模块后,将扩展模块的扁平电缆连到前盖下面的扩展口。当S7-200的使用环境振动比较大或者采用垂直安装方式时,应该使用DIN导轨挡块。

3.拆卸CPU或扩展模块。拆卸前先拆除S7-200的电源,再拆除模块上的所有连线和电缆,如果有其他扩展模块连接在所拆卸的模块上,先打开前盖,拔掉相邻模块的扩展扁平电缆。拆掉安装螺钉或者打开DIN夹子,最后拆下模块。

4.端子排的安装与拆卸。为了安装和替换模块方便,大多数的S7-200模块都有可拆卸的端子排。在拆卸端子排时,打开端子排安装位置的上盖,以便可以接近端子排。把螺丝刀插入端子块中央的槽口中,用力下压并撬出端子排,如图1-24所示。

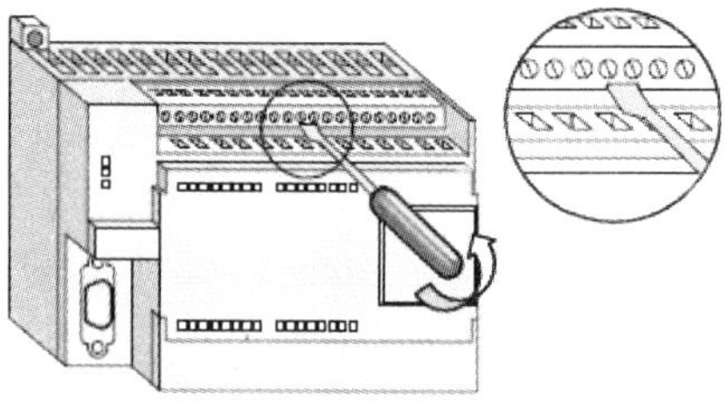

图1-24 拆卸端子排

在安装端子排时,打开端子排的上盖,确保模块上的插针与端子排边缘的小孔对正,将端子排向下压入模块,保证端子排对准了位置并锁住。

5.PLC安装与拆卸注意事项。

(1)在安装和拆卸PLC之前,要保证该设备的供电已被切断。同样,也要确保与该设备相关联的设备的供电已被切断。

(2)将S7-200与加热装置、高电压和电子噪声隔离开。

(3)为接线和散热留出适当的空间。S7-200设备的设计采用自然对流散热方式,在器件的上方和下方都必须留有至少25mm的空间,以便于正常的散热。前面板与背板的板间距离也应保持至少75mm。在垂直安装时,其允许的最高环境温度要比水平安装时低10℃,而且CPU应安装在所有扩展模块的下方。在安排S7-200设备时,应留出接线和连接通讯电缆的足够空间,如图1-23所示。

(4)切勿让导线头、金属屑等杂物落入机体内。

二、PLC接线

1.接线的要求。在设计S7-200的接线时,应该提供一个单独的开关,能够同时切断S7-200 CPU、输入电路和输出电路的所有供电。提供熔断器或断路器等过流保护装置来限制供电线路中的电流。当输入电路由一个外部电源供电时,要在电路中添加过流保护器件;每一输出电路都可以使用熔断器或其他限流设备作为额外的保护。

S7-200采用0.5～1.5mm^2的导线,应避免将低压信号线和通讯电缆与交流供电线和高能量、开关频率很高的直流信号线布置在一个线槽中,使用双绞线并且用中性线或者公共线与能量线或者信号线相配对。导线应尽量短,并且保证线粗能够满足电流要求,端子排合适的线粗为0.3～2mm^2,使用屏蔽电缆可以得到最佳的抗电子噪声特性。干扰比较严重时,应设置浪涌抑制设备。

2.S7-200接地。良好的接地是抑制噪声干扰和电压冲击以及保证PLC可靠工作的重要条件。在实际的应用中，应确保S7-200及相关设备的所有接地点在一点接地。这个单独的接地点应该直接连接到系统地上。将直流电源的公共点连接到同一个单一接地点上，将24V DC传感器供电的公共点(M)接地可以提高抗电子噪声的能力。

所有的接地线应尽量短，并且用较粗的线径($2mm^2$)。当选择接地点时，使接地点尽量靠近PLC。

3. 电源接线。给S7-200的CPU供电，有直流供电和交流供电2种方式。CPU模块的接线方式如图1-25所示，接线时一定要清楚了解PLC的电源类型及电压数值。

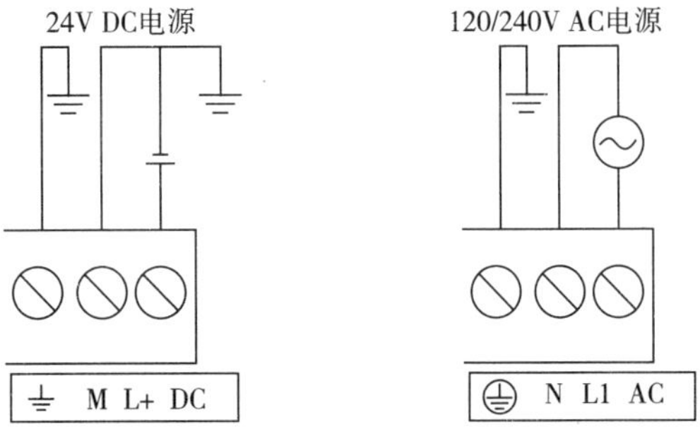

(a) 直流供电 (b) 交流供电

图1-25 S7-200 CPU的供电方式

PLC的工作电源有120/240V单相交流电源和24V直流电源。系统的大多数干扰往往通过电源进入PLC，在干扰强或可靠性要求高的场合，动力部分、控制部分、PLC自身电源及I/O回路的电源应分开配线，用带屏蔽层的隔离变压器给PLC供电。隔离变压器的一次侧最好接380V，这样可以避免接地电流的干扰。输入用的外接直流电源最好采用稳压电源，因为整流滤波电源有较大的纹波，容易引起误动作。

4. I/O端子接线和对扩展单元的接线。PLC的输入接线是指外部开关设备PLC的输入端口的连接线。输出接线是指将输出信号通过输出端子送到受控负载的外部接线。S7-200 CPU226的端子连接如图1-26、图1-27所示。

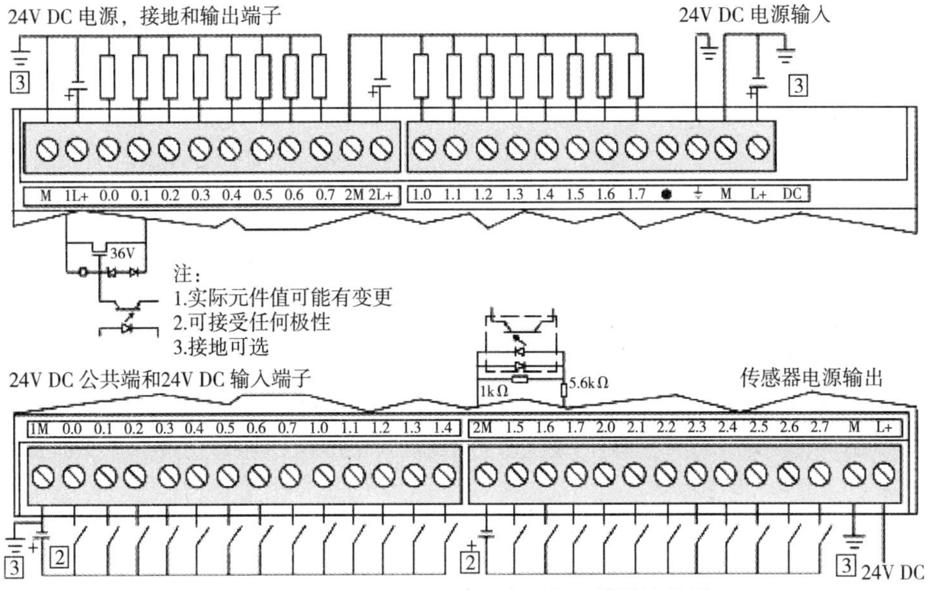

图1-26 S7-200 CPU226 DC/DC/DC端子连接图

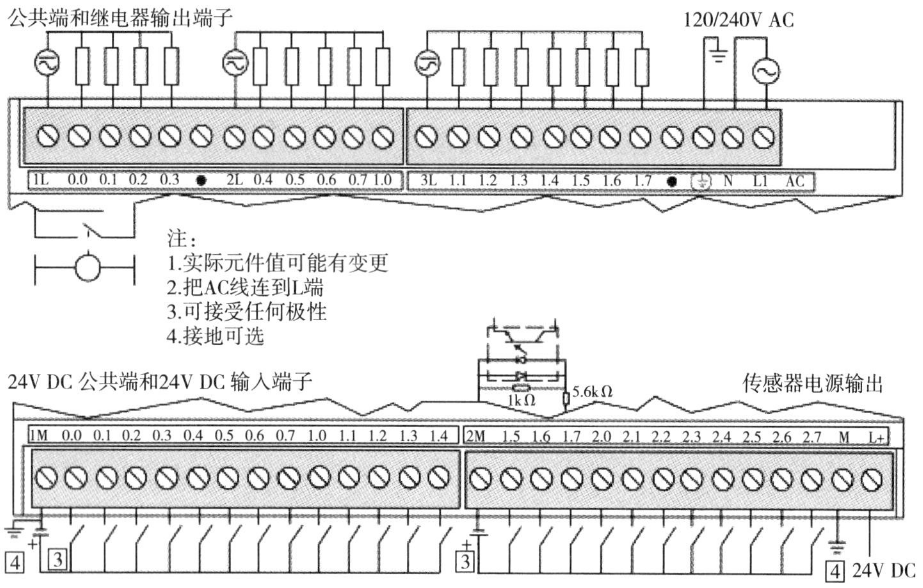

图 1-27　S7-200 CPU226 AC/DC/继电器端子连接图

I/O 接线时,I/O 线与动力线、电源线应分开布线,并保持一定的距离,如需在一个线槽中布线时,须使用屏蔽电缆;I/O 线的距离一般不超过 300m;交流线与直流线、输入线与输出线应分别使用不同的电缆;数字量和模拟量 I/O 应分开走线,传送模拟量 I/O 线应使用屏蔽线,且屏蔽层应一端接地。

进行 PLC 的 CPU 单元与各扩展单元的接线时,应先断开电源,将扁平电缆的一端插入对应的插口即可。PLC 的 CPU 单元与各扩展单元之间电缆传送的信号小,频率高,易受干扰,所以不能与其他连线敷设在同一线槽内。

5. 对感性负载的处理。在使用感性负载时,要加入抑制电路来限制输出关断时电压的升高。采取的措施有以下几种。

(1)输出接有直流感性负载时。在负载两端并联续流二极管与齐纳二极管的串联电路。在大多数应用中,用附加的续流二极管即可,但如果在应用中要求更快的关断速度,则要加上齐纳二极管。二极管可选 1N4001,直流输出可选 8.2V/5W 的齐纳二极管,继电器输出可以选 36V 的稳压管。对于继电器输出,也可以在负载两端并联 RC 电路,如图 1-28 所示。

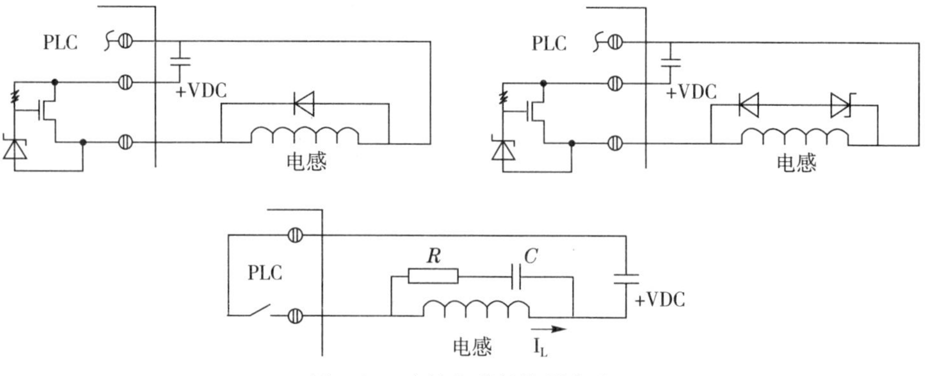

图 1-28　直流负载的抑制电路

(2)输出接有交流感性负载时。当采用继电器或交流输出来切换 115/230V 交流负载时,应在负载两端并联 RC 电路,电容可选 0.1μF,电阻可选 100～120Ω。也可以使用金属氧化物可变电阻器(MOV)来限制峰值电压,其工作电压比正常的线电压至少高出 20%,如图 1-29 所示。

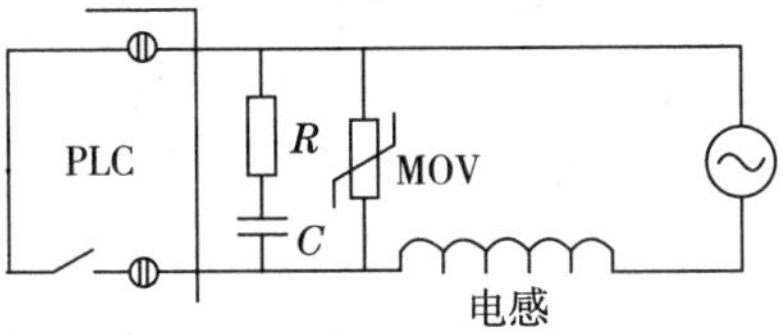

图 1-29 交流负载的抑制电路

(3)灯负载的处理。对于一个钨丝灯,其浪涌电流实际上将是其稳态电流大小的 10～15 倍。因此,灯负载会因接通较大的浪涌电流而造成继电器触点的损坏。对于使用期内高切换次数的灯负载,一般使用可替换的插入式继电器或加入浪涌限制器。

6. 电源的选择。S7-200 CPU 都有一个内部电源,为 CPU 自身、扩展模块和其他用电设备提供 24V 直流电源。S7-200 为系统中的所有扩展模块提供 5V 直流逻辑电源。必须注意,要确保 CPU 所提供的 5V 电源能够满足所选择扩展模块的需要。如果超出了 CPU 的供电能力,只有去掉一些模块或者选择一个供电能力更强的 CPU。

S7-200 的所有 CPU 也提供 24V 直流传感器供电,此 24V 直流电源可以为输入点、扩展模块上的继电器线圈或者其他设备供电。如果设备用电量超过了传感器供电预算,必须为系统另配一个外部 24V 直流供电电源。

如果使用了外部 24V 直流供电电源,要确保该电源没有与 S7-200 CPU 上的传感器电源并联使用。为了加强电子噪音保护,应将不同电源的公共端(M)连在一起。

1.3.4 实训内容

一、任务描述

1. 根据所给的 PLC 外部接线图、梯形图(如图 1-30 所示)以及电器元件,在安装板上合理布置各电器的位置,按照 PLC 的外部接线图绘制出标准的接线图和安装位置图。

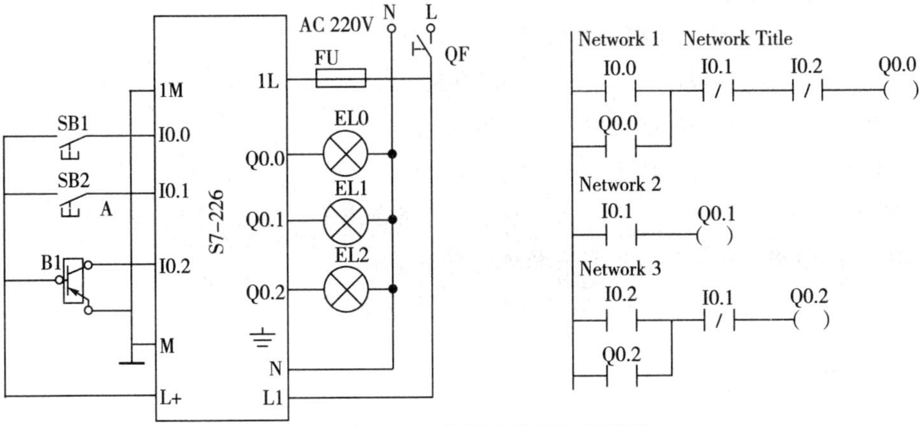

图 1-30 PLC 外部接线图和梯形图

2. 按照要求完成整个 PLC 控制系统的电器安装和接线,并将梯形图输入并调试系统。

二、实训步骤与要求

1. 熟悉 PLC 的构造以及接线端子的分布,了解光电开关、空气断路器、熔断器、按钮的作用及安装接线的方法。

2. 根据所给的 PLC 外部接线图和梯形图,绘制器件的安装位置图和标准接线图,并把各个器件安装到安装板上。

3. 按照标准接线图和工艺进行接线。注意走线要横平竖直。

4. 输入图 1-30 中的梯形图,并进行仿真调试,没有问题后可以下载到 PLC 中,运行程序。

5. 观察按下按钮 SB1 后,EL0、EL1、EL2 有何反应;当有物体接近光电开关 B1 时,EL0、EL1、EL2 有何反应;按下按钮 SB2 后,EL0、EL1、EL2 有何反应。请记录到表 1-6 中。

在操作过程中要注意用电安全!

表 1-6 系统运行状态记录表

操作过程	EL0 的状态	EL1 的状态	EL2 的状态
1. 按下按钮 SB1			
2. 有物体接近光电开关 B1			
3. 按下按钮 SB2			

1.3.5 实训报告要求及评分标准

一、实训报告要求

1. 整理实训操作结果,按要求写出实训报告。

(1)写出输入点和输出点分配表。

(2)绘出电器安装图。

(3)按照 PLC 的外部接线图绘制标准的接线图。

(4)整理操作过程中所观察到的现象,并记录。

(5)总结接线过程遇到的困难以及处理的方法。

2. 思考题。

(1)是否可以将一个交流电源的输出设备与几个直流输出设备共用一个公共端?

(2)PLC 的安装方法有几种?对安装环境有何要求?

(3)PLC 如何接地?输入/输出接线时应注意哪些事项?

二、评分标准

表 1-7 实训考核评分表

姓名：	班级：	学号：	工位号：	日期：

考核项目	考核内容	配分	考核要求	得分
工艺	安装 PLC 及电器	10 分	合理布置各电器的位置	
	接线	15 分	按照电气原理图和接线图进行接线，每错一处扣 3 分	
	布线工艺	5 分	工艺符合标准，线乱、不合理的每处扣 1 分	
程序输入	程序写入	5 分	程序输入正确，错一处扣 1 分	
调试与运行	程序调试与运行	15 分	不会排除故障扣 10 分； 不符合控制要求扣 5 分	
实训报告	按照实训报告的要求完成	30 分	完成报告内容 20 分； 字迹工整 10 分	
安全文明	正确使用工具和设备，无操作不当引起的事故	10 分	考评教师掌握	
团结协作	小组成员分工合理，积极参与	10 分	考评教师掌握	
考评教师签名：			总分：	

第2章 PLC指令及编程实训

学习目标

- ☐ 进一步熟悉 S7-200 PLC 硬件和软件的使用方法。
- ☐ 能够熟练掌握基本逻辑指令的功能及使用方法。
- ☐ 掌握定时器、计数器在 PLC 编程中的功能及作用，并能够熟练使用位逻辑指令和定时器、计数器指令解决实际控制问题。
- ☐ 理解并掌握 PLC 常用基本控制程序的编写方法和应用。
- ☐ 理解功能指令的作用及其在实际控制问题中的应用。

项目2.1 基本逻辑指令的使用

2.1.1 实训目的

1. 熟悉梯形图编程的规则，掌握 S7-200 PLC 的数据类型和寻址方式。
2. 进一步熟悉编程软件的使用方法和 PLC 的操作方法。
3. 掌握 S7-200 PLC 的位逻辑指令及其应用。
4. 学会利用位逻辑指令解决一些实际的控制问题。

2.1.2 实训器材

1. 西门子 S7-200 PLC 1 台，万用表 1 块。
2. 计算机 1 台、连接电缆 1 根、编程软件 1 套。
3. 按钮 2 只(数字量输入模拟开关 1 块)。
4. 指示灯 220V 1 只。
5. 交流接触器 1 只。
6. 三相异步电动机 1 台。
7. 电工工具 1 套。
8. 导线若干。

或者采用 PLC 实验实训装置。

2.1.3 预备知识

一、S7-200 PLC 程序结构

1. 主程序。主程序包括控制应用的指令。S7-200 在每一个扫描周期中按顺序执行这些指令。主程序也被表示为 OB1。

2. 子程序。子程序是应用程序中的可选组件。只有被主程序、中断程序或者其他子程序调用时,子程序才会执行。当希望重复执行某项功能时,子程序是非常有用的。调用子程序有如下优点:用子程序可以减小程序的长度;子程序只有在被调用情况下才会起作用,因而用子程序可以缩短程序扫描周期;用子程序创建的程序代码是可移植的。

3. 中断程序。中断服务程序是应用程序中的可选组件。中断服务程序不会被主程序调用,只有当中断服务程序与一个中断事件相关联,且在该中断事件发生时,S7-200 才会执行中断服务程序。

二、S7-200 寻址

S7-200 CPU 将信息存储在不同的存储单元,每个存储单元都有唯一的地址。S7-200 CPU 使用数据地址访问所有的数据,称为"寻址"。S7-200 的大部分指令都需要指定数据地址。

1. 数据长度。在计算机中使用的都是二进制数,其最基本的存储单位是位(Bit),只有 0 和 1 两种状态。8 位二进制数组成 1 个字节(Byte),其中的第 0 位为最低位(LSB),第 7 位为最高位(MSB),2 个字节(16 位)组成 1 个字(Word),2 个字(32 位)组成 1 个双字(Double Word)。把位、字节、字和双字占用的连续位数称为"长度"。

2. 编址方式。

(1)位编址的方式为:(区域标志符)字节号.位号,如 I0.0、Q0.0、I1.2。

(2)字节编址的方式为:(区域标志符)B(字节号),如 IB0 表示由 I0.0~I0.7 这 8 位组成的字节。

(3)字编址的方式为:(区域标志符)W(起始字节号),且最高有效字节为起始字节。例如 VW0 表示由 VB0 和 VB1 这 2 个字节组成的字。

(4)双字编址的方式为:(区域标志符)D(起始字节号),且最高有效字节为起始字节。例如 VD0 表示由 VB0 到 VB3 这 4 个字节组成的双字。

3. 寻址方式。

(1)直接寻址。直接寻址是指在指令中直接使用存储器或寄存器的元件名称(区域标志)和地址编号,直接到指定的区域读取或写入数据。如图 2-1 所示,有按位、字节、字或双字的寻址方式。若要存取存储区的某一位,则必须指定地址,包括存储器标识符、字节地址和位号。当涉及多字节组合寻址时,S7-200 遵循"高地址,低字节"的规律。

存储区(V、I、Q、M、S、L 及 SM)可以按照字节、字或双字的寻址方式来存取其中的数据。其他 CPU 存储区(如 T、C、HC 和累加器)中存取数据使用的地址格式包括区域标识符和设备号。

(2)间接寻址。间接寻址时,操作数并不提供直接数据位置,而是通过使用地址指针来存取存储器中的数据。在 S7-200 中,允许使用指针对 I、Q、M、V、S、T、C(仅当前值)存储区进行间接寻址。使用间接寻址前,要先创建一个指向该位置的指针。指针建

立好后，利用指针存取数据。

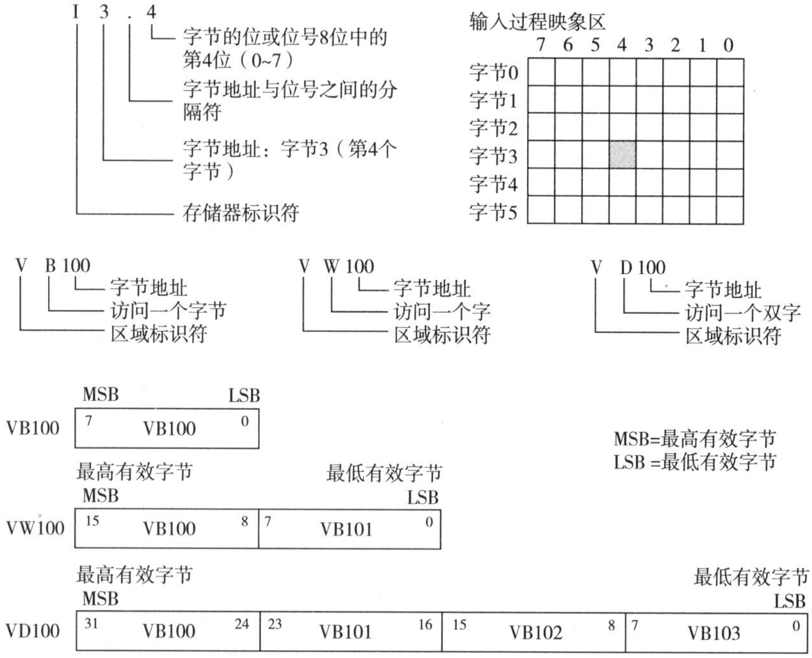

图 2-1 位、字节、字、双字的寻址方式

三、基本位逻辑指令

位操作指令是 PLC 常用的基本指令，梯形图指令有触点和线圈两大类，触点又分常开触点和常闭触点 2 种形式；语句表指令有与、或以及输出等逻辑关系，位操作指令能够实现基本的位逻辑运算和控制。常用的基本位逻辑指令见表 2-1。

表 2-1 基本位逻辑指令

指令格式	功能描述	梯形图举例与对应指令		操作数
LD bit	装载，常开触点逻辑运算的开始，对应梯形图则为在左侧母线或线路分支点处初始装载一个常开触点	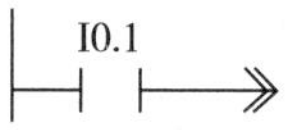	LD I0. 1	I、Q、M、SM、T、C、V、S
LDN bit	取反后装载，常闭触点逻辑运算的开始，对应梯形图则为在左侧母线或线路分支点处初始装载一个常闭触点	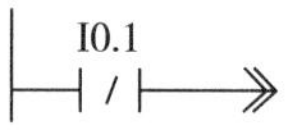	LDN I0. 1	
A bit	与操作，在梯形图中表示串联连接单个常开触点	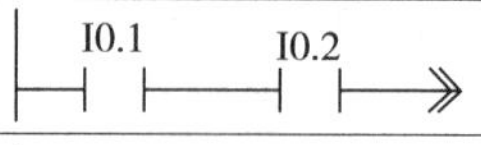	LD I0. 1 A I0. 2	
AN bit	与非操作，在梯形图中表示串联连接单个常闭触点	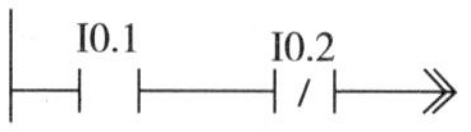	LD I0. 1 AN I0. 2	
O bit	或操作，在梯形图中表示并联连接一个常开触点	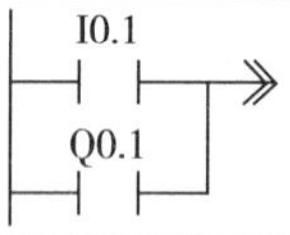	LD I0. 1 O Q0. 1	
ON bit	或非操作，在梯形图中表示并联连接一个常闭触点	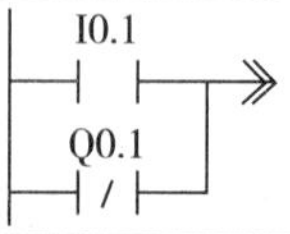	LD I0. 1 ON Q0. 1	

续表

指令格式	功能描述	梯形图举例与对应指令	操作数
=bit	输出指令与梯形图中的线圈相对应。驱动线圈的触点电路接通时，有“能流”流过线圈，输出指令指定的位对应的映像寄存器的值为1，反之为0。被驱动的线圈在梯形图中只能使用一次。“=”可以并联使用任意次，但不能串联	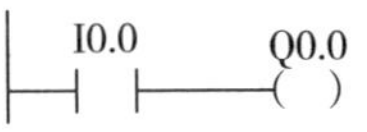 LD I0.0 =Q0.0	Q、M、SM、T、C、V、S。但不能用于输入映像寄存器I
S S-bit,N R S-bit,N	置位指令S、复位指令R，在使能输入有效后对从起始位S-bit开始的N位置“1”或置“0”并保持。 对同一元件（同一寄存器的位）可以多次使用S/R指令（与“=”指令不同）。 由于是扫描工作方式，当置位、复位指令同时有效时，写在后面的指令具有优先权。 置位复位指令通常成对使用，也可以单独使用或与指令盒配合使用	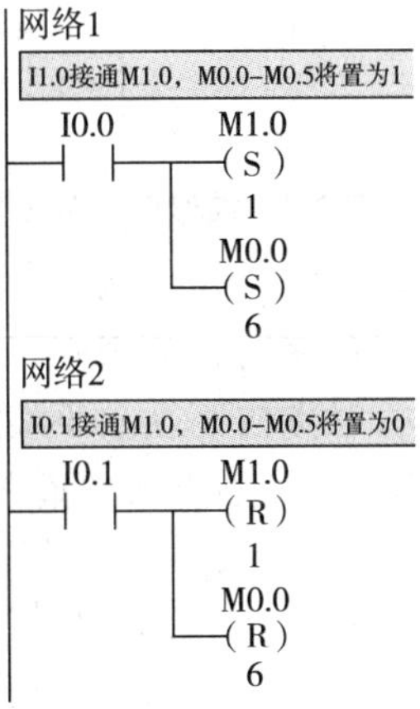 网络1 LD I0.0 S M1.0，1 S M0.0，6 网络2 LD I0.1 R M1.0，1 R M0.0，6	操作数N为：VB，IB，QB，MB，SMB，SB，LB，AC，常量，*VD，*AC，*LD。取值范围为：0～255。数据类型为：字节。 操作数S-bit为：I，Q，M，SM，T，C，V，S，L。数据类型为：布尔
EU ED	EU指令─┤P├─：在EU指令前的逻辑运算结果有一个上升沿时（由OFF→ON），产生一个宽度为一个扫描周期的脉冲，驱动后面的输出线圈。 ED指令─┤N├─：在ED指令前有一个下降沿时，产生一个宽度为一个扫描周期的脉冲，驱动其后线圈	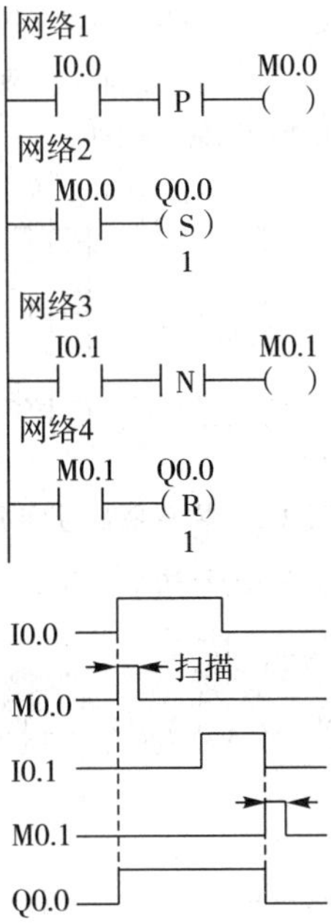 网络1 LD I0.0 EU=M0.0 网络2 LD M0.0 S Q0.0,1 网络3 LD I0.1 ED=M0.1 网络4 LD M0.1 R Q0.0，1	无操作数

四、梯形图绘制规则

1. PLC 内部元器件触点的使用次数是无限制的。

2. 梯形图的每一行都是从左边母线开始，然后是各种触点的逻辑连接，最后以线圈或指令盒结束，如图 2-2 所示。

(a) 错误　　(b) 正确

图 2-2　梯形图绘制示意图一

3. 线圈和指令盒一般不能直接连接在左边的母线上，如需要的话，可通过特殊的中间继电器 SM0.0(常 ON 特殊中间继电器)完成，如图 2-3 所示。

(a) 错误　　(b) 正确

图 2-3　梯形图绘制示意图二

4. 在同一程序中，同一编号的线圈使用 2 次及 2 次以上称为“双线圈输出”。双线圈输出非常容易引起误动作，所以应避免使用。S7-200 PLC 中不允许双线圈输出。

5. 在手工编写梯形图程序时，触点应画在水平线上，从习惯和美观的角度来讲，不要画在垂直线上。使用编程软件则不可能把触点画在垂直线上，如图 2-4 所示。

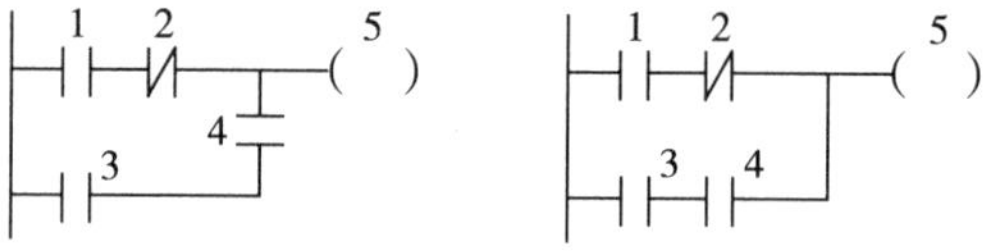

(a) 错误　　(b) 正确

图 2-4　梯形图绘制示意图三

6. 不包含触点的分支线条应放在垂直方向，不要放在水平方向，以便于读图和显得美观。使用编程软件则不可能出现这种情况，如图 2-5 所示。

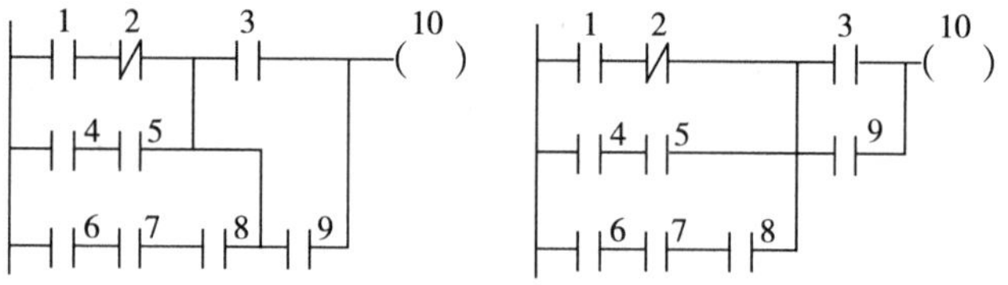

(a) 不好　　(b) 正确

图 2-5　梯形图绘制示意图四

7. 应把串联多的电路块尽量放在最上边，把并联多的电路块尽量放在最左边，这样一是可以节省指令，二是为了美观，如图 2-6 所示。

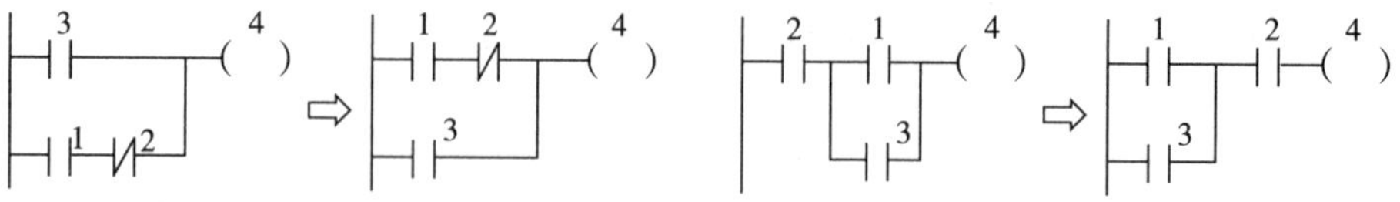

(a) 把串联多的电路块放在最上边　　(b) 把并联多的电路块放在最左边

图 2-6　梯形图绘制示意图五

2.1.4　实训内容

一、任务描述

1. 根据图 2-7 所示的梯形图，了解基本逻辑关系的实现。

2. 用 PLC 实现三相异步电动机连续运转控制，按图接线并输入、调试程序。

某生产设备由一台电动机拖动，其控制要求如下：

(1)按下启动按钮，电动机连续运转，按下停止按钮，电动机停止运转。

(2)要求有过载保护和短路保护。

3. 用 PLC 实现楼道灯的控制。按图接线并输入、调试程序。

任务一：如图 2-8 所示，要求用开关 SA1、SA2 分别可以控制楼道灯 EL 的接通和断开。按图接线并输入、程序调试。

任务二：要求用一只按钮 SB 控制过道灯。当按下按钮后松开，过道灯点亮。再按一次松开，过道灯熄灭。按图接线并输入、调试程序。

4. 灯的三地控制。具体要求：在 3 个不同的地方分别用 3 个开关控制一盏灯，任何一地的开关动作都可以使灯的状态发生改变。要求列出 I/O 分配表、PLC 外部接线图、梯形图并且进行系统的调试。

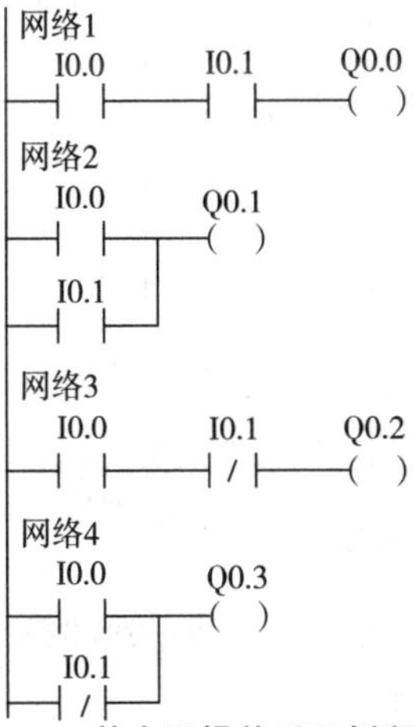

图 2-7　基本逻辑关系示例程序

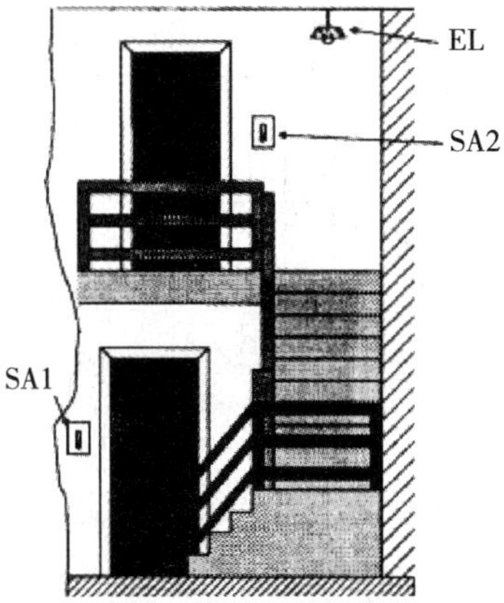

图 2-8　楼道示意图

二、实训步骤与要求

1. 输入如图 2-7 所示的梯形图，用仿真软件来运行该程序，模拟开关推上为 1，拉下为 0，观察运行情况，填写表 2-2。写出梯形图对应的指令。

表 2-2　记录表

I0.0	I0.1	Q0.0	Q0.1	Q0.2	Q0.3
0	0				
0	1				
1	0				
1	1				

2. 用 PLC 实现三相异步电动机连续运转控制。

(1)I/O 点的分配。I/O 点的分配见表 2-3。

表 2-3 输入/输出点的分配表

输入信号			输出信号		
名称	符号	对应输入点	名称	符号	对应输入点
启动按钮	SB1	I0.0	交流接触器	KM	Q0.0
停止按钮	SB2	I0.1			

(2)主电路和 PLC 外部接线图。按照如图 2-9 所示接线，输入端的电源利用 PLC 所提供的 24V 直流电源，实际接线也可以外接 24V 直流电源。输出负载的电源为交流 220V。

(3)程序设计。电动机的连续运转控制可以利用启动、保持和停止电路来实现（简称“启保停”电路），如图 2-10 所示。由外部接线图可知，输入映像寄存器 I0.0 的状态与启动常开按钮 SB1 的状态相对应，输入映像寄存器 I0.1 的状态与停止常开按钮 SB2 的状态相对应。而程序运行结果写入输出映像寄存器 Q0.0，并通过输出电路控制负载。

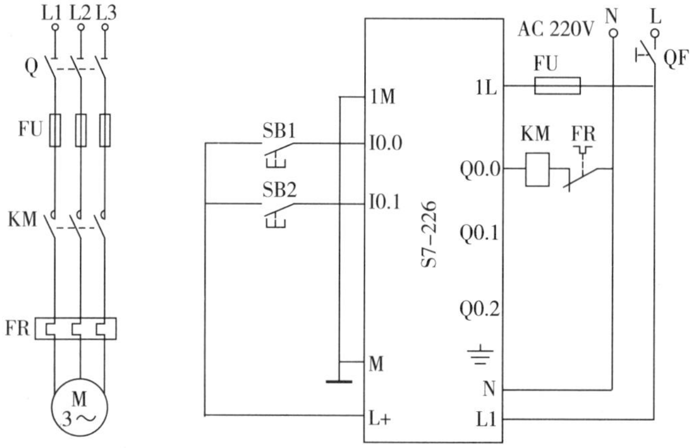

图 2-9 主电路和 PLC 外部接线图

要求理解图 2-9 所示的程序控制，并用 S、R 指令设计出与其功能一致的梯形图。

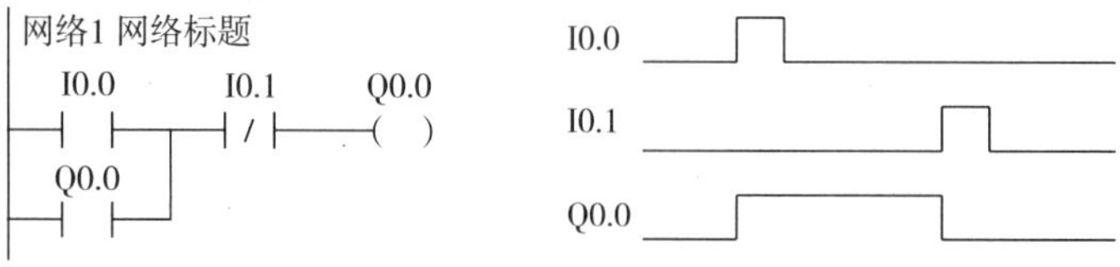

图 2-10 电动机连续运转控制梯形图和时序图

(4)运行并调试程序。

①输入如图 2-10 所示的程序。下载程序到 PLC，并对程序进行调试，按下按钮 SB1，观察 KM 的工作状态。再按下 SB2，观察 KM 的工作状态。

②调试用 S、R 指令设计的电动机连续运转控制的梯形图。

③调试过程用“程序状态”或“状态图”对元件的动作进行监控并记录。

3.用 PLC 实现楼道灯的控制。

(1)任务一和任务二的 I/O 分配表见表 2-4、表 2-5。

表 2-4　任务一的 I/O 分配表

任务一					
输入信号			输出信号		
名称	符号	对应输入点	名称	符号	对应输入点
楼下开关	SA1	I0.0	照明灯	EL	Q0.0
楼上开关	SA2	I0.1			

表 2-5　任务二的 I/O 分配表

任务二					
输入信号			输出信号		
名称	符号	对应输入点	名称	符号	对应输入点
控制按钮	SB1	I0.0	照明灯	EL	Q0.0

(2)按照任务一、任务二的外部接线图，在实训设备上接线，如图 2-11 所示。

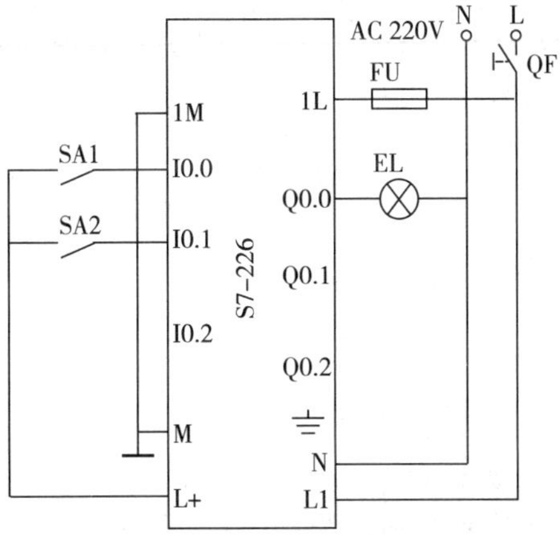

(a) 任务一

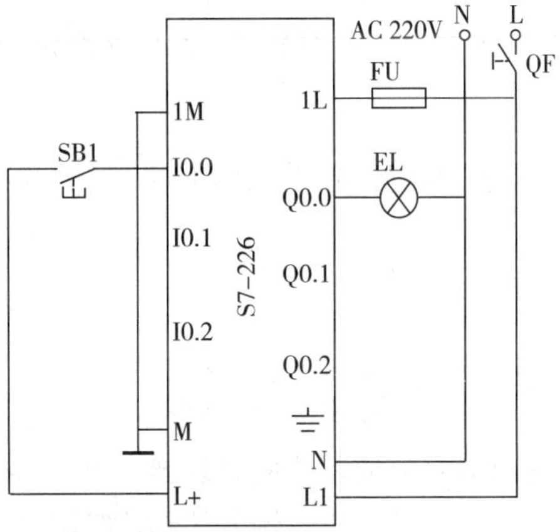

(b) 任务二

图 2-11　任务一、任务二的外部接线图

(3)程序设计。利用列逻辑真值表的方法设计任务一、任务二的梯形图。要求用符号表来表示各元件的地址，参考程序如图 2-12、图 2-13 所示。

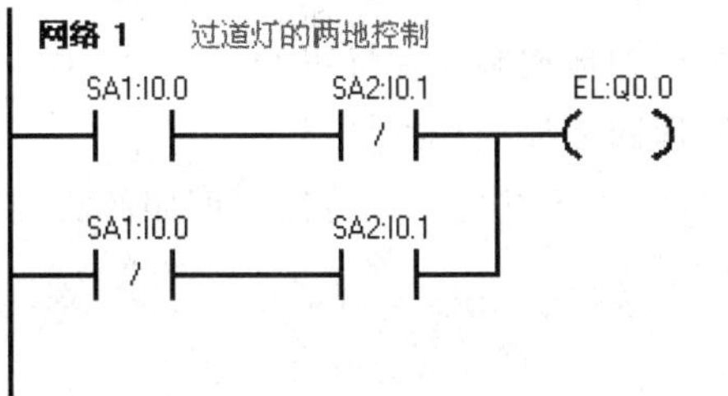

符号	地址	注释
EL	Q0.0	
SA1	I0.0	
SA2	I0.1	

图 2-12　任务一参考程序

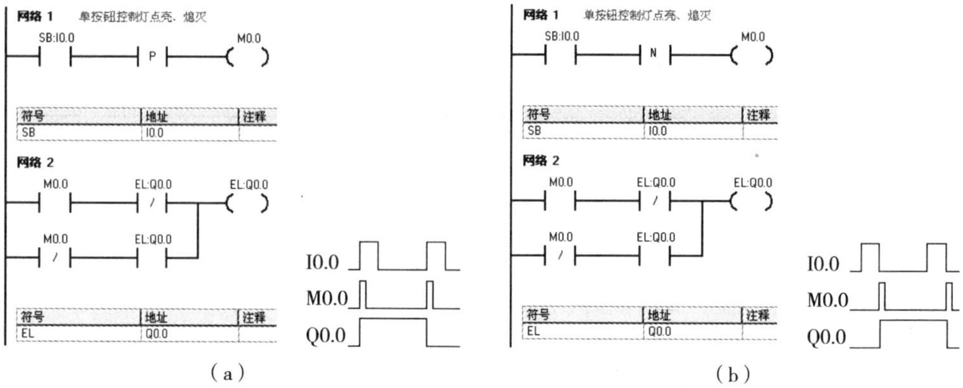

图 2-13 任务二参考程序及时序逻辑

(4)运行并调试程序。利用软件监视程序的执行,并观察运行时的现象。

4. 灯的三地控制。

(1)具体设计要求:在 3 个不同的地方分别用 3 个开关控制一盏灯,任何一地的开关动作都可以使灯的状态发生改变。

(2)要求列出 I/O 分配表、PLC 外部接线图、梯形图和时序图,并且进行系统的安装与调试。

2.1.5 实训报告要求及评分标准

一、实训报告要求

1. 整理实训操作的结果,按要求写出实训报告。

2. 根据给出的梯形图,写出指令表。

3. 写出满足异或逻辑的梯形图。

4. 若将电动机连续运转的外部接线图的 SB2 停止按钮换为常闭按钮,梯形图程序应如何改动?如果需要对过载信号处理,可以将热继电器的常闭触点接到 PLC 的输入端,这样和外部接线图比较各有何特点?

5. 三相异步电动机连续运转控制在出现过载时如何实现蜂鸣器报警?

6. 在 PLC 实现过道灯控制的任务中:

(1)如果采用开关,能实现四地控制一盏灯吗?

(2)如果采用按钮,能实现四地控制一盏灯吗?

(3)每按两次按钮过道灯的状态发生一次转化又该如何实现?

7. 写出实训过程中的心得体会。

二、评分标准

表 2-6 实训考核评分表

姓名：	班级：	学号：	工位号：	日期：

考核项目	考核内容	配分	考核要求	得分
任务 1	输入程序	5 分	正确使用软件输入程序	
	调试程序	5 分	符合控制要求，每处不满足扣 3 分	
任务 2	接线	10 分	接线图正确，并能按照接线图进行接线，每出现一处不合理的扣 2 分	
	输入、调试程序	10 分	符合控制要求，有创新意识，每处不满足扣 3 分； 不会排除故障扣 10 分	
任务 3	接线	10 分	接线图正确，并能按照接线图进行接线，每出现一处不合理的扣 2 分	
	编写、调试程序	10 分	符合控制要求，有创新意识，每处不满足扣 3 分； 不会排除故障扣 10 分	
任务 4	输入输出分配	5 分	输入输出分配合理，每出现一处不合理的扣 1 分	
	接线	10 分	接线图正确，并能按照接线图进行接线，每出现一处不合理的扣 2 分	
	编写、调试程序	10 分	符合控制要求，有创新意识，每处不满足扣 3 分； 不会排除故障扣 10 分	
实训报告	按照实训报告的要求完成	15 分	完成报告内容 10 分； 字迹工整 5 分	
安全文明	正确使用工具和设备、无操作不当引起的事故	5 分	考评教师掌握	
团结协作	小组成员分工合理，积极参与	5 分	考评教师掌握	
考评教师签名：			总分：	

项目 2.2 定时器的使用

2.2.1 实训目的

1. 通过实训掌握定时器的基本功能和正确的编程方法。
2. 学习定时器的扩展方法。
3. 会使用编程软件对 PLC 的运行情况进行监视。
4. 掌握时间控制程序的常规设计方法，并利用定时器解决某生产线正次品分拣问题。
5. 进一步学习位逻辑指令的使用。

2.2.2 实训所需器材

1. 西门子 S7-200 PLC 1 台，万用表 1 块。
2. 计算机 1 台、连接电缆 1 根、编程软件 1 套。
3. 数字量输入模拟开关 1 块。
4. 电工工具 1 套。
5. 传送带正次品分拣实验实训模块。
6. 导线若干。

2.2.3 预备知识

一、定时器的种类及指令

定时器是累计时间增量的元件，CPU 22X 系列 PLC 有 256 个定时器，按工作方式分为通电延时定时器(TON)、断电延时型定时器(TOF)和记忆型通电延时定时器(TONR)。定时器有 1ms、10ms 和 100ms 3 种时基标准，定时器号决定了定时器的时基，如表 2-7 所示。

每个定时器均有一个 16 位的当前值寄存器，用于存放当前值(16 位符号整数)；一个 16 位的预置值寄存器用于存放时间的设定值；还有一位状态位，反映其触点的状态。最小计时单位为时基脉冲的宽度，又称为“定时精度”；从定时器输入有效，到状态位输出有效，经过的时间为定时时间，即：定时时间＝预置值(PT)×时基。

表 2-7　定时器的种类及指令格式

定时器种类	TON—通电延时定时器		TOF—断电延时型定时器		TONR—记忆型通电延时定时器	
LAD	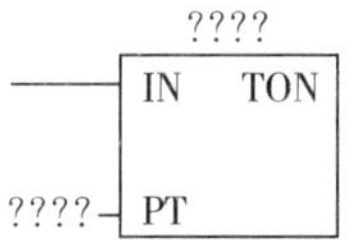		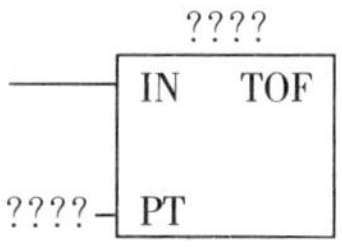		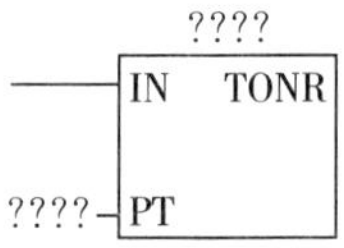	
STL	TON T××，PT		TOF T××，PT		TONR T××，PT	
定时器指令说明	• IN 是使能输入端，指令盒上方输入定时器的编号(T××)，范围为 T0～T255；PT 是预置值输入端，最大预置值为 32767；PT 的数据类型：INT。 • PT 操作数有：IW，QW，MW，SMW，T，C，VW，SW，AC，常数。 • 定时器标号既可以用来表示当前值，又可以用来表示定时器位。 • TOF 和 TON 共享同一组定时器，不能重复使用，即不能把一个定时器同时用作 TOF 和 TON。例如，不能既有 TON T32，又有 TOF T32。					
工作方式	TON/TOF			TONR		
分辨率/ms	1	10	100	1	10	100
最大定时范围/s	32.767	327.67	3276.7	32.767	327.67	3276.7
定时器编号	T32，T96	T33～T36，T97～T100	T37～T63，T101～T255	T0，T64	T1～T4，T65～T68	T5～T31，T69～T95
定时器刷新方式	• 1ms 定时器每隔 1ms 刷新一次，与扫描周期和程序处理无关，即采用中断刷新方式。因此，当扫描周期较长时，在一个周期内可能被多次刷新，其当前值在一个扫描周期内不一定保持一致。 • 10ms 定时器则由系统在每个扫描周期开始自动刷新。由于每个扫描周期内只刷新一次，故每次程序处理期间，其当前值为常数。 • 100ms 定时器则在该定时器指令执行时刷新。下一条执行的指令即可使用刷新后的结果，符合正常的思路，使用时方便可靠。但应当注意，如果该定时器的指令不是每个周期都执行，定时器就不能及时刷新，可能导致出错。					

二、定时器的工作原理

1.通电延时定时器(TON)。通电延时定时器(TON)用于单一间隔的定时。当IN端接通时，定时器开始计时，当前值从0开始递增，计时到设定值PT时，定时器状态位置1，其常开触点接通，其后当前值仍增加，但不影响状态位。当前值的最大值为32767。当IN端断开时，定时器复位，当前值清零，状态位也清零。若IN端接通后时间未到设定值就断开，定时器则立即复位，如图2-14所示。

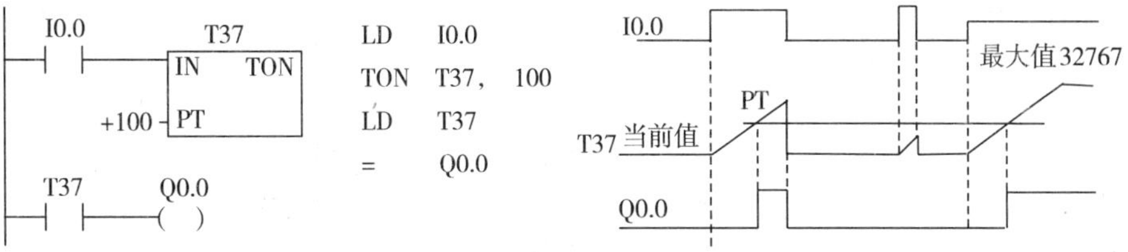

图2-14　通电延时定时器(TON)工作原理

2.记忆型通电延时定时器(TONR)。记忆型通电延时定时器(TONR)用于累计时间间隔的定时。当IN端接通，定时器开始计时，当前值递增，当前值大于或等于预置值(PT)时，输出状态位置1。当IN端断开时，当前值保持，IN端再次接通有效时，在原记忆值的基础上递增计时。注意：记忆型通电延时定时器采用线圈复位指令R进行复位操作，当复位线圈有效时，定时器当前位清零，输出状态位置0。如图2-15所示。

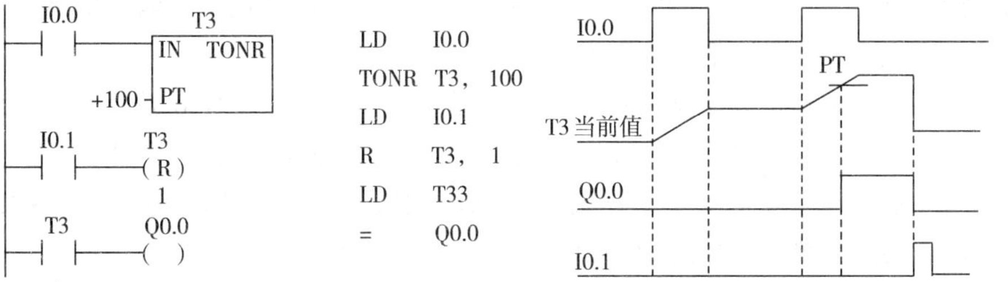

图2-15　TONR记忆型通电延时定时器工作原理

3.断电延时型定时器(TOF)。断电延时型定时器(TOF)用于故障事件发生后的时间延时。断电延时型定时器用来在输入断开、延时一段时间后，才断开输出。当IN端输入有效时，定时器输出状态位立即置1，当前值复位为0。当IN端断开时，定时器开始计时，当前值从0递增，当前值达到预置值时，定时器状态位复位为0，并停止计时，当前值保持。如果输入断开的时间小于预定时间，定时器仍保持接通。当IN再接通时，定时器当前值仍设为0。如图2-16所示。

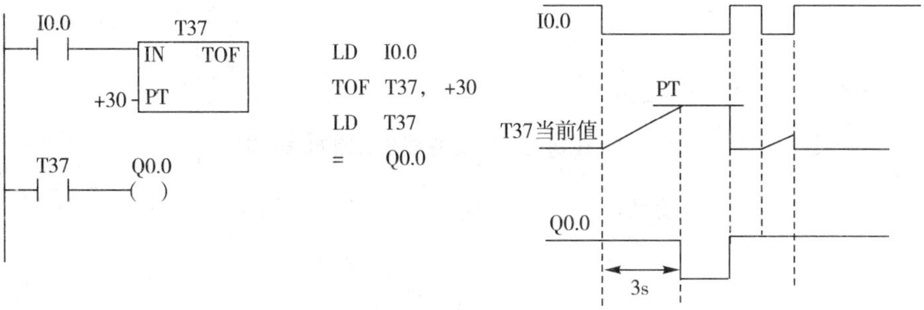

图2-16　断电延时型定时器(TOF)的工作原理

2.2.4 实训内容

一、任务描述

1. 定时器的认识。根据图 2-17 理解 TON、TONR 和 TOF 3 种定时器的基本功能和使用方法。

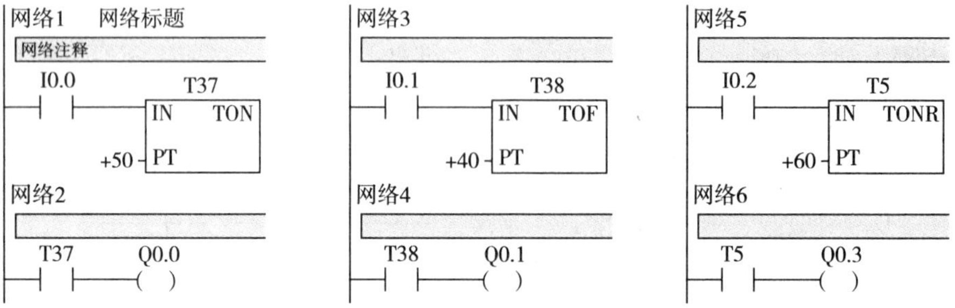

图 2-17 定时器认识梯形图

2. 定时器的应用 1——传送带正次品分拣的控制。完成传送带正次品分拣系统的程序设计。控制要求如下：

(1)使用启动和停止按钮控制传送带电动机 M 的运行和停止。在电动机运行时，被检测的产品(包括正品和次品)在传送带上运行。

(2)如图 2-18 所示，产品(包括正品和次品)在传送带上运行时，检测器 S1 检测到的次品经过 5s 传送，到达次品剔除位置时，启动电磁铁 Y 驱动剔除装置，剔除次品，电磁铁通电 1s，检测器 S2 检测到的次品，经过 3s 传送，启动电磁铁 Y，驱动剔除次品；正品继续向前输送。传送带正次品分拣流程如图 2-18 所示。

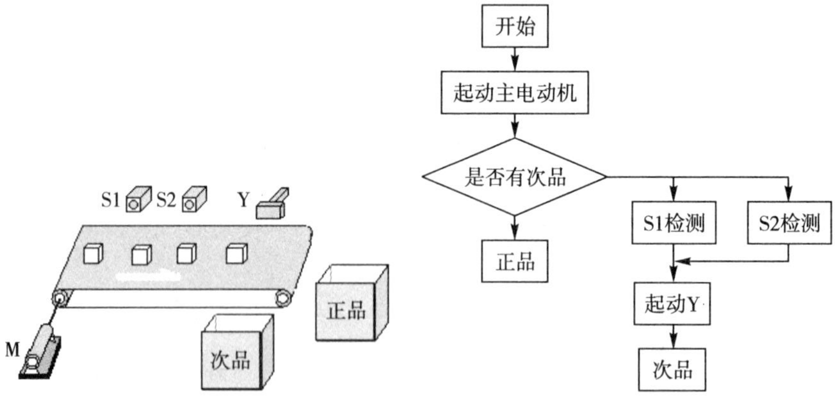

图 2-18 传送带正次品分拣示意图和流程图

3. 定时器的应用 2——鱼塘增氧泵的定时控制。某鱼塘增氧泵如图 2-19 所示，其控制要求如下：

(1)能够在手动情况下，进行增氧泵的开机和关机。

(2)能够在自动情况下，按照设定的时间进行增氧泵的时间控制，等时间设定过后，增氧泵自动停机。

图 2-19 鱼塘增氧泵

二、实训步骤与要求

1. 定时器的认识。输入如图 2-17 所示的梯形图，编译成功后运行该程序。各定时器均为 100ms 定时器。用状态表监视各定时器的输出位和当前值，接通和断开各定时器的 IN 输入电路，观察定时器位和当前值的变化情况。

2. 定时器的应用 1——传送带正次品分拣的控制。

(1)根据控制要求，按照 I/O 分配表(表 2-8)，安排各电器在 PLC 输入输出口上的位置。并绘制传送带正次品分拣系统的 PLC 外部接线图。

表 2-8 传送带正次品分拣系统 I/O 分配表

输入信号			输出信号		
名称	符号	对应输入点	名称	符号	对应输入点
M 启动按钮	SB1	I0.0	传送带驱动电机	M	Q0.0
M 停止按钮	SB2	I0.1	次品剔除电磁铁	Y	Q0.1
检测开关 1	S1	I0.2			
检测开关 2	S2	I0.3			

(2)按照所绘制的 PLC 外部接线图进行接线。

(3)根据控制要求设计程序。参考程序如图 2-20 所示。

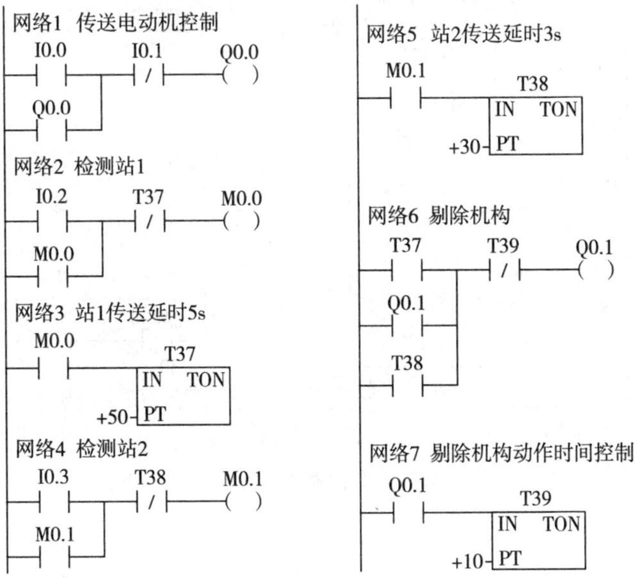

图 2-20 传送带正次品分拣参考程序

(4)编译、下载、调试应用程序。

(5)利用实训模板,模拟控制要求,观察运行结果是否正确。

3.定时器的应用2——鱼塘增氧泵的定时控制。

(1)根据控制要求,按照I/O分配表(表2-9),安排各电器在PLC输入输出口上的位置。并绘制鱼塘增氧泵的PLC外部接线图,如图2-21(a)所示。

表2-9 鱼塘增氧泵定时控制I/O分配表

输入信号			输出信号		
名称	符号	对应输入点	名称	符号	对应输入点
启动按钮	SB1	I0.0	增氧泵电机	KM	Q0.0
停止按钮	SB2	I0.1			
手动/自动	SA	I0.2			

(2)按照所绘制的PLC外部接线图进行接线。

(3)根据控制要求设计程序。参考程序如图2-21(b)所示。

(4)编译、下载、调试应用程序。要注意SA的操作方式对I0.2的影响。

(5)利用实训模板,模拟控制要求,观察运行结果是否正确。

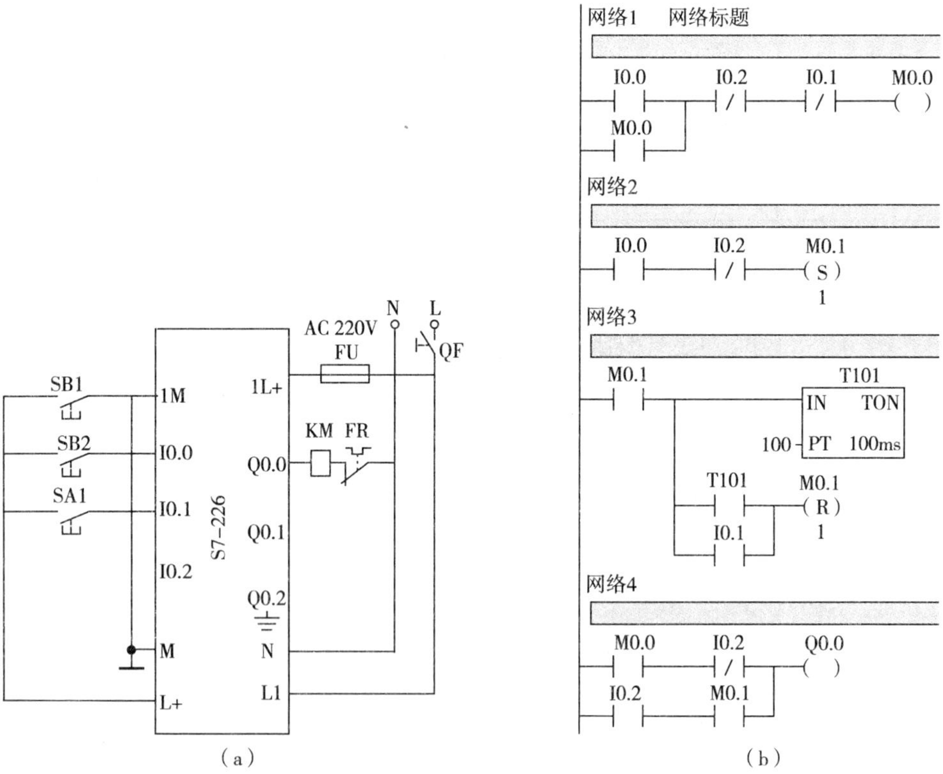

图2-21 增氧泵定时控制I/O接线图及参考程序

2.2.5　实训报告要求及评分标准

一、实训报告要求

1. 整理定时器认识中的问题、现象和结果，并记录。

2. 通过定时器认识实训，分析各种定时器的使用方法及不同之处。

3. 总结程序输入、调试的方法和经验，写出实训过程中的心得体会。

4. 思考题。

(1)在传送带正次品分拣系统中，程序要求增加当皮带传送机构不工作时，报警灯闪烁，检测机构不允许工作(剔除机构不动作)，报警指示可以手动解除。试编写梯形图控制程序。

(2)在鱼塘增氧机定时控制中，如果要求定时时间可以根据需要进行设定，该如何解决这个问题？

二、评分标准

表 2-10　实训考核评分表

姓名：	班级：	学号：	工位号：	日期：
传送带正次品分拣的控制 ☐			鱼塘增氧泵的定时控制 ☐	
考核项目	考核内容	配分	考核要求	得分
工艺	接线	5 分	按照电气原理图和接线图进行接线，每错一处扣 3 分	
	布线工艺	5 分	工艺符合标准，线乱、不合理的每处扣 1 分	
系统与程序设计	I/O 配置	5 分	I/O 配置不合理的每处扣 1 分	
	PLC 外部接线	10 分	符合规范，每错一处扣 2 分	
	梯形图设计	15 分	能够实现控制要求 10 分；有创新 5 分	
程序仿真	对输入的程序进行仿真	15 分	程序输入、仿真正确，错一处扣 1 分	
调试与运行	调试与运行各程序	15 分	不会排除故障扣 10 分； 不符合控制要求扣 5 分	
实训报告	按照实训报告的要求完成	15 分	完成报告内容 10 分； 字迹工整 5 分	
安全文明	正确使用工具和设备、无操作不当引起的事故	10 分	考评教师掌握	
团结协作	小组成员分工合理，积极参与	5 分	考评教师掌握	
考评教师签名：			总分：	

项目 2.3 计数器的使用

2.3.1 实训目的

1. 通过实训掌握计数器的基本功能和正确的编程方法。
2. 学习计数器的扩展方法以及计数器与定时器组合使用的方法。
3. 熟练使用编程软件对 PLC 的运行情况进行监视。
4. 进一步学习位逻辑指令的使用。

2.3.2 实训所需器材

1. 西门子 S7-200 PLC 1 台,万用表 1 块。
2. 计算机 1 台、连接电缆 1 根、编程软件 1 套。
3. 数字量输入模拟开关 1 块。
4. 电工工具 1 套。
5. 导线若干。

2.3.3 预备知识

一、计数器的种类及格式

计数器用来累计输入脉冲的个数,主要由一个 16 位的预置值寄存器、一个 16 位的当前值寄存器和一位状态位组成。当前值寄存器用以累计脉冲个数,计数器当前值大于或等于预置值时,状态位置 1。S7-200 系列 PLC 有 3 类计数器:CTU—加计数器,CTUD—加/减计数器,CTD—减计数。计数器的种类及指令格式如表 2-11 所示。

表 2-11 计数器的种类及指令格式

计数器种类	CTU—加计数器	CTD—减计数器	CTUD—加/减计数器
LAD	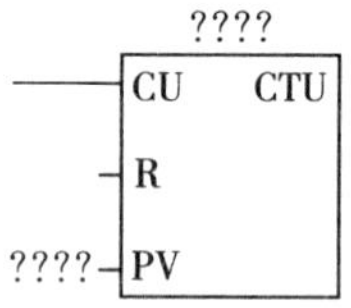	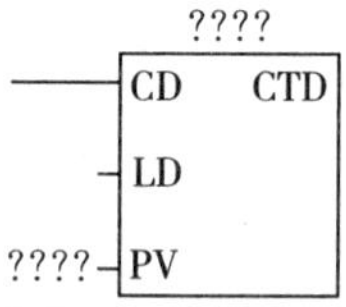	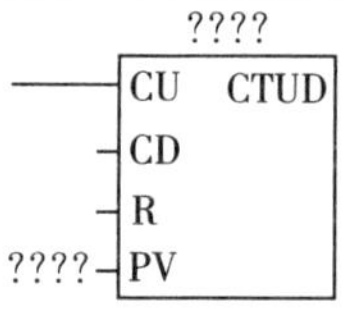
STL	CTU Cxxx,PV	CTD Cxxx,PV	CTUD Cxxx,PV
计数器指令使用说明	• 梯形图指令符号中:CU 为加计数脉冲输入端;CD 为减计数脉冲输入端;R 为加计数复位端;LD 为减计数复位端;PV 为预置值。 • Cxxx 为计数器的编号,范围为 C0～255。 • PV 预置值最大范围:32767; PV 的数据类型:INT;PV 操作数为:VW, IW, QW, MW, SMW, LW, AIW, AC, T, C, 常量, * VD, * AC, * LD, SW。 • CTU/CTUD/CD 指令使用要点:STL 形式中 CU,CD,R,LD 的顺序不能错;CU,CD,R,LD 信号可为复杂逻辑关系。 • 由于每一个计数器只有一个当前值,所以不要多次定义同一个计数器。 • 当使用复位指令复位计数器时,计数器位复位并且计数器当前值被清零。计数器标号既可以用来表示当前值,又可以用来表示计数器位。		

二、计数器的工作原理

1. 加计数指令(CTU)。加计数指令(CTU)从当前计数值开始，在每一个加计数输入(CU)的状态从低到高变化时，计数器递增计数。当 Cxxx 的当前值大于或等于预置值 PV 时，计数器位 Cxxx 置位。当复位端(R)接通或者执行复位指令后，计数器被复位。当它达到最大值(32767)后，计数器停止计数。如图 2-22 所示。

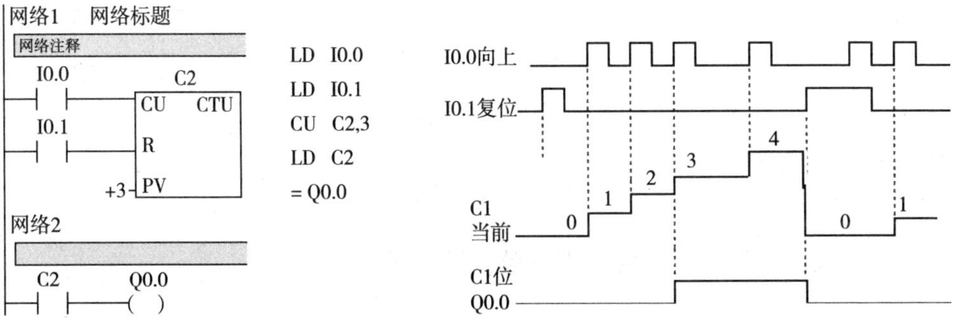

图 2-22 加计数器

2. 加/减计数指令(CTUD)。如图 2-23 所示为加/减计数指令(CTUD)。在每一个加计数输入(CU)的状态从低到高变化时，计数器增计数；在每一个减计数输入(CD)的状态从低到高变化时，计数器减计数。计数器的当前值 Cxxx 保存当前计数值。在每一次计数器执行时，预置值 PV 与当前值做比较。当达到最大值(32767)时，在增计数输入端的下一个上升沿导致当前计数值变为最小值(－32768)。当达到最小值(－32768)时，在减计数输入端的下一个上升沿导致当前计数值变为最大值(32767)。

当 Cxxx 的当前值大于或等于预置值 PV 时，计数器位 Cxxx 置位，否则，计数器位复位。当复位端(R)接通或者执行复位指令后，计数器被复位。当达到预置值 PV 时，CTUD 计数器停止计数。

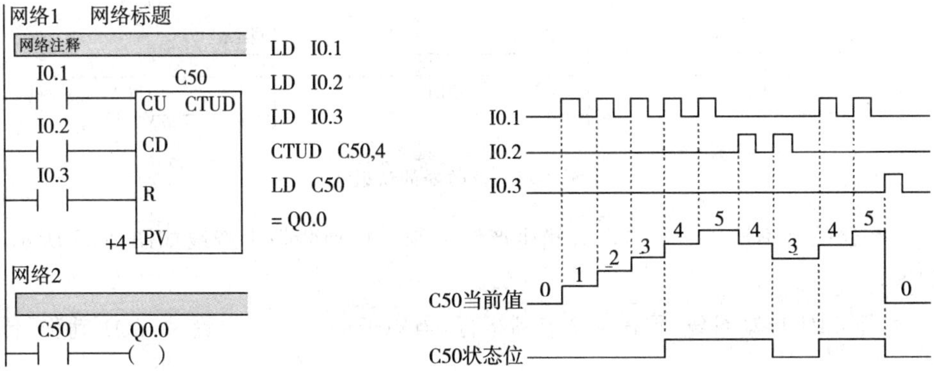

图 2-23 加/减计数器

3. 减计数指令(CTD)。减计数指令(CTD)从当前计数值开始,在每一个输入端(CD)的状态从低到高变化时,计数器递减计数。当 Cxxx 的当前值等于 0 时,计数器位 Cxxx 置位。当装载输入端(LD)接通时,计数器位被复位,并将计数器的当前值设为预置值 PV。当计数值减到 0 时,计数器停止计数,计数器位 Cxxx 接通。如图 2-24 所示。

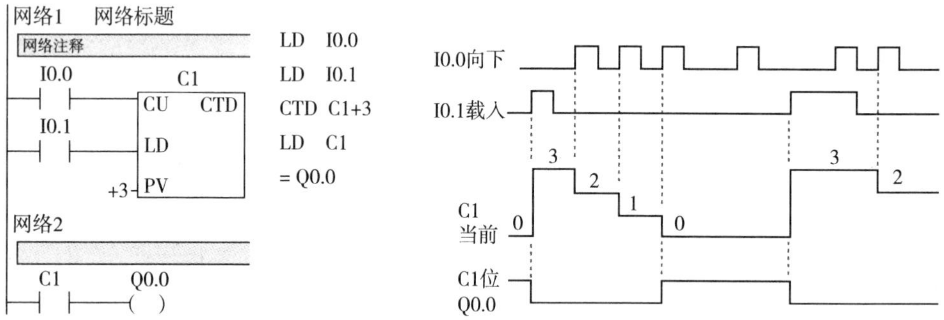

图 2-24 减计数器

2.3.4 实训内容

一、任务描述

1. 计数器的认识。通过图 2-25 理解 CTU、CTD 和 CTUD 3 种计数器的基本功能和使用方法。

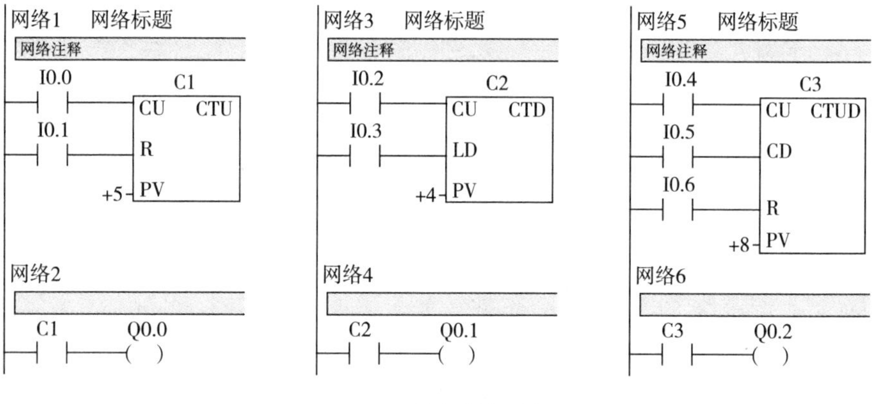

图 2-25 计数器的认识

2. 计数器的基本应用——自动装箱生产线控制。自动装箱生产线如图 2-26 所示,控制要求如下:

(1)按下 SB1 启动系统,传送带 2 启动运行,当箱子进入定位位置时,SQ1 动作,传送带 2 停止。

(2)SQ1 动作后延时 1s,启动传送带 1,使物品逐一落入箱内,由 B1 检测物品,在物品通过时发出脉冲信号。

(3)当落入箱内物品达到 10 个,传送带 1 停止,同时启动传送带 2。

(4)按下停止按钮,传送带 1、2 均停止。

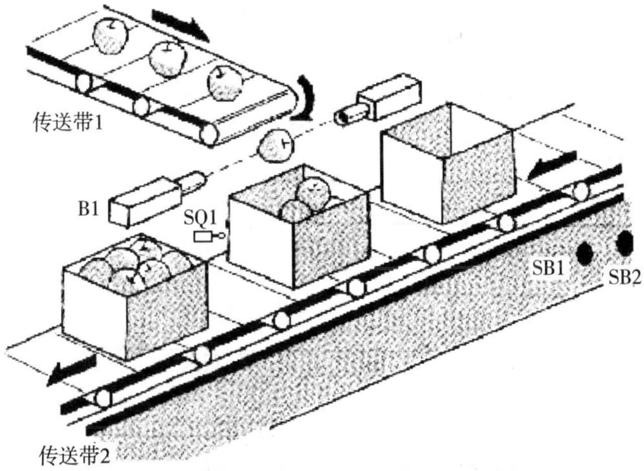

图 2-26 自动装箱生产线示意图

二、实训步骤与要求

1. 计数器的认识。输入如图 2-25 所示的梯形图,编译成功后下载并运行该程序。用状态表或程序状态功能监视各计数器的输出位和当前值。接通和断开各计数器的脉冲输入电路和复位电路,观察各计数器位和当前值的变化情况。

2. 设计自动装箱生产线控制系统。

(1)根据元件的 I/O 分配表(表 2-12),画出 I/O 接线图。

表 2-12 自动装箱生产线 I/O 元件分配表

输入信号			输出信号		
名称	符号	对应输入点	名称	符号	对应输入点
启动按钮	SB1	I0.1	传送带 1 驱动电机	M1	Q0.1
停止按钮	SB2	I0.2	传送带 2 驱动电机	M2	Q0.2
位置开关	SQ1	I0.3			
光电开关	B1	I0.4			

(2)在实训装置上完成接线,并认真检查。

(3)设计控制梯形图(参考程序如图 2-27 所示)。

(4)程序编译后,下载程序到 PLC 进行调试,并用“图状态”或“程序状态”观察系统的参数变化。

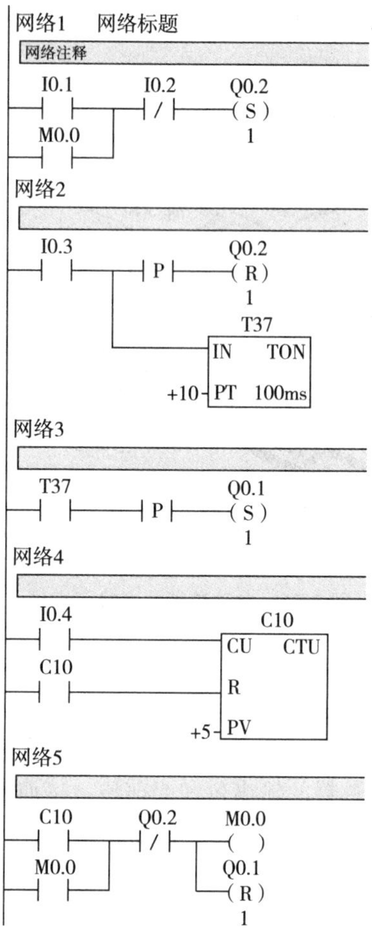

图 2-27　自动装箱生产线参考程序

2.3.5　实训报告要求及评分标准

一、实训报告要求

1. 整理计数器认识实训中有关各个计数器工作中的现象、结果,并记录。
2. 分析计数器的工作过程,加深对计数器的理解。
3. 整理 I/O 接线图、梯形图,写出调试过程和心得体会。
4. 查看关于 SM0.4、SM0.5 的帮助信息,熟悉其功能。
5. 思考题。

(1)解决某宾馆灯的控制问题:用一个按钮开关(I0.2)控制 3 个灯(Q0.1、Q0.2、Q0.3),按钮按三下 1＃灯亮,再按三下 2＃灯亮,再按三下 3＃灯亮,再按一下全灭,如此反复。请编写控制程序。

(2)在自动装箱生产线控制系统中,如果每箱装 50 个水果,并且所装的箱数达到 100 箱时系统自动停止运行。程序该如何修改?

二、评分标准

表 2-13　实训考核评分表

姓名：	班级：	学号：	工位号：	日期：

考核项目	考核内容	配分	考核要求	得分
工艺	接线	5 分	按照电气原理图和接线图进行接线，每错一处扣 3 分	
	布线工艺	5 分	工艺符合标准，线乱、不合理和每处扣 1 分	
系统与程序设计	I/O 配置	5 分	I/O 配置不合理每处扣 1 分	
	PLC 外部接线	10 分	符合规范，每错一处扣 2 分	
	各梯形图设计	15 分	能够实现控制要求 10 分，有创新 5 分	
程序仿真	写入程序，并仿真	15 分	程序输入正确，错一处扣 1 分	
调试与运行	各程序调试与运行	15 分	不会排除故障扣 10 分； 不符合控制要求扣 5 分	
实训报告	按照实训报告的要求完成	15 分	完成报告内容 20 分； 字迹工整 10 分	
安全文明	正确使用工具和设备、无操作不当引起的事故	10 分	考评教师掌握	
团结协作	小组成员分工合理，积极参与	5 分	考评教师掌握	
考评教师签名：			总分：	

项目 2.4　智力竞赛抢答控制

2.4.1　实训目的

1. 熟悉 S7-200 PLC 的逻辑指令。
2. 学会运用典型的梯形图编制简单的 PLC 程序。
3. 进一步熟悉位逻辑指令和定时器指令。
4. 进一步掌握编程软件的使用方法和调试程序的方法。

2.4.2　实训所需器材

1. 西门子 S7-200 PLC 1 台，万用表 1 块。
2. 计算机 1 台、连接电缆 1 根、编程软件 1 套。
3. 数字量输入模拟开关 1 块；指示灯 4 只。
4. 电工工具 1 套。
5. 导线若干。

或 PLC 实验实训装置。

2.4.3 预备知识

一、启动、保持、停止程序

启动、保持、停止程序是电动机等电气设备控制中常用的控制程序，常称为“启保停电路”。其最主要的特点是具有“记忆”功能，常见的电路如图 2-28 所示。

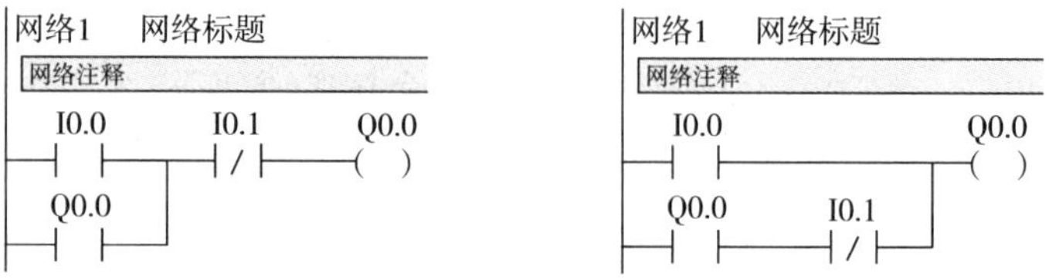

(a) 关断从优　　(b) 开启从优

图 2-28 启动、保持、停止电路

在实际应用中，该程序还有许多联锁条件，满足联锁条件后，才允许启动或停止。同时也可以用置位复位指令来等效启保停电路的功能，如图 2-29 所示。

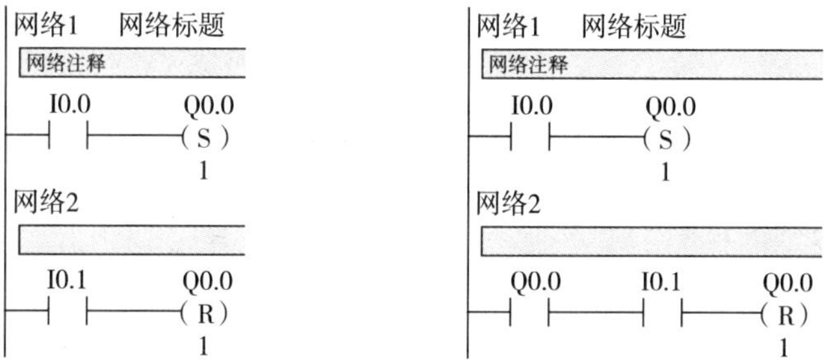

(a) 关断从优（S、R）等效电路　　(b) 开启从优（S、R）等效电路

图 2-29 启动、保持、停止等效电路

二、互锁电路

不能同时动作的互锁控制如图 2-30 所示。在此控制电路中，无论先接通哪一个输出继电器，另外一个输出继电器都将不能接通，也就是说，两者之中任何一个启动之后，都把另一个启动控制回路断开，从而保证了任何时候两者都不能同时启动。因此，在控制环节中，该电路可实现信号互锁。例如电动机正反转控制、Y-△控制、抢答器控制等。

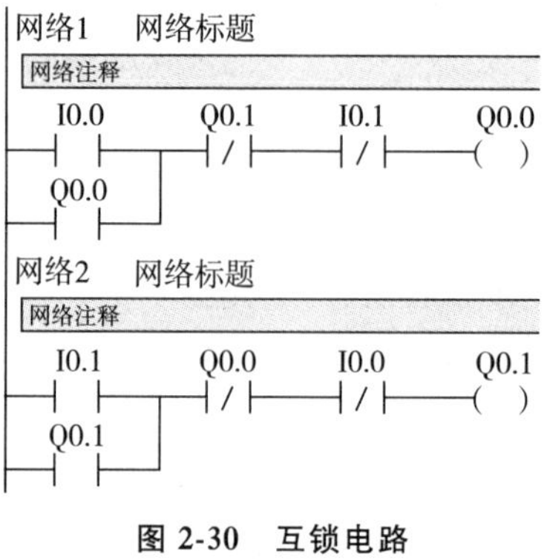

图 2-30 互锁电路

另外，在多个故障检测系统中，当一个故障产生后，有时可能会引起其他多个故障，这时如能准确地判断哪一个故障最先出现，则对于分析和处理故障极为有利。

三、组合输出电路(译码电路)

如图 2-31 所示，该电路按预先设定的输出要求，根据对两个输入信号的组合，决定某一输出。

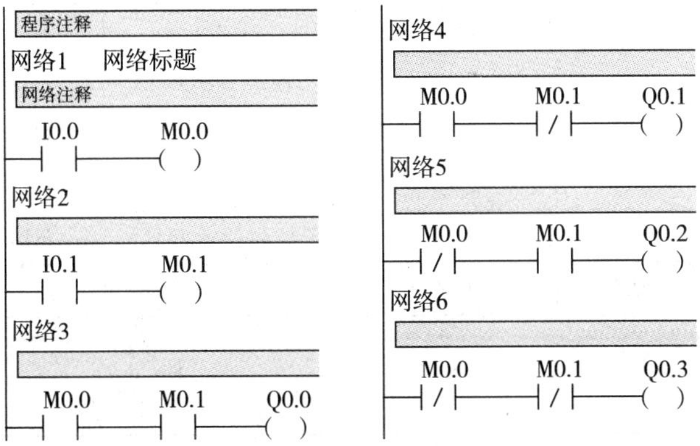

图 2-31　组合输出电路

四、分频电路

用 PLC 可以实现对输入信号的任意分频。如图 2-32 所示是一个二分频电路。输出信号 Q0.0 是输入信号 I0.0 的二分频。

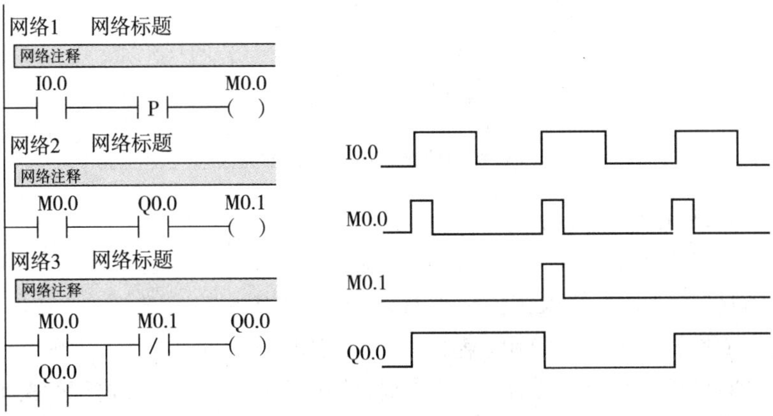

图 2-32　二分频电路

2.4.4　实训内容

一、任务描述

1. 简单抢答器程序设计与调试。

(1)控制要求。参加智力竞赛的 A、B、C 3 组的桌上各有 1 只抢答按钮，分别为 SB1、SB2 和 SB3，用 3 盏灯 HL1～HL3 显示他们的抢答信号。当主持人接通抢答允许按钮 SB0

后,允许抢答指示灯亮,抢答开始。最先按下按钮的抢答者对应的灯亮,与此同时,应禁止另外2个抢答者的灯亮,指示灯在主持人按下复位按钮SB4后熄灭。

(2)I/O分配表和外部接线图。各外部输入/输出设备与PLC I/O端子的对应关系如表2-14所示,外部接线参考图如图2-33所示。

表2-14 简单抢答器I/O分配表

输入信号			输出信号		
名称	符号	对应输入点	名称	符号	对应输入点
抢答允许开关	SB0	I0.0	允许抢答指示灯	HL0	Q0.0
A组按钮	SB1	I0.1	A组指示灯	HL1	Q0.1
B组按钮	SB2	I0.2	B组指示灯	HL2	Q0.2
C组按钮	SB3	I0.3	C组指示灯	HL3	Q0.3
复位开关	SB4	I0.4			

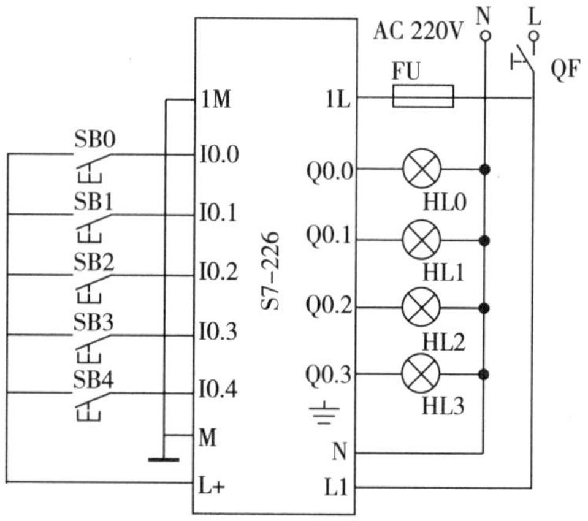

图2-33 PLC控制的简单抢答器外部接线参考图

2.复杂抢答器程序设计与调试。

控制要求:主持人用1个开关控制3个抢答桌。主持人说出题目后,哪组先按按钮,哪组桌子上的灯即亮。这时主持人按按钮后灯才熄灭,否则一直亮着。3个抢答桌的按钮是这样安排的:一个抢答桌上是儿童组,桌上有2个按钮,是并联形式,无论按哪一只,桌上的灯都亮;大人组的桌子上也有2个按钮,是串联形式,只有2个按钮都按下,桌上的灯才亮;中学生组桌上只有1个按钮,且只有1个人,一按灯即亮。当主持人将开关处于开状态时,10s之内若有人抢答按按钮,电铃响。

二、实训步骤与要求

1.简单抢答器程序设计与调试。

(1)根据控制要求,编写简单抢答器程序,参考程序如图2-34所示。

(2)按照所给的接线图进行接线。

(3)将编制好的程序写入PLC,检查无误后运行该程序,调试程序时应按以下各项逐一检查，直到完全满足要求为止。

①主持人抢答允许按钮 SB0 没有按下时，各按钮是否不能使对应的灯亮。

②主持人抢答允许按钮 SB0 按下后，按某组按钮是否能使对应的指示灯亮。

③某一组灯亮后，另外两个抢答者的灯是否不能被点亮。

④主持人按下复位按钮 SB4 后，是否能使已亮的指示灯熄灭。

在调试中可以运用程序状态或图状态对程序的运行进行监视。

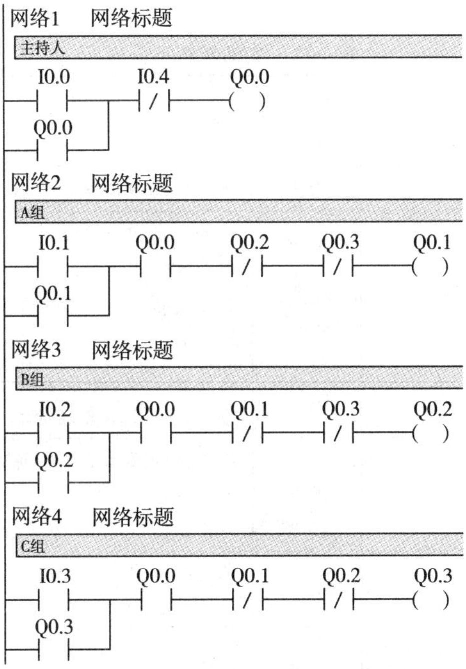

图 2-34 简单抢答器参考程序

2. 复杂抢答器程序设计与调试。

(1)根据控制要求，分析需要哪些输入输出设备，并列出 I/O 分配表，画出 PLC 的外部接线图。

(2)在实训设备上进行接线，注意输入输出的电源不要接错，走线要整齐规范。

(3)编写梯形图，并在仿真软件上进行调试，检查各部分的功能能否满足控制要求。

(4)下载程序到 PLC，进行联机调试。

2.4.5 实训报告要求及评分标准

一、实训报告要求

1. 整理出实训中的 I/O 分配表、PLC 外部接线图以及梯形图。

2. 写出该程序的调试步骤和观测结果。

3. 总结以上两个实训任务中出现的问题及排除的方法。

3. 思考题。

(1)在任务 1、任务 2 中，若抢答的组数为 4 组，程序该如何修改？

(2)在任务 2 中,若某组抢答正确或错误,如何给他进行加分和减分?

(3)如果要使用 LED 显示其抢答的组号,应如何设计程序?

(4)如何将抢答器程序改造成医院病人输液的呼叫装置?基本功能是病人输液完毕或需要续液时按下呼叫开关,在护士值班室会显示呼叫者的床号或座位号,并有声音提示。护士可以对呼叫信号进行复位。

二、评分标准

表 2-15 实训考核评分表

姓名:	班级:	学号:	工位号:	日期:
考核项目	考核内容	配分	考核要求	得分
任务 1	接线	10 分	正确按照接线图进行接线	
	编写、调试程序	10 分	符合控制要求,有创新意识,每处不满足扣 3 分	
任务 2	输入输出分配	5 分	输入输出分配合理,每出现一处不合理的扣 1 分	
	接线	10 分	接线图正确,并能按照接线图进行接线,每出现一处不合理的扣 2 分	
	编写、调试程序	15 分	符合控制要求,有创新意识,每处不满足扣 3 分; 不会排除故障扣 10 分。	
实训报告	按照实训报告的要求完成	30 分	完成报告内容 20 分; 字迹工整 10 分	
安全文明	正确使用工具和设备,无操作不当引起的事故	10 分	考评教师掌握	
团结协作	小组成员分工合理,积极参与	10 分	考评教师掌握	
考评教师签名:			总分:	

项目 2.5 工作台自动往返控制

2.5.1 实训目的

1. 进一步熟悉编程软件的使用和计数器指令的应用。
2. 初步掌握继电器控制系统转化成 PLC 控制系统的基本方法。
3. 学习联锁电路的应用,用 S7-200 PLC 实现工作台的自动往返控制。
4. 学会 PLC 控制系统的安装与调试。

2.5.2 实训所需器材

1. S7-200 CPU226 PLC 1 台,计算机 1 台,连接电缆 1 根,编程软件 1 套,万用表 1 块,电工工具 1 套。

2. 安装铁板 600mm×900mm 1 块，导轨 C45 0.3m，端子 D-20 20 只。

3. 空气断路器 1 只，熔断器 6 只，接触器 2 只，热继电器 1 只，控制变压器 380/220V 1 只，按钮 3 只，行程开关 4 只。

4. 铜塑线，软线、螺钉、垫圈等附件。

2.5.3 预备知识

一、计数器指令的基本应用

1. 计数器的扩展。S7-200 PLC 的计数器最大的计数是 32767，若需更大的计数，则需要对其进行扩展。梯形图如图 2-35 所示，扩展的方法是计数脉冲从第一个计数器的计数脉冲输入端输入，将第一个计数器的状态位作为下一个计数器的脉冲输入，以此类推。在第一个计数器中，如果将计数器位的常开触点作为复位输入信号，则可以实现循环计数。由于计数器扩展后构成一个新的计数器，因此每个计数器的复位端上应该有相同的复位信号，以保证所有的计时器能够同时复位。如果是手动复位，可以在复位端上接上手动复位按钮对应的输入继电器的常开触点，若要求开机初始化复位，则在复位端上接上特殊存储器位 SM0.1。总的计数值 $C_{总}=C_1 \cdot C_2$。

SM0.1 初始化脉冲中，每当 PLC 的程序开始运行时，SM0.1 线圈接通一个扫描周期，因此，SM0.1 的触点常用于调用初始化程序等。

2. 计数器控制的单按钮启停电路。用一个按钮控制电动机的运行，按一次按钮电动机运行，再按一次按钮电动机停止，如此循环。如图 2-36 所示。

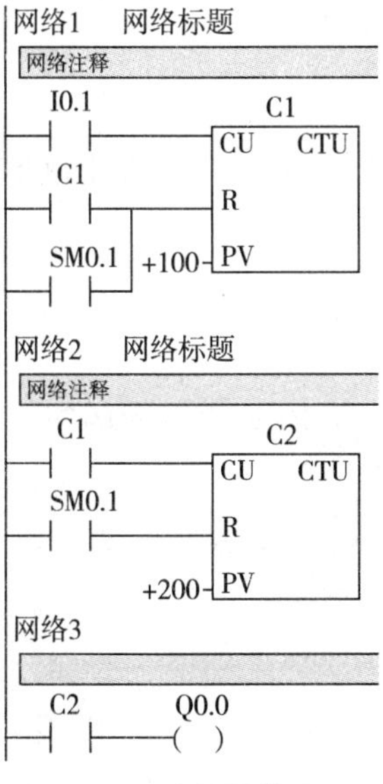

图 2-35 计数器的扩展

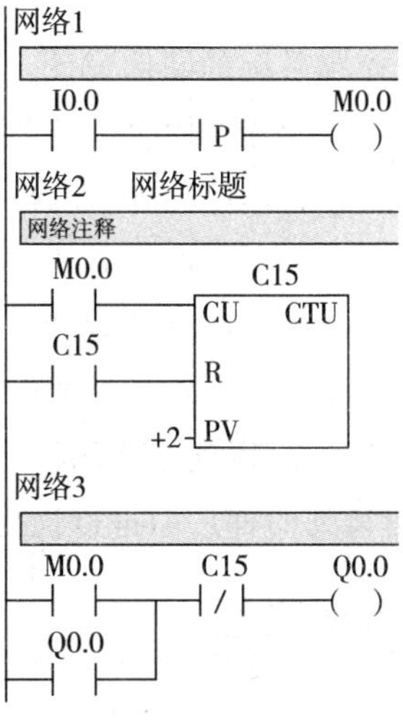

图 2-36 计数器控制的单按钮启停电路

二、RS触发器指令

表 2-16　RS触发器指令

<table>
<tr><td>触发器种类</td><td colspan="3">置位优先触发器(SR)</td><td colspan="3">复位优先触发器(RS)</td></tr>
<tr><td>LAD</td><td colspan="3">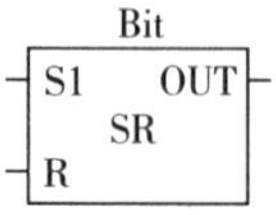
</td><td colspan="3">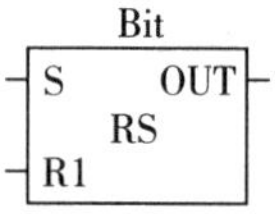
</td></tr>
<tr><td rowspan="2">触发器指令说明</td><td colspan="3">• SR置位优先触发器是一个置位优先的锁存器。当置位信号(S1)和复位信号(R)都为真时,输出为真。
• S1、R的操作数为:I、Q、V、M、SM、S、T、C、能流。</td><td colspan="3">• RS复位优先触发器是一个复位优先的锁存器。当置位信号(S)和复位信号(R1)都为真时,输出为假。
• S、R1、OUT的操作数为:I、Q、V、M、SM、S、T、C、L、能流。</td></tr>
<tr><td colspan="6">• bit的操作数为:I、Q、V、M、S</td></tr>
<tr><td rowspan="5">RS触发器指令真值表</td><td>S1</td><td>R</td><td>输出(bit)</td><td>R1</td><td>S</td><td>输出(bit)</td></tr>
<tr><td>0</td><td>0</td><td>保持前一状态</td><td>0</td><td>0</td><td>保持前一状态</td></tr>
<tr><td>0</td><td>1</td><td>0</td><td>0</td><td>1</td><td>1</td></tr>
<tr><td>1</td><td>0</td><td>1</td><td>1</td><td>0</td><td>0</td></tr>
<tr><td>1</td><td>1</td><td>1</td><td>1</td><td>1</td><td>0</td></tr>
</table>

三、继电器控制系统转化成PLC控制系统的基本方法

1. PLC控制系统的硬件设计。

(1)根据继电器控制电路,确定接在PLC输入输出口上的电器,并列出电器与输入输出继电器的对照表,即I/O分配表。

(2)绘制PLC的外部接线图。

2. PLC控制系统的软件设计。

(1)根据I/O分配表,将原继电器控制线路中的器件和PLC用对应的输入输出继电器和内部器件来替代,得到相应的梯形图。

(2)对所得到的梯形图进行优化,使程序功能更加完善,结构更加合理。

2.5.4　实训内容

一、任务描述

在生产设备中,经常在不同的场合用到电动机的正反转控制线路,例如工厂中行车的往返运动、摇臂钻床的立柱松紧、机械手臂的上下运动、铣床工作台的水平移动等。图2-37所示是一机床的工作台左右往返运动的继电器控制线路图,其中SQ1、SQ2为行程控制,SQ3、

SQ4 为极限位置控制。SB1、SB2 为左、右方向的启动按钮，SB3 为控制线路的停止按钮，KM1、KM2 分别用来接通电动机正转和反转的线路。通常为了防止主电路短路，在控制线路中应有互锁环节。工作台自动往返的示意图和继电器控制电路如图 2-37 所示。

根据工作台自动往返示意图和继电器控制电路，设计一个能够替代它的 PLC 控制系统。

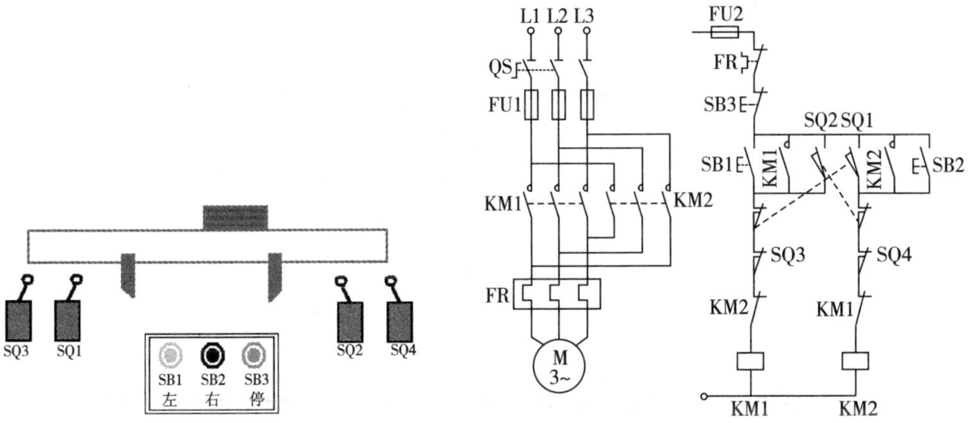

图 2-37 工作台自动往返示意图和继电器控制电路

二、实训步骤及要求

1. 硬件设计与安装。

(1)根据工作台自动往返示意图和继电器控制电路图，列出 I/O 分配表和 PLC 接线图。如表 2-17 和图 2-38 所示。

表 2-17 工作台自动往返控制的 I/O 分配表

输入信号			输出信号		
名称	符号	对应输入点	名称	符号	对应输入点
停止按钮	SB3	I0.0	左行控制接触器	KM1	Q0.0
左行启动按钮	SB1	I0.1	右行控制接触器	KM2	Q0.1
右行启动按钮	SB2	I0.2			
左限位开关	SQ1	I0.3			
右限位开关	SQ2	I0.4			
左终端保护	SQ3	I0.5			
右终端保护	SQ4	I0.6			

(2)绘制元件布置图，并在安装板上完成工作台自动往返电路的主电路和控制线路的安装与接线。

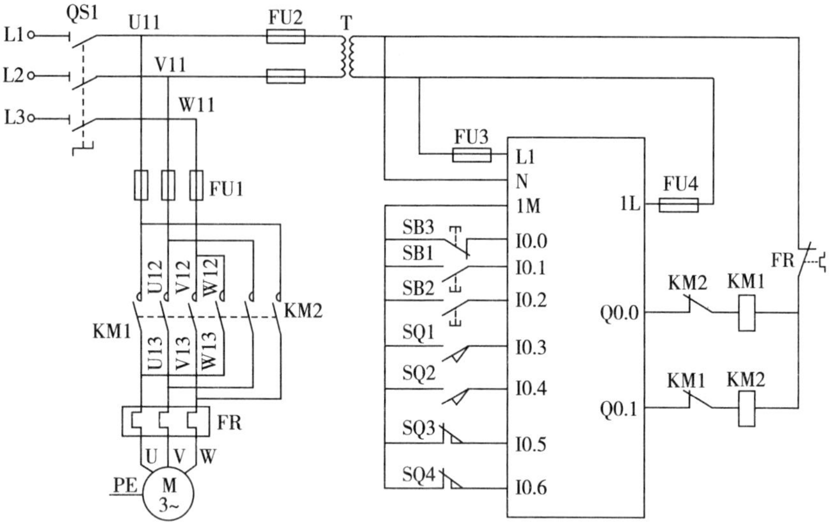

图 2-38 PLC 接线图

2.软件设计。设计出符合工作台自动往返控制要求的梯形图,参考程序如图 2-39 所示。

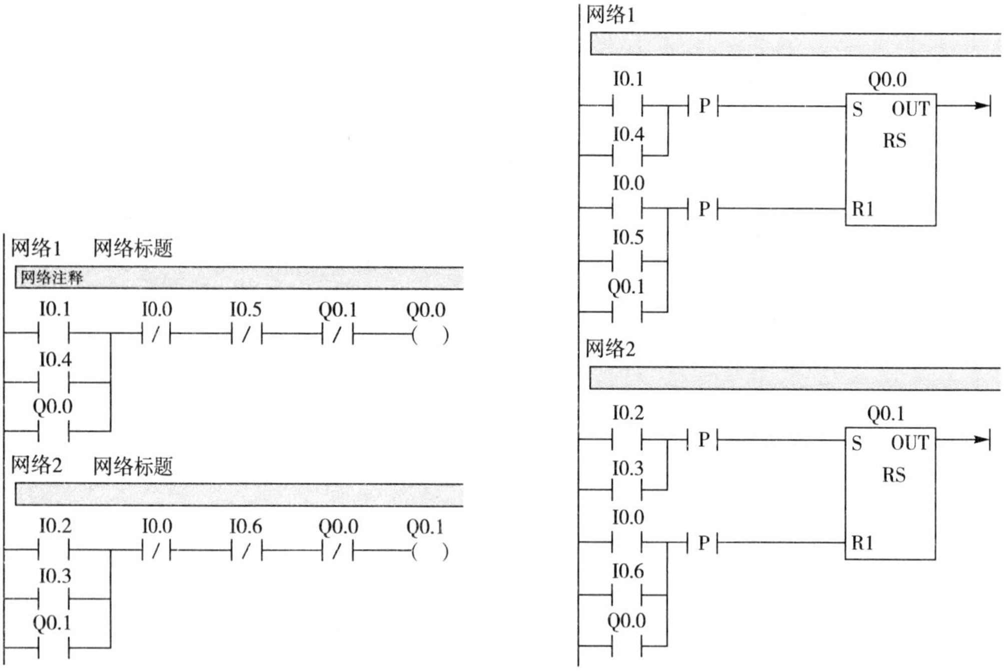

(a) 参考程序1　　(b) 参考程序2

图 2-39 工作台自动往返控制参考程序

3.系统的调试。

(1)进行程序的仿真调试。

(2)进行通电调试,将程序下载到 PLC,验证系统功能是否符合控制要求。

(3)若出现故障,应先检查 PLC 输入输出线路,硬件检修完毕后再修改梯形图,然后重新调试，直到系统工作正常。

4. 工艺要求。

(1)熟悉所用的电气元件的作用和控制线路的原理。根据 I/O 分配表配齐所需元件，并检查其质量。

(2)在安装前，应检查元件布置图是否合格，然后在控制板上进行安装。电气元件应安装牢固，并符合工艺要求。

(3)线路安装应遵循由内到外、横平竖直的原则，尽量做到合理布线、就近走线；编码正确、齐全；接线可靠、不松动、不压皮、不反圈、不伤线。

(4)安装完毕后用万用表检查线路，确保无误后才可以通电。

2.5.5 实训报告要求及评分标准

一、实训报告要求

1. 整理实训中所用的 I/O 分配表、接线图和梯形图。

2. 总结实训中所遇到的问题以及解决办法，并写出实训体会。

3. 思考题。

(1)在工作台自动往返任务中，PLC 输出端已经进行接触器联锁，梯形图中还有必要加上联锁吗？假设工作台在工作过程中突然停电，当再次来电时，是否能够让工作台接着刚才的动作继续运行？怎样实现？若使工作台在来回往返 5 次后能够自动停止运动，该如何编程？工作台如果碰到限位开关 SQ3、SQ4 时要求声光报警，该如何实现？

(2)请根据仓库大门的控制要求编写其控制程序。如图 2-40 所示。当车辆驶近仓库大门时，车上发出特定编码的超声波，被门上的超声波接收器识别出，则开启仓库门。当光电开关检测到车辆已进入仓库门后，则关闭仓库门。仓库门也可以用开门和关门按钮控制。仓库门的上下运动由门位电动机驱动。仓库门的上限装有限位开关 SQ1，下限装有限位开关 SQ2。

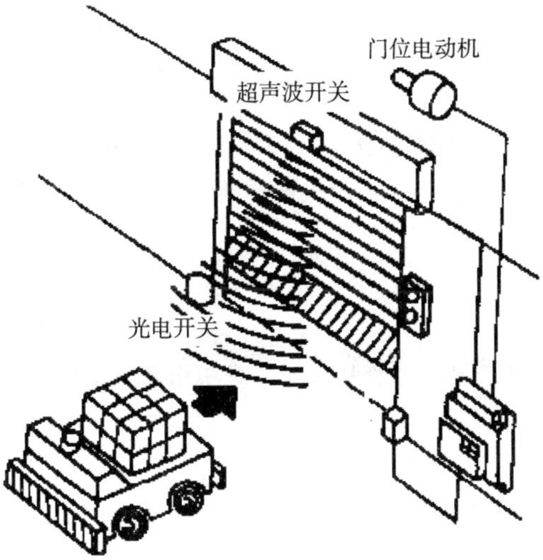

图 2-40 仓库大门示意图

二、评分标准

表 2-18 实训考核评分表

姓名:	班级:	学号:	工位号:	日期:
考核项目	考核内容	配分	考核要求	得分
系统及程序设计	I/O 的配置	5 分	I/O 的配置合理	
	接线图及安装图的绘制	5 分	接线图及安装图的绘制规范	
	梯形图的编写	10 分	梯形图能够实现基本功能; 梯形图设计有创新	
系统安装及工艺	安装 PLC 及电器	10 分	合理布置各电器的位置	
	接线	15 分	按照电气原理图和接线图进行接线,每错一处扣 3 分	
	布线工艺	5 分	工艺符合标准,线乱、不合理的每处扣 1 分	
系统调试	程序运行、监控,故障排除	5 分	熟练地完成程序运行、监控等操作,能够进行故障排除	
实训报告	按照实训报告的要求完成	30 分	完成报告内容 20 分; 字迹工整 10 分	
安全文明	正确使用工具和设备,无操作不当引起的事故	10 分	通电检测,如有人为短路,酌情扣 5 分; 工具使用不当,不遵守实训规章制度扣 10 分	
团结协作	小组成员分工合理,积极参与	5 分	考评教师掌握	
考评教师签名:			总分:	

项目 2.6 电动机的星形—三角形启动控制

2.6.1 实训目的

1. 掌握时间控制程序的编写方法,进一步熟悉编程软件的使用。
2. 进一步掌握继电器控制系统转化成 PLC 控制系统的基本方法。
3. 用 S7-200 PLC 实现三相异步电动机的星形—三角形启动控制系统的设计与安装。
4. 熟悉 PLC 控制系统的安装与调试。

2.6.2 实训所需器材

1. S7-200 CPU226 PLC 1 台,计算机 1 台,连接电缆 1 根,编程软件 1 套,万用表 1 块,电工工具 1 套。
2. 安装铁板 600mm×900mm 1 块,导轨 C45 0.3m,端子 D-20 20 只。
3. 空气断路器 1 只,熔断器 6 只,接触器 3 只,热继电器 1 只,控制变压器 380/220V 1 只,按钮 1 只。
4. 铜塑线,软线、螺钉、垫圈等附件若干。

2.6.3　预备知识

一、经验设计法简介

经验设计法也叫“试凑法”。在掌握了一些典型的控制环节和电路设计的基础上，根据被控对象对控制系统的具体要求，凭经验进行选择、组合。有时为了得到一个满意的设计结果，需要进行反复地调试和修改，增加一些辅助触点和中间编程环节。这种设计方法没有一个普遍的规律可遵循，具有一定的试探性和随意性，而设计所用的时间、设计的质量与设计者经验的多少有关。

经验设计法对于一些比较简单的控制系统的设计是比较奏效的，可以得到较好的效果。但是，由于这种方法主要是依靠设计人员的经验进行设计，所以对设计人员的要求比较高，特别是要求设计者有一定的实践经验，对工业控制系统和工业上常用的各种典型环节比较熟悉。对于较复杂的系统，经验设计法一般设计周期长，不易掌握，系统交付使用后，维护较困难。所以，经验设计法一般只适合于较简单的或与某些典型系统相类似的控制系统的设计。

二、定时器的基本应用

1.时钟脉冲产生器。一般使用定时器本身的常闭触点作为定时器的使能输入。定时器的状态位置 1 时，依靠本身的常闭触点的断开使定时器复位，并重新开始定时，进行循环工作，可以产生一个扫描周期宽度的时钟脉冲。但是由于不同时基的定时器的刷新方式不同，会使得有些情况下使用上述方法不能实现这种功能，因此，为保证可靠地产生一个扫描周期宽度的时钟脉冲，可以将输出线圈的常闭触点作为定时器的使能输入，如图 2-41 所示，无论何种时基都能正常工作。

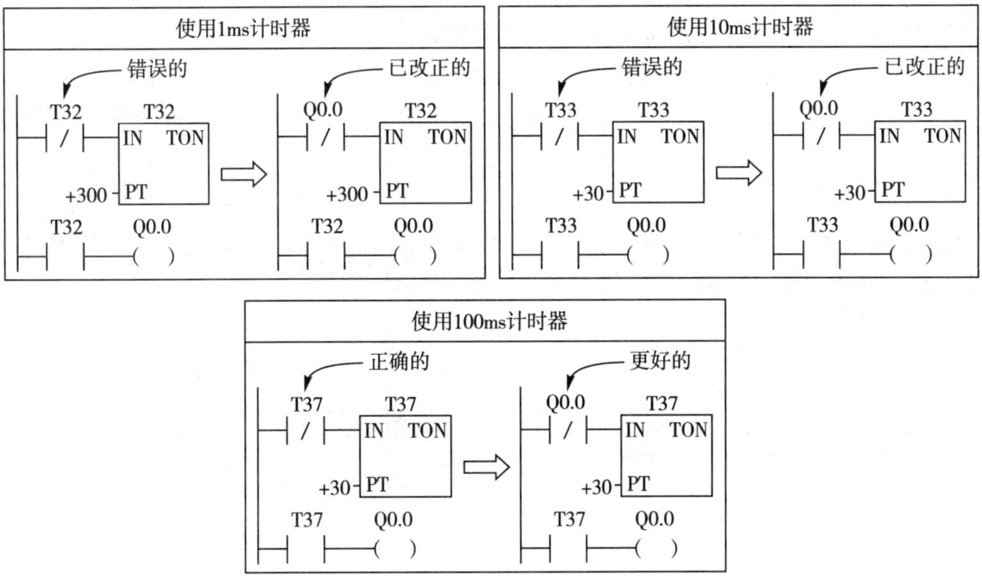

图 2-41　一个扫描周期宽度的时钟脉冲产生器

2. 延时断开电路。延时断开电路如图 2-42 所示。当 I0.0 接通时,Q0.0 接通并保持,当 I0.0 断开后,经 4s 延时后,Q0.0 断开,T37 同时被复位。

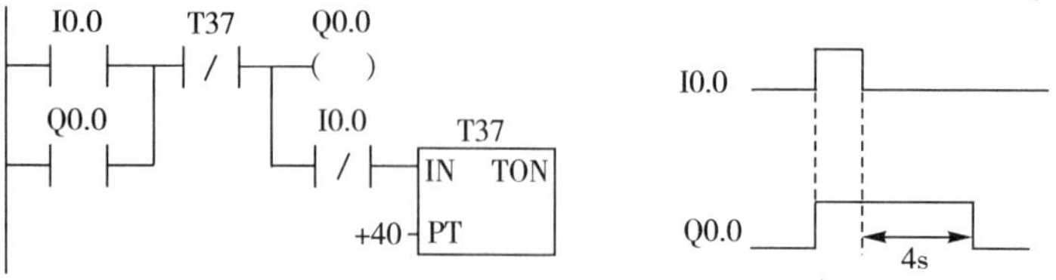

图 2-42 延时断开电路

3. 延时接通、断开电路。延时接通、断开电路如图 2-43 所示。I0.0 的常开触点接通后,T37 开始定时,9s 后 T37 的常开触点接通,使 Q0.1 变为 ON。I0.0 为 ON 时其常闭触点断开,使 T38 复位。I0.0 变为 OFF 后 T38 开始定时,7s 后 T38 的常闭触点断开,使 Q0.1 变为 OFF,T38 亦被复位。

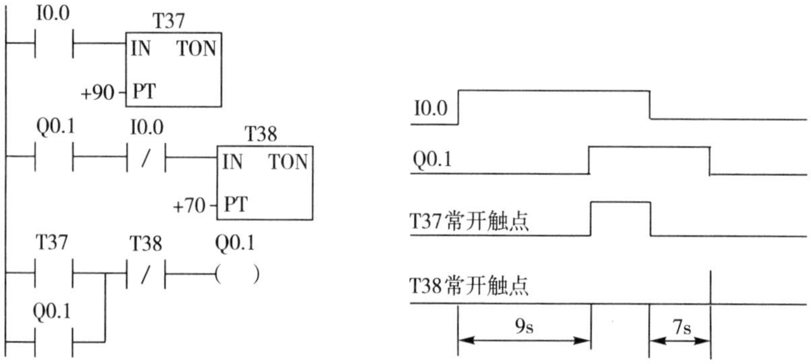

图 2-43 延时接通、断开电路

4. 闪烁电路。闪烁电路实际上是一个具有正反馈的振荡电路,T37 和 T38 的输出信号通过它们的触点分别控制对方的线圈,形成正反馈。

如图 2-44 所示,I0.0 的常开触点接通后,T37 的 IN 输入端为 1 状态,T37 开始定时。2s 后定时时间到,T37 的常开触点接通,使 Q0.0 变为 ON,同时 T38 开始计时。3s 后 T38 的定时时间到,它的常闭触点断开,使 T37 的 IN 输入端变为 0 状态,T37 的常开触点断开,Q0.0 变为 OFF,同时使 T38 的 IN 输入端变为 0 状态,其常闭触点接通,T37 又开始定时,以后 Q0.0 的线圈将这样周期性地"通电"和"断电",直到 I0.0 变为 OFF。Q0.0 线圈"通电"时间等于 T38 的设定值,"断电"时间等于 T37 的设定值。

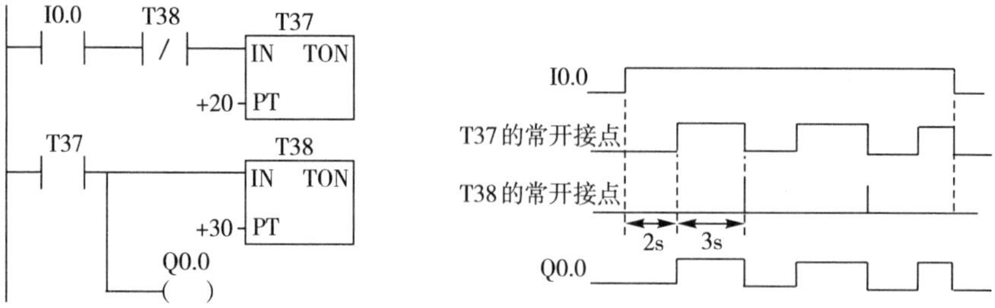

图 2-44 闪烁电路

5.定时器组合的扩展电路。S7-200 PLC定时器的最长定时时间为3276.7s，如果需要更长的时间，可以使用多个定时器串联的方法实现。具体方法是把前一个定时器的常开点作为后一个定时器的使能输入，当I0.0接通后，T37开始定时，2s后T37常开点接通T38的使能端；此时T38开始定时，3s后T38常开点闭合，使得Q0.0接通。总的定时时间T＝T37＋T38。如图2-45所示。

6.计数器与定时器组合构成的定时器。用计数器和定时器配合增加延时时间，如图2-46所示。网络1和网络2构成一个周期为6s的脉冲发生器，并将此脉冲作为计数器的计数脉冲，当计数器计时满10次后，计数器位接通。设T38和C30的设定值分别为K_T和K_C，对于100ms定时器，总的定时时间为：$T=0.1K_TK_C(s)$。

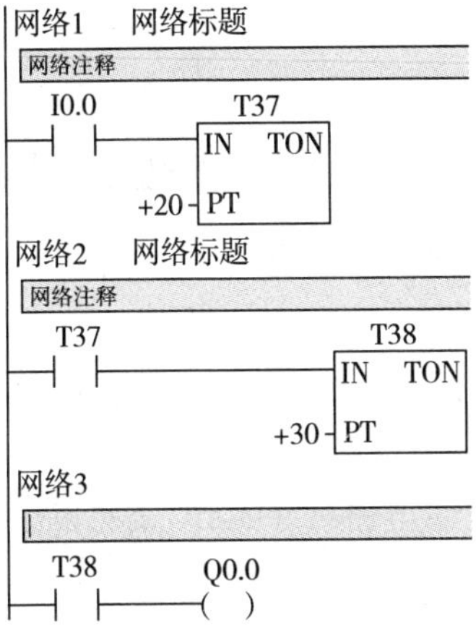

图2-45 定时器组合的扩展电路

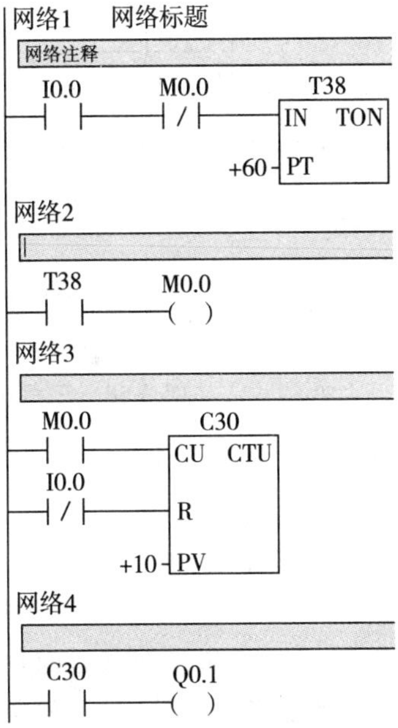

图2-46 计数器与定时器组合构成的定时器

2.6.4 实训内容

一、任务描述

三相异步电动机全压直接启动时，启动电流是正常工作电流的5～7倍，当电动机功率较大时，启动电流会对电网造成冲击。对于正常运转时定子绕组作三角形(△)连接的电动机，启动时先将定子绕组接成星形(Y)，电动机开始转动。待电动机转速接近额定转速时，再把定子绕组改成三角形连接，使电动机正常运行。

根据所给的三相异步电动机星形—三角形启动的继电器—接触器控制电路图，如图2-47所示，分析该电路的工作原理。利用S7-200 PLC实现电动机星形—三角形启动控制。

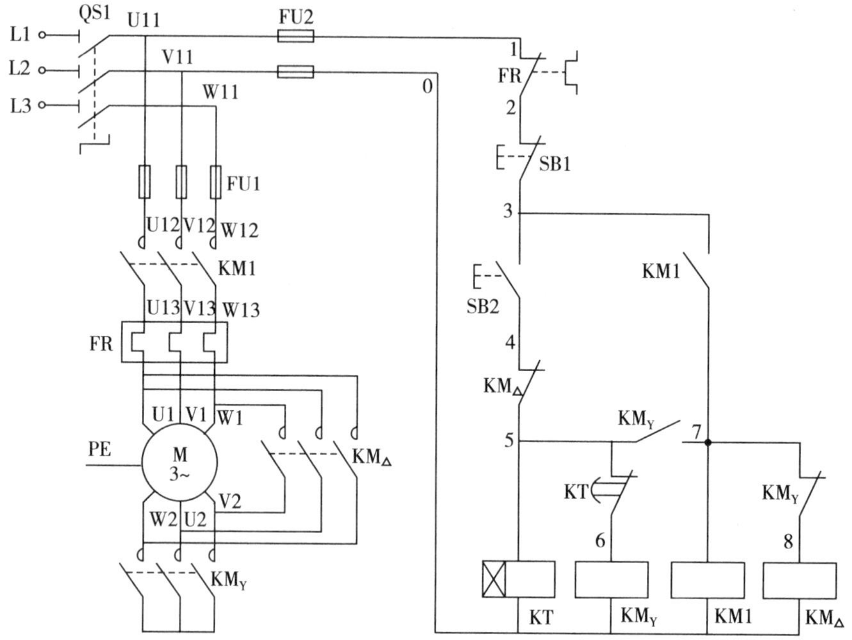

图 2-48 三相异步电动机星形—三角形启动控制

具体控制要求如下：

1. 电源接通后，首先让电动机接成星形，实现降压启动。然后经过延时，电动机从星形转换成三角形，电动机此时全压运行。

2. 在电动机从星形转换成三角形的过程中，为保证主电路可靠工作，避免发生主电路短路故障，应有相应的联锁环节和延时保护。

3. 为系统增加必要的诊断、开机复位、报警等功能。

二、实训步骤及要求

1. 硬件设计与安装。

(1)根据继电器—接触器控制电路图，列出I/O分配表和PLC接线图。如表2-19和图2-48所示。

表 2-19 三相异步电动机星形—三角形启动的I/O分配表

输入信号			输出信号		
名称	符号	对应输入点	名称	符号	对应输入点
停止按钮	SB1	I0.0	主接触器	KM1	Q0.0
启动按钮	SB2	I0.1	星形控制接触器	KM_Y	Q0.2
星形启动确认	KM_Y	I0.3	三角形控制接触器	KM_Δ	Q0.4
			报警指示灯	HL	Q0.6

(2)绘制元件布置图,并在安装板上完成主电路和控制线路的安装与接线。

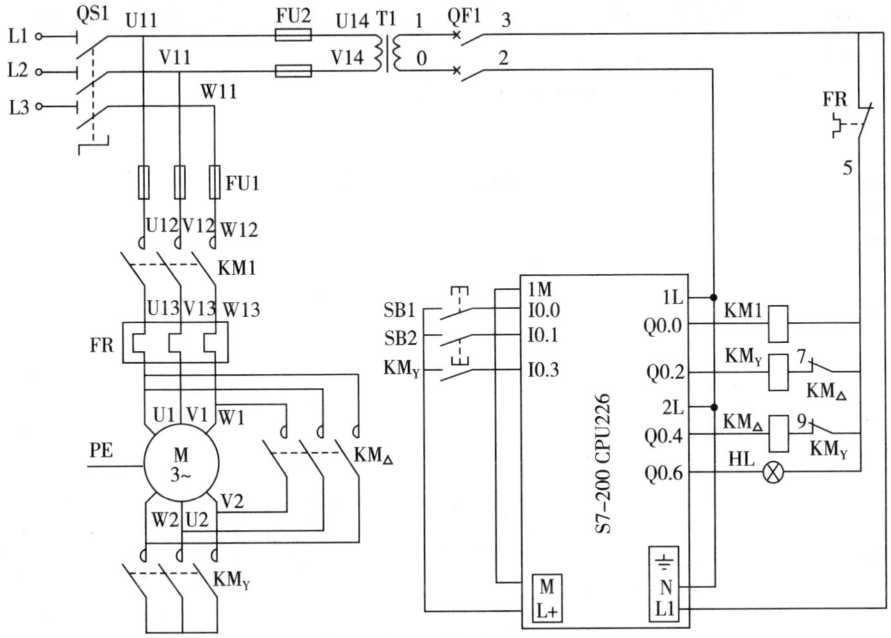

图 2-47 星形—三角形启动 PLC 接线图

2. 软件设计。

(1)根据具体要求设计出符合控制要求 1、2 的梯形图。

(2)在已经设计出的梯形图的基础上,添加星形接触器动作确认功能、报警功能以及系统上电复位程序。参考程序如图 2-49 所示。

①星形接触器动作确认功能的添加:KM_Y因故没有动作,那么在延时后电动机将全压运行,这种情况是不允许的。因此,为了防止上述现象发生,在 PLC 的输入端 I0.3 加入 KM_Y的常开点作为确认信号。如图 2-49 中网络 9 和网络 10。

②报警功能的添加:报警功能可以保证系统在启动后 30s 内无法切换到三角形接法时系统产生报警信号,驱动报警指示灯。如图 2-49 中网络 11 至网络 15。

③系统上电复位的添加:为防止系统在断电后重新上电产生误动作,系统一般都要有上电复位的功能,可以利用特殊继电器 SM0.1 作为上电脉冲,利用复位指令 R 将需要复位的元件进行复位操作。如图 2-49 中网络 1。

3. 系统的调试。

(1)进行程序的仿真调试。

(2)进行通电调试,将程序下载到 PLC,验证系统功能是否符合控制要求。

(3)若出现故障,应先检查 PLC 输入输出线路,硬件检修完毕后再修改梯形图,然后重新调试,直到系统工作正常。

4. 工艺要求。

(1)熟悉所用电气元件的作用和控制线路的原理。根据 I/O 分配表配齐所需元件,并检查其质量。

(2)在安装前,应检查元件布置图是否合格,然后在控制板上进行安装。电气元件应安装牢固,并符合工艺要求。

(3)线路安装应遵循由内到外、横平竖直的原则,尽量做到合理布线、就近走线;编码正确、齐全;接线可靠、不松动、不压皮、不反圈、不伤线。

(4)安装完毕后用万用表检查线路,确保无误后才可通电。

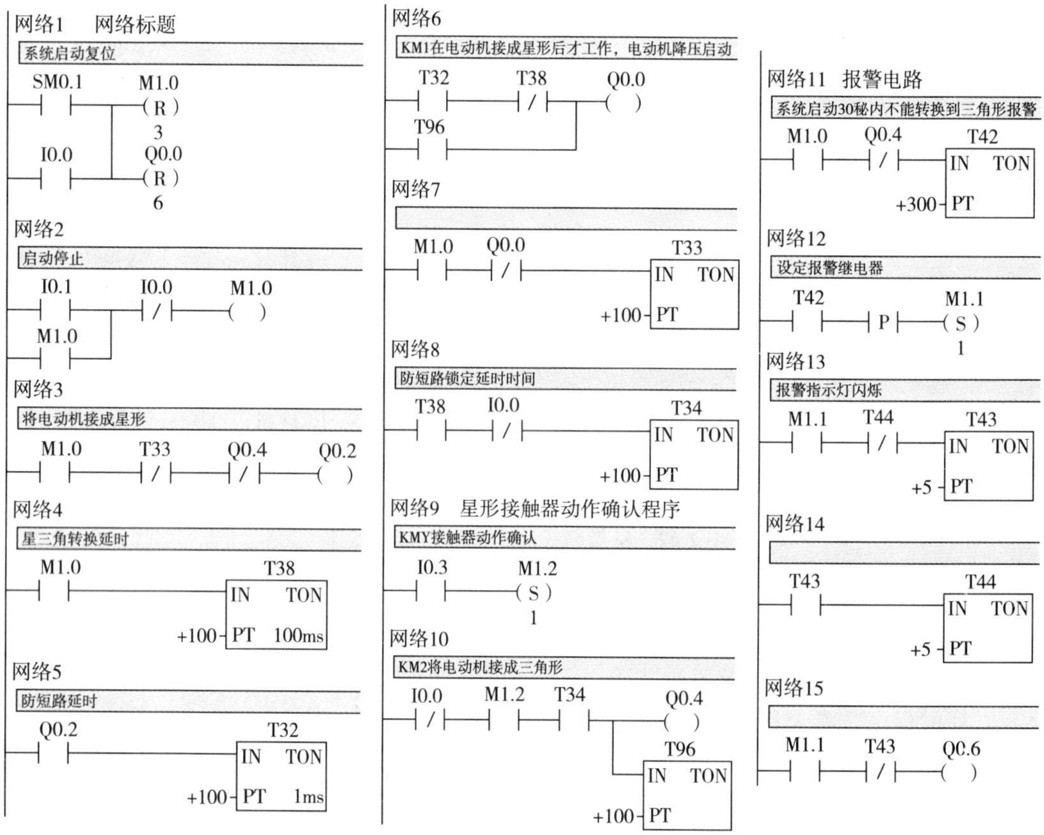

图 2-49 三相异步电动机星形—三角形启动控制的参考程序

2.6.5 实训报告要求及评分标准

一、实训报告要求

1. 整理实训中所用的 I/O 分配表、接线图、梯形图。
2. 画出三相异步电动机星形—三角形启动的控制流程图。
3. 总结实训中所遇到的问题以及解决办法,并写出实训体会。
4. 思考题。

(1)试用断开延时定时器实现三相异步电动机星形—三角形启动的控制。

(2)系统只有一盏报警指示灯,如果有两种报警状态需要显示,应如何实现?

(3)在星形转换成三角形接法前,需要判断 KM_Y 常开触点的状态(I0.3),必须确认 I0.3 断开时才能转换到三角形运行,否则自动停止运行。请完成该功能。

(4)仔细观察某企业或银行自动门的工作情况,并编写相关程序,实现该功能。

二、评分标准

表 2-20　实训考核评分表

姓名：	班级：	学号：	工位号：	日期：

考核项目	考核内容	配分	考核要求	得分
系统及程序设计	I/O 的配置	5 分	I/O 的配置合理	
	接线图及安装图的绘制	5 分	接线图及安装图的绘制规范	
	梯形图的编写	10 分	梯形图能够实现基本功能； 梯形图设计有创新	
系统安装及工艺	安装 PLC 及电器	10 分	合理布置各电器的位置	
	接线	15 分	按照电气原理图和接线图进行接线，每错一处扣 3 分	
	布线工艺	5 分	工艺符合标准，线乱、不合理的每处扣 1 分	
系统调试	程序运行、监控，故障排除	5 分	熟练地完成程序运行、监控等操作，能够进行故障排除	
实训报告	按照实训报告的要求完成	30 分	完成报告内容 20 分； 字迹工整 10 分	
安全文明	正确使用工具和设备，无操作不当引起的事故	10 分	通电检测，如有人为短路，酌情扣 5 分； 工具使用不当，不遵守实训规章制度扣 10 分	
团结协作	小组成员分工合理，积极参与	5 分	考评教师掌握	
考评教师签名：			总分：	

项目 2.7　停车场数码显示控制

2.7.1　实训目的

1. 理解并掌握数据传送指令的基本用法。
2. 理解并掌握算术运算、段码、比较等功能指令基本用法。
3. 能够根据实际控制需要选用不同的功能指令。
4. 能够用功能指令编写停车场车位数码显示控制程序。

2.7.2　实训所需器材

1. 西门子 S7-200 PLC CPU224 1 台；EM222 扩展模块 1 台。
2. 计算机 1 台、连接电缆 1 根、编程软件 1 套。
3. 数字量输入模拟开关 1 块；数码管 2 只。
4. 万用表 1 块；电工工具 1 套。
5. PLC 实验实训装置中数码显示控制模块。
6. 导线若干。

2.7.3 预备知识

一、数据传送指令

数据传送指令 MOV 用来传送单个的字节、字、双字、实数。指令格式及功能见表 2-21。除此之外，数据块的移动和数据交换指令格式见表 2-22。

表 2-21 单个数据传送指令 MOV 指令格式

LAD	MOV_B —EN ENO— ????-IN OUT-????	MOV_W —EN ENO— ????-IN OUT-????	MOV_DW —EN ENO— ????-IN OUT-????	MOV_R —EN ENO— ????-IN OUT-????
STL	MOVB IN OUT	MOVW IN OUT	MOVD IN OUT	MOVR IN OUT
操作数及数据类型	IN：VB, IB, QB, MB, SB, SMB, LB, AC, 常量。 OUT：VB, IB, QB, MB, SB, SMB, LB, AC	IN：VW, IW, QW, MW, SW, SMW, LW, T, C, AIW, 常量, AC。 OUT：VW, T, C, IW, QW, SW, MW, SMW, LW, AC, AQW	IN：VD, ID, QD, MD, SD, SMD, LD, HC, AC, 常量。 OUT：VD, ID, QD, MD, SD, SMD, LD, AC	IN：VD, ID, QD, MD, SD, SMD, LD, AC, 常量。 OUT：VD, ID, QD, MD, SD, SMD, LD, AC。
	字节	字、整数	双字、双整数	实数
功能	使能输入有效时，即 EN=1 时，将一个输入 IN 的字节、字/整数、双字/双整数或实数送到 OUT 指定的存储器输出。在传送过程中不改变数据的大小。传送后，输入存储器 IN 中的内容不变。			

使 ENO=0，即使能输出断开的错误条件是：SM4.3(运行时间)，0006(间接寻址错误)。

表 2-22 数据块的移动和数据交换

LAD	BLKMOV_B —EN ENO— ????-IN OUT-???? ????-N	BLKMOV_W —EN ENO— ????-IN OUT-???? ????-N	BLKMOV_D —EN ENO— ????-IN OUT-???? ????-N	SWAP —EN ENO— ????-IN
STL	BMB IN OUT N	BMW IN OUT N	BMD IN OUT N	SWAP IN
操作数及数据类型	IN：VB, IB, QB, MB, SB, SMB, LB, AC, 常量。 OUT：VB, IB, QB, MB, SB, SMB, LB, AC。	IN：VW, IW, QW, MW, SW, SMW, LW, T, C, AIW, 常量, AC。 OUT：VW, T, C, IW, QW, SW, MW, SMW, LW, AC, AQW	IN：VD, ID, QD, MD, SD, SMD, LD, HC, AC, 常量。 OUT：VD, ID, QD, MD, SD, SMD, LD, AC。	IN：VW, IW, QW, MW, SW, SMW, T, C, LW, AC, *VD, *AC, *LD
	N：VB, IB, QB, MB, SB, SMB, LB, AC, 常量, *VD, *LD, *AC			
功能	指令将字节数目(N)从输入地址(IN)移至输出地址(OUT)。N 的范围为 1～255。			交换字(IN)的最高位字节和最低位字节

二、算术运算指令

1.加减法指令。加减法指令按操作数的类型可分为整数加减法、双整数加减法、实数加减法等指令。加减法指令的格式见表 2-23。加减法指令影响算术标志位 SM1.0(零标志位)、SM1.1(溢出标志位)和 SM1.2(负数标志位)。

表 2-23 加减法指令格式

LAD	ADD-I EN ENO IN1 OUT IN2	SUB-I EN ENO IN1 OUT IN2	ADD-DI EN ENO IN1 OUT IN2	SUB-DI EN ENO IN1 OUT IN2	ADD-R EN ENO IN1 OUT IN2	SUB-R EN ENO IN1 OUT IN2
STL	MOVW IN1,OUT +I IN2,OUT	MOVW IN1,OUT -I IN2,OUT	MOVD IN1,OUT +D IN2,OUT	MOVD IN1,OUT +D IN2,OUT	MOVD IN1,OUT +R IN2,OUT	MOVD IN1,OUT -R IN2,OUT
功能	IN1+IN2=OUT	IN1-IN2=OUT	IN1+IN2=OUT	IN1-IN2=OUT	IN1+IN2=OUT	IN1-IN2=OUT

2.乘法、除法指令。乘法和除法指令的格式见表 2-24。

表 2-24 整数乘除法指令格式

LAD	MUL_I EN ENO IN1 OUT IN2	DIV_I EN ENO IN1 OUT IN2	MUL_DI EN ENO IN1 OUT IN2	DIV_DI EN ENO IN1 OUT IN2
STL	MOVW IN1,OUT *I IN2,OUT	MOVW IN1,OUT /I IN2,OUT	MOVD IN1,OUT *D IN2,OUT	MOVD IN1,OUT /D IN2,OUT
功能	IN1 * IN2=OUT	IN1/IN2=OUT	IN1 * IN2=OUT	IN1/IN2=OUT

3.递增、递减指令。递增和递减指令用于对输入无符号数字节、符号数字、符号数双字进行加 1 或减 1 的操作,指令格式见表 2-25。

表 2-25 递增、递减指令格式

LAD	INC_B EN ENO IN OUT	DEC_B EN ENO IN OUT	INC_W EN ENO IN OUT	DEC_W EN ENO IN OUT	INC_DW EN ENO IN OUT	DEC_DW EN ENO IN OUT
STL	INCB OUT	DECB OUT	INCW OUT	DECW OUT	INCD OUT	DECD OUT
操作及数据类型	IN: VB, IB, QB, MB, SB, SMB, LB, AC, 常量, * VD, * LD, * AC。 OUT: VB, IB, QB, MB, SB, SMB, LB, AC, * VD, * LD, * AC。 IN/OUT 数据类型:字节		IN: VW, IW, QW, MW, SW, SMW, AC, AIW, LW, T, C, 常量, * VD, * LD, * AC。 OUT: VW, IW, QW, MW, SW, SMW, LW, AC, T, C, * VD, * LD, * AC。 数据类型:整数		IN: VD, ID, QD, MD, SD, SMD, LD, AC, HC, 常量, * VD, * LD, * AC。 OUT: VD, ID, QD, MD, SD, SMD, LD, AC, * VD, * LD, * AC。 数据类型:双整数。	

续表

功能	递增字节和递减字节指令在输入字节(IN)上加 1 或减 1,并将结果置入 OUT 指定的变量中。递增和递减字节运算不带符号	递增字和递减字指令在输入字(IN)上加 1 或减 1,并将结果置入 OUT。递增和递减字运算带符号(16＃7FFF ＞ 16＃8000)	递增双字和递减双字指令在输入双字(IN)上加 1 或减 1,并将结果置入 OUT。递增和递减双字运算带符号(16＃7FFFFFFF＞16＃80000000)。

说明：

(1)使 ENO＝0 的错误条件:SM4.3(运行时间),0006(间接地址),SM1.1(溢出)。

(2)影响标志位:SM1.0(零),SM1.1(溢出),SM1.2(负数)。

(3)在梯形图指令中,IN 和 OUT 可以指定为同一存储单元,这样可以节省内存,在语句表指令中不需使用数据传送指令。

三、段码指令的操作

要点亮七段码显示器中的段,可以使用段码指令。段码指令将 IN 中指定的字符(字节)转换生成一个点阵并存入 OUT 指定的变量中。指令格式如图 2-50 所示。

图 2-50　段码指令格式

输入/输出的操作数如下,数据类型为字节型。

IN:VB, IB, QB, MB, SB, SMB, LB, AC, 常量, *VD, *AC, *LD。

OUT:VB, IB, QB, MB, SMB, LB, AC, *VD, *AC, SB, *LD。

点亮的段表示的是输入字节中低 4 位所代表的字符。图 2-51 给出了段码指令使用的七段码显示器(共阴)的编码。

输入 LSD	七段码显示器	输出 -gfe dcba
0	0	0011 1111
1	1	0000 0110
2	2	0101 1011
3	3	0100 1111
4	4	0110 0110
5	5	0110 1101
6	6	0111 1101
7	7	0000 0111

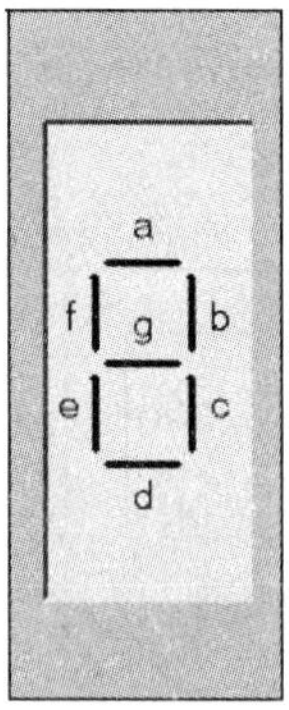

输入 LSD	七段码显示器	输出 -gfe dcba
8	8	0111 1111
9	9	0110 0111
A	A	0111 0111
B	b	0111 1100
C	C	0011 1001
D	d	0101 1110
E	E	0111 1001
F	F	0111 0001

图 2-51　段码指令使用的七段码显示器的编码

四、比较指令

比较指令包括数值比较和字符串比较两类。比较指令只是作为条件来使用,并不对存储器中的具体单元进行操作。

比较指令的 LAD 格式为—| IN1 操作 IN2 |—。

IN1，IN2 为输入的两个操作数，指令名称可以为以下名称：＝＝B、＝＝I、＝＝D、＝＝R、＜＞B、＜＞I、＜＞D、＜＞R、＞＝B、＞＝I、＞＝D、＞＝R、＜＝B、＜＝I、＜＝D、＜＝R、＞B、＞I、＞D、＞R、＜B、＜I、＜D、＜R。

1. 数值比较指令。

(1)当比较结果为真时，使能流通过，否则切断能流。

(2)比较的运算有：IN1＝IN2(等于)、IN1 ＞＝IN2(大于等于)、IN1 ＜＝IN2(小于等于)、IN1 ＜＞ IN2(不等于)、IN1 ＞ IN2(大于)、IN1 ＜ IN2(小于)。

(3)IN1，IN2 的取值类型：单字节无符号数、有符号整数、有符号双字、有符号实数。

(4)IN1，IN2 的取值范围：

BYTE：IB QB，VB，MB，SMB，SB，LB，AC，*VD，*LD，*AC 及常数。

INT：IW，QW，VW，MW，SMW，SW，LW，TC，AC，AIW，*VD，*LD，*AC 及常数。

DINT：ID，QD，VD，MD，SMD，SD，LD，AC，HC，*VD，*LD，*AC 及常数。

REAL：ID，QD，VD，MD，SMD，SD，LD，AC，HC，*VD，*LD，*AC 及常数。

2. 字符串比较指令。

(1)字符串比较指令用于比较两个 ASCII 码字符串。

(2)如果比较结果为真，使能流通过，允许其后续指令执行，否则切断能流。

(3)能够进行的比较运算有：IN1＝IN2(字符串相同)；IN1＜＞IN2(字符串不同)。

(4)IN1，IN2 的取值范围：VB，LB，*VD，*LD，*AC。

2.7.4　实训内容

一、任务描述

某停车场最多可以停放 50 辆车，用 2 位数码管实时显示所剩停车位数量。用出入传感器检测进出车辆数，每进一辆车则停车数减 1，每出一辆车则停车数增 1。当场内停车位数量大于 10 时，入口处绿灯亮，允许入场；当停车位数大于 0 且小于 10 时，绿灯闪烁，提醒准备进场的车辆司机停车场将满；当停车位等于 0 时，红灯亮，禁止车辆入场。

停车场车位数码显示如图 2-52 所示，在入口和出口各装 1 只光电传感器。数码管采用共阳极数码管。

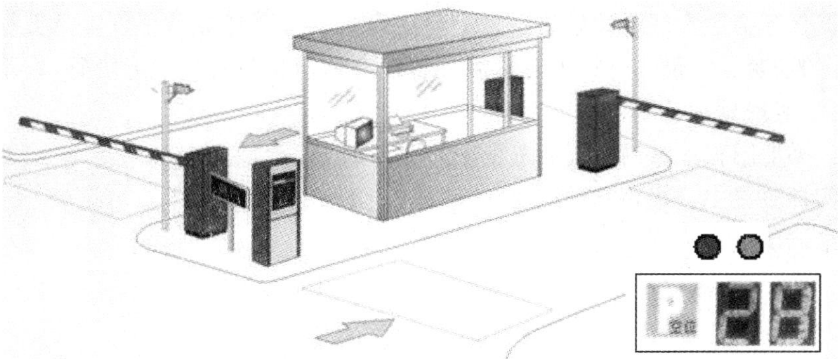

图 2-52　停车场车位数码显示示意图

二、实训步骤和要求

1. 根据 I/O 分配表和 PLC 系统外部接线图接线。停车场车位数码显示控制的 I/O 分配表见表 2-26,PLC 系统外部接线图如图 2-53 所示。本系统采用的 PLC 为 S7-200 CPU224,数字量扩展模块为 EM222。

表 2-26 停车场车位数码显示控制的 I/O 分配表

输入信号			输出信号		
名称	符号	对应输入点	名称	符号	对应输入点
传感器 IN	B1	I0.0	数码管个位	a～g	Q0.6～Q0.0
传感器 OUT	B2	I0.1	绿灯	HL1	Q1.0
			红灯	HL2	Q1.1
			数码管十位	a～g	Q2.6～Q2.0

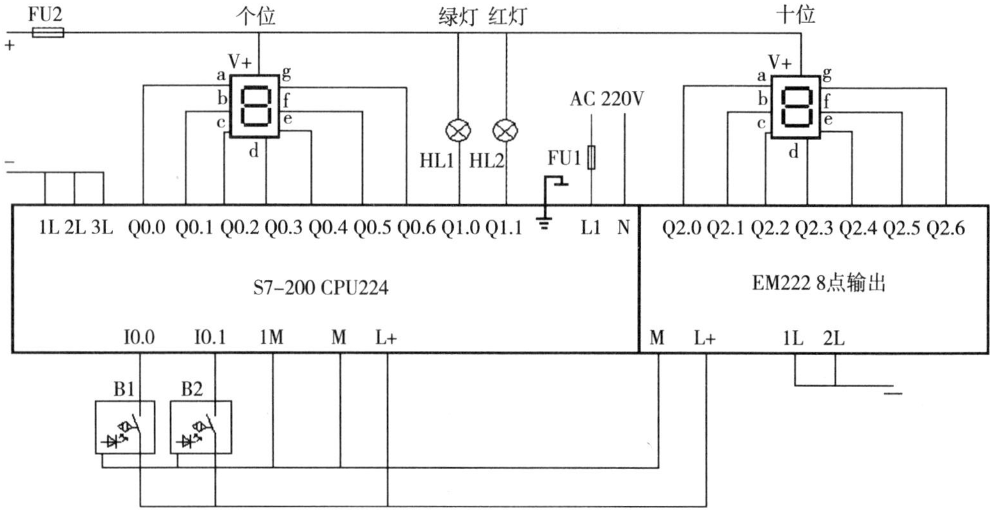

图 2-53 停车场车位数码显示 PLC 外部接线图

2. 程序设计。

(1)根据任务描述整理设计思路。整个程序设计的主要任务是车位实时数据显示以及指示灯显示的控制。车位实时数码显示需要将现有的车位数转化成七段码,指示灯显示可以用比较指令实现显示功能。

(2)设计梯形图程序并调试。参考程序如图 2-54 所示。

(3)在实训装置中接线,并进行系统的调试。

(4)记录调试过程及相关现象。

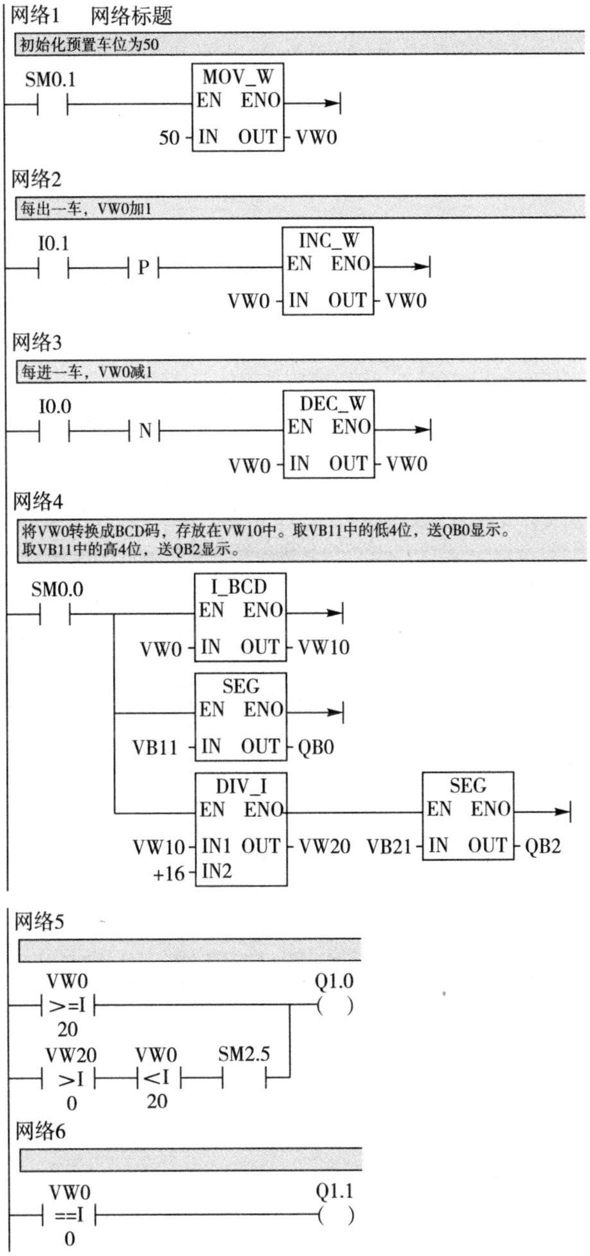

图 2-54 停车场车位数码显示参考程序

2.7.5 实训报告要求及评分标准

一、实训报告要求

1. 整理实训中所用的 I/O 分配表、接线图和梯形图。

2. 总结实训中所遇到的问题以及解决办法，并写出实训体会。

3. 思考题。

(1)在停车场车位实时显示系统中,如果加上进库和出库的抬杆或落杆控制,该如何改进本系统?

(2)想一想,在现实生产和生活中还有哪些类似的控制实例?

二、评分标准

表 2-27 实训考核评分表

姓名:	班级:	学号:	工位号:	日期:
考核项目	考核内容	配分	考核要求	得分
停车场车位数码显示	输入输出分配	10 分	输入输出分配合理,每出现一处不合理的扣 1 分	
	接线	15 分	接线图正确,并能按照接线图进行接线;每出现一处不合理的扣 2 分	
	编写、调试程序	25 分	符合控制要求,有创新意识,每处不满足扣 3 分; 不会排除故障扣 10 分	
实训报告	按照实训报告的要求完成	30 分	完成报告内容 20 分; 字迹工整 10 分	
安全文明	正确使用工具和设备,无操作不当引起的事故	10 分	考评教师掌握	
团结协作	小组成员分工合理,积极参与	10 分	考评教师掌握	
考评教师签名:			总分:	

项目 2.8 彩灯点亮造型控制

2.8.1 实训目的

1. 熟悉和掌握传送移位指令的应用。
2. 熟悉数据处理指令的应用。
3. 掌握寄存器移位指令的应用。
4. 掌握子程序调用的基本方法,并会编写彩灯控制程序。

2.8.2 实训所需器材

1. 西门子 S7-200 PLC 1 台,万用表 1 块。
2. 计算机 1 台、连接电缆 1 根、编程软件 1 套。
3. 数字量输入模拟开关 1 块。
4. 电工工具 1 套。
5. PLC 彩灯控制模块。
6. 导线若干。

2.8.3 预备知识

一、移位指令

移位指令都是对无符号数进行的处理，执行时只要考虑要移位的存储单元的每一位数字状态，而不管数据值的大小。移位指令分为左、右移位和循环左、右移位及移位寄存器指令三大类。前两类移位指令按移位数据的长度又分字节型、字型和双字型 3 种。

1.左移和右移指令。右移和左移指令将输入值 IN 右移或左移 N 位，并将结果装载到输出 OUT 中。对移出的位自动补零。如果位数 N 大于或等于最大允许值(对于字节操作为 8，对于字操作为 16，对于双字操作为 32)，那么移位操作的次数为最大允许值。如果移位次数大于 0，溢出标志位(SM1.1)上就是最近移出的位值。如果移位操作的结果为 0，零存储器位(SM1.0)置位。左移位和右移位指令格式及功能见表 2-28，左移位和右移位指令的使用如图 2-55 所示。

表 2-28 移位指令格式及功能

LAD	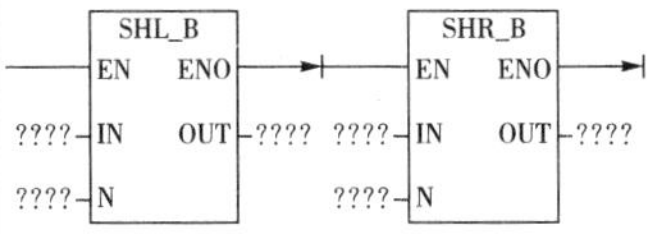	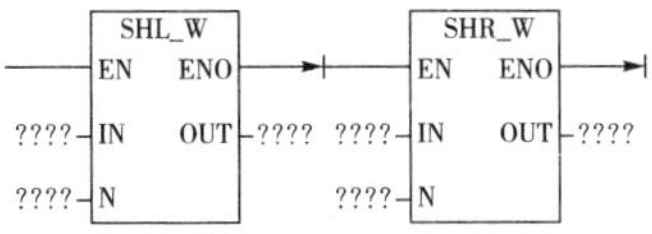	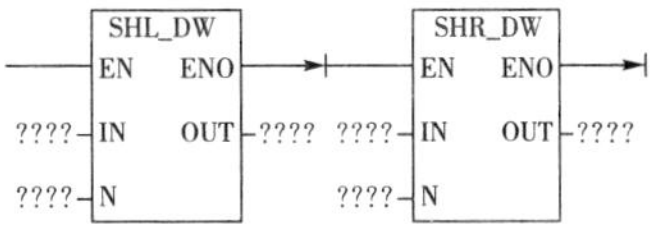
STL	SLB OUT,N SRB OUT,N	SLW OUT,N SRW OUT,N	SLD OUT,N SRD OUT,N
操作数及数据类型	IN：VB，IB，QB，MB，SB，SMB，LB，AC，常量。 OUT：VB，IB，QB，MB，SB，SMB，LB，AC。 数据类型：字节。	IN：VW，IW，QW，MW，SW，SMW，LW，T，C，AIW，AC，常量。 OUT：VW，IW，QW，MW，SW，SMW，LW，T，C，AC。 数据类型：字。	IN：VD，ID，QD，MD，SD，SMD，LD，AC，HC，常量。 OUT：VD，ID，QD，MD，SD，SMD，LD，AC。 数据类型：双字。
	N：VB，IB，QB，MB，SB，SMB，LB，AC，常量；数据类型：字节；数据范围：N≤数据类型(B、W、D)对应的位数。		
功能	SHL：字节、字、双字左移 N 位；SHR：字节、字、双字右移 N 位。		

2.循环左移位和右移位。循环移位指令将输入值 IN 循环右移或者循环左移 N 位，并将输出结果装载到 OUT 中。

如果位数 N 大于或者等于最大允许值(对于字节操作为 8，对于字操作为 16，对于双字操作为 32)，S7-200 在执行循环移位之前，会执行取模操作，得到一个有效的移位次数。移位位数的取模操作的结果，对于字节操作是 0～7，对于字操作是 0～15，而对于双字操作是 0～31。

如果移位次数为 0，循环移位指令不执行。如果循环移位指令执行，最后一位的值会复制到溢出标志位(SM1.1)。如果移位次数不是 8(对于字节操作)、16(对于字操作)和 32(对于双字操作)的整数倍，最后被移出的位会被复制到溢出标志位(SM1.1)。当要被循环移位的值是 0 时，零标志位(SM1.0)被置位。

循环移位指令的格式和功能见表 2-29，使用方法如图 2-55 所示。

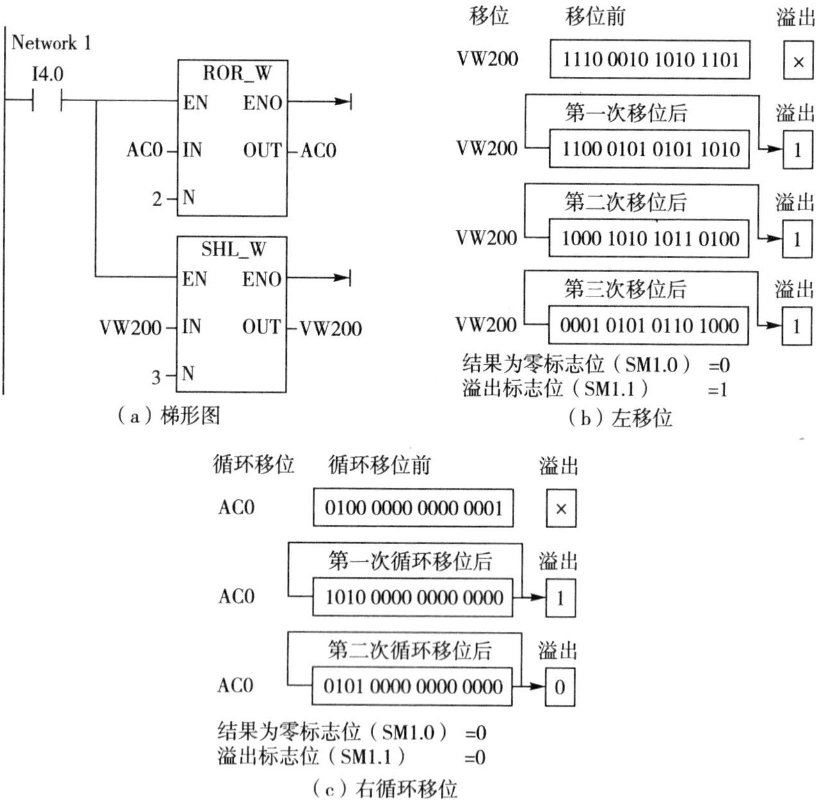

图 2-55 移位和循环指令使用示例

表 2-29 循环左、右移位指令格式及功能

LAD	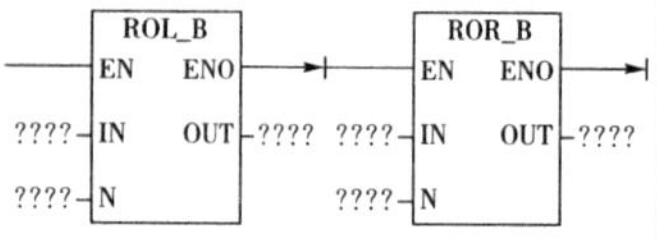	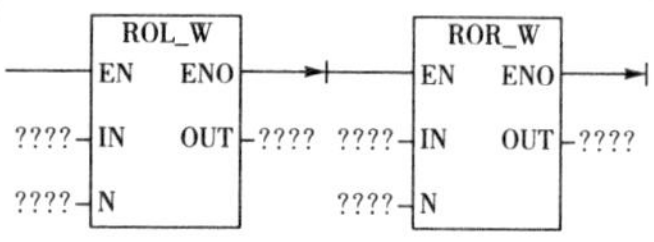	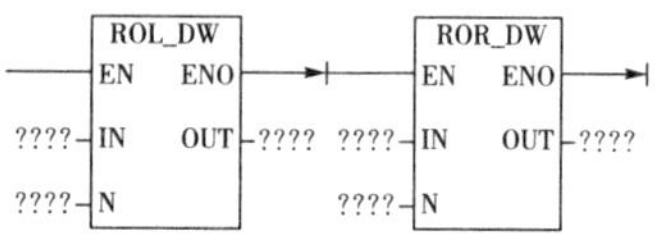
STL	RLB OUT，N RRB OUT，N	RLW OUT，N RRW OUT，N	RLD OUT，N RRD OUT，N
操作数及数据类型	IN：VB，IB，QB，MB，SB，SMB，LB，AC，常量。 OUT：VB，IB，QB，MB，SB，SMB，LB，AC。 数据类型：字节。	IN：VW，IW，QW，MW，SW，SMW，LW，T，C，AIW，AC，常量。 OUT：VW，IW，QW，MW，SW，SMW，LW，T，C，AC。 数据类型：字。	IN：VD，ID，QD，MD，SD，SMD，LD，AC，HC，常量。 OUT：VD，ID，QD，MD，SD，SMD，LD，AC。 数据类型：双字。
	N：VB，IB，QB，MB，SB，SMB，LB，AC，常量；数据类型：字节。		
功能	ROL：字节、字、双字循环左移 N 位；ROR：字节、字、双字循环右移 N 位。		

3. 移位寄存器指令。使用移位寄存器指令可以大大简化程序设计。移位寄存器指令所描述的操作过程如下：若在输入端输入一串脉冲信号，在移位脉冲作用下，脉冲信号依次移到移位寄存器的各个继电器中，并将这些继电器的状态输出，每个继电器可在不同的时间内得到由输入端输入的一串脉冲信号。

移位寄存器指令把输入的 DATA 数值移入移位寄存器。其中，S_BIT 指定移位寄存器的最低位，N 指定移位寄存器的长度和移位方向（正向移位＝N，反向移位＝－N）。SHRB 指令移出的每一位都被放入溢出标志位（SM1.1）。

位移位寄存器的最高位（MSB. b）可通过下面公式计算求得：

MSB. b＝[（S_BIT 的字节号）＋（[N]－1＋（S_BIT 的位号））/8].[除 8 的余数]

例如：如果 S_BIT 是 V33.4，N 是 14，那么 MSB. b 是 V35.1，或：

MSB. b ＝V33＋（[14]－1＋4）/8＝V33＋17/8＝V33＋2（余数为 1）＝V35.1

当正向移动时，N 为正值，输入数据从最低位（S_BIT）移入，从最高位移出。移出的数据放在溢出标志位（SM1.1）中。

当反向移动时，N 为负值，输入数据从最高位移入，从最低位（S_BIT）移出。移出的数据放在溢出标志位（SM1.1）中。

移位寄存器的最大长度为 64 位，可正可负。图 2-56 中给出了 N 为正和负两种情况下的移位过程。

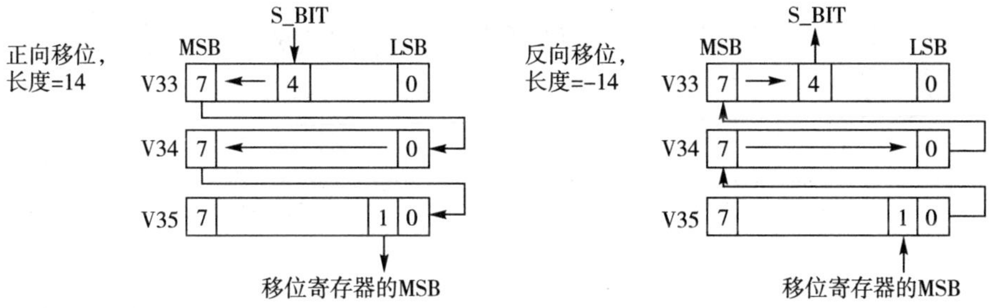

图 2-56 移位寄存器的入口和出口

移位寄存器使用如图 2-57 所示。DATA 和 S_BIT 的操作数为 I，Q，M，SM，T，C，V，S，L。数据类型为：BOOL 变量。N 的操作数为：VB，IB，QB，MB，SB，SMB，LB，AC，常量。数据类型为：字节。

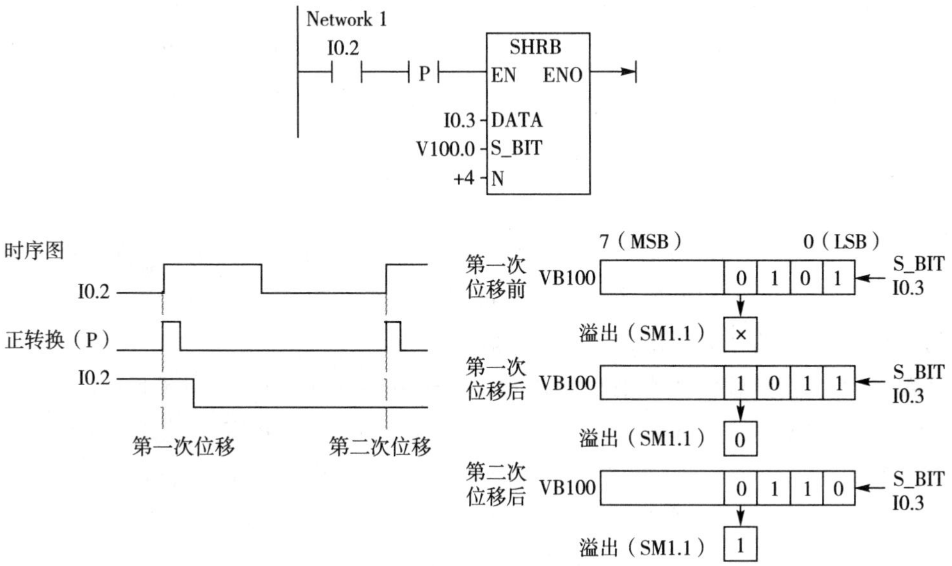

图 2-57 移位寄存器使用示例

二、编码和解码指令

编码和解码指令的格式和功能如表 2-30 所示。

表 2-30 编码和解码指令的格式和功能

LAD	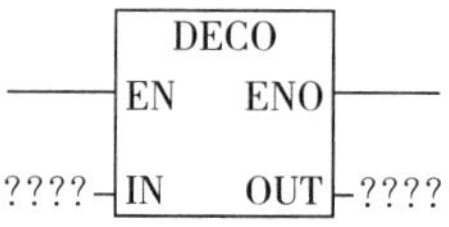	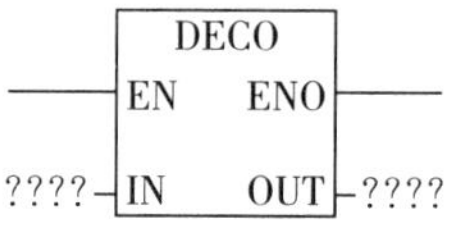
STL	DECO IN,OUT	ENCO IN,OUT
操作数及数据类型	IN:VB, IB, QB, MB, SMB, LB, SB, AC, 常量。数据类型:字节。 OUT:VW, IW, QW, MW, SMW, LW, SW, AQW, T, C, AC。数据类型:字。	IN:VW, IW, QW, MW, SMW, LW, SW, AIW, T, C, AC, 常量。数据类型:字。 OUT:VB, IB, QB, MB, SMB, LB, SB, AC。数据类型:字节。
功能及说明	译码指令根据输入字节(IN)的低 4 位表示的输出字的位号,将输出字的相对应的位置位为 1,输出字的其他位均置位为 0。	编码指令将输入字(IN)最低有效位(其值为 1)的位号写入输出字节(OUT)的低 4 位中。
ENO=0 的错误条件	0006 间接地址, SM4.3 运行时间。	

三、取反指令

取反指令有字节取反、字取反和双字取反。字节取反(INVB)、字取反(INVW)和双字取反(INVD)指令将输入 IN 取反的结果存入 OUT 中。其示例如图 2-58 所示。

使 ENO=0 的错误条件:0006(间接寻址)。受影响的 SM 标志位:SM1.0(结果为 0)。

图 2-58 取反指令示例

四、子程序指令

S7-200 程序支持子程序的调用,能够自动地完成子程序的返回,并且允许子程序进行嵌套调用,最多可达 8 级。中断服务程序中也可调用子程序,但不可以嵌套,支持子程序的递归调用,但是当使用带子程序的递归调用时应慎重。

子程序调用指令(CALL)将程序控制权交给子程序 SBR_N。调用子程序时,可以带参数,也可以不带参数。子程序执行完成后,控制权返回到调用子程序指令的下一条指令。

当子程序在同一个周期内被多次调用时,不能使用上升沿、下降沿、定时器和计数器指令。子程序条件返回指令(CRET)根据它前面的逻辑决定是否终止子程序。

要添加一个子程序,可以在命令菜单中选择:Edit>Insert>Subroutine。

2.8.4 实训内容

一、任务描述

有8盏彩灯如图2-59所示，要求按照一定的顺序显示各种花样，用功能指令编写彩灯显示控制程序，彩灯显示有如下6种花样，点亮时间为1s。

1. 正序依次点亮。
2. 逆序依次点亮。
3. 正序单数点亮。
4. 逆序双数点亮。
5. 全部点亮，全部熄灭。
6. 正序逐盏点亮，然后逐盏熄灭。

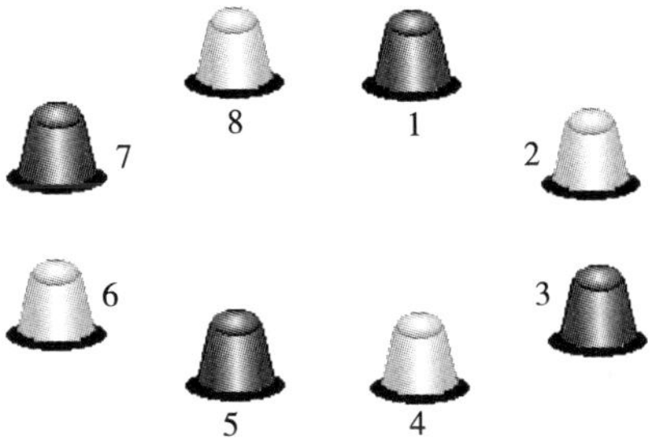

图 2-59 彩灯造型示意图

二、实训步骤和要求

1. 根据I/O分配表和PLC系统外部接线图接线。I/O分配表见表2-31，PLC外部接线图如图2-60所示。

表 2-31 彩灯造型控制 I/O 分配表

输入信号			输出信号		
名称	符号	对应输入点	名称	符号	对应输入点
启动开关	SA-1	I0.0	彩灯1	HL1	Q0.0
停止开关	SA-2	I0.1	彩灯2	HL2	Q0.1
			彩灯3	HL3	Q0.2
			彩灯4	HL4	Q0.3
			彩灯5	HL5	Q0.4
			彩灯6	HL6	Q0.5
			彩灯7	HL7	Q0.6
			彩灯8	HL8	Q0.7

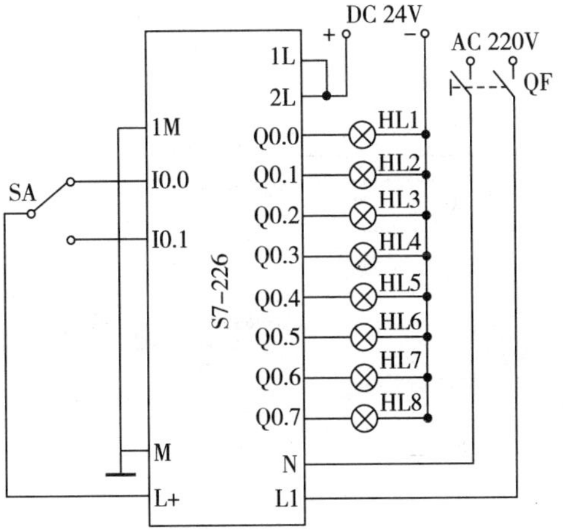

图 2-60 彩灯造型 PLC 外部接线图

2. 程序设计。

(1)程序结构设计。程序采用主程序调用子程序对结构形式，子程序由 SBR0 正序依次点亮、SBR1 逆序依次点亮、SBR2 正序单数点亮、SBR3 逆序双数点亮、SBR4 全部点亮后全部熄灭、SBR5 正序逐盏点亮后逐盏熄灭等 6 个子程序构成。程序结构如图 2-61 所示。

图 2-61 程序结构

(2)主程序设计。阅读主程序梯形图，理解各网络的作用，并掌握比较指令的用法。主程序如图 2-62 所示。

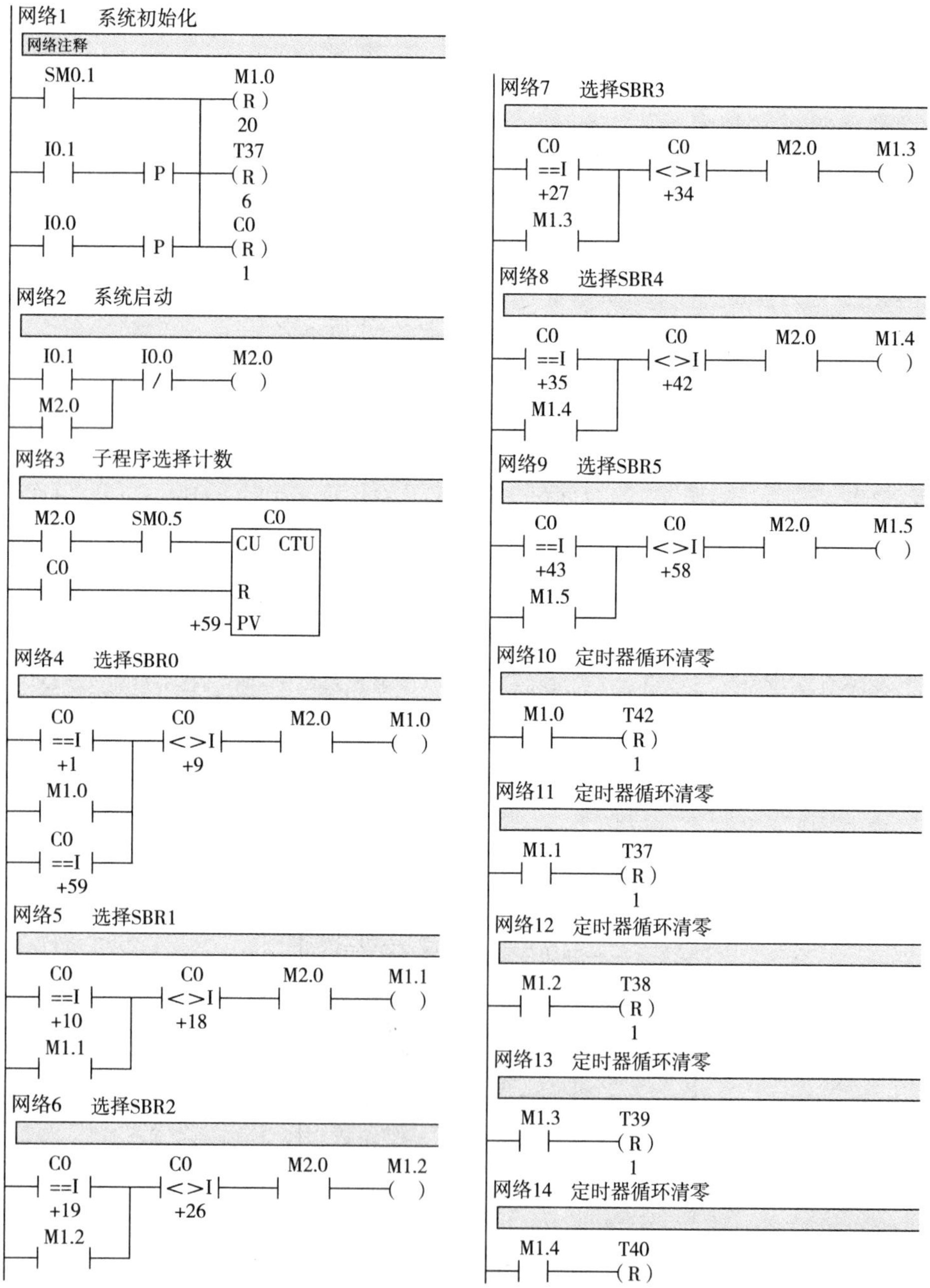

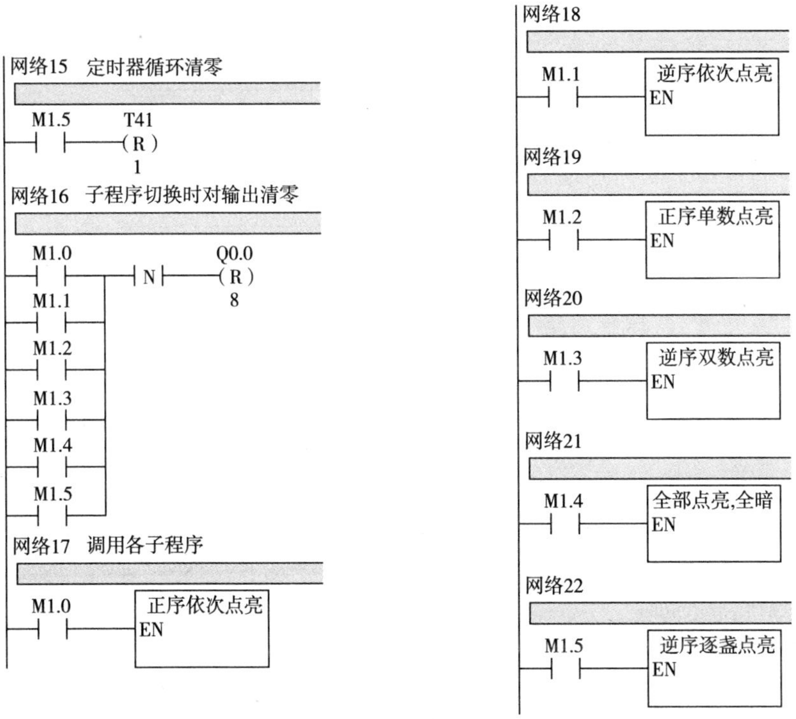

图 2-62　主程序

(3)子程序设计。阅读各子程序的梯形图,如图 2-63 所示。体会各子程序利用功能指令实现控制的方法。

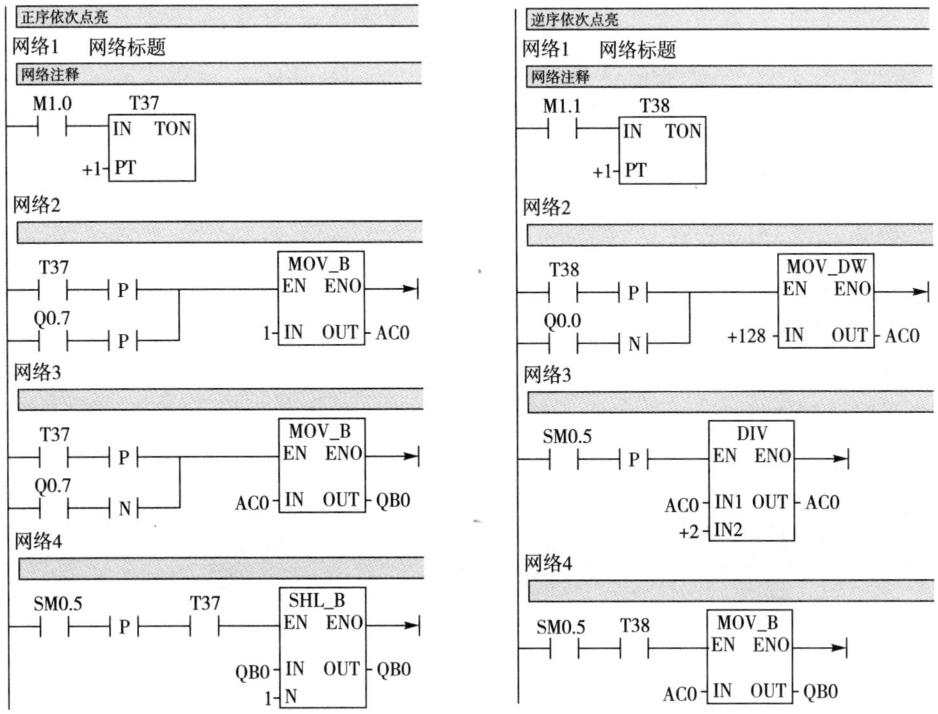

SBR0 正序依次点亮　　　　SBR1 逆序依次点亮

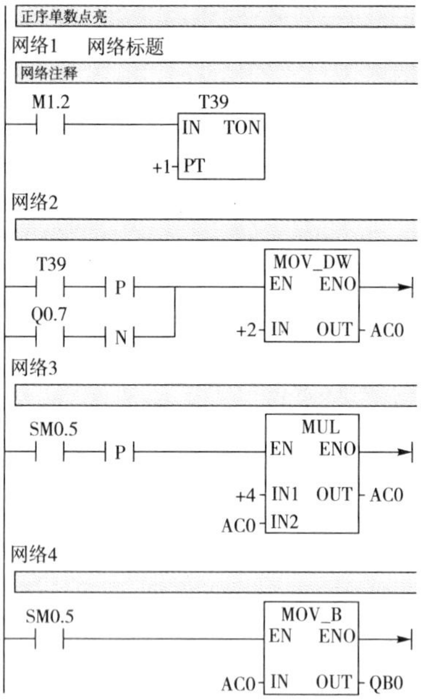

SBR2 正序单数点亮

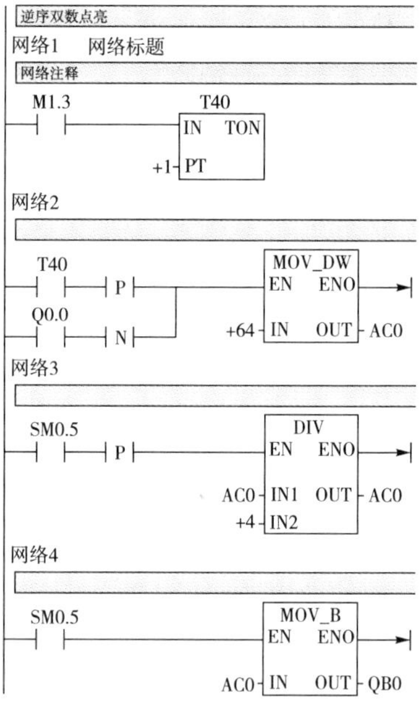

SBR3 逆序双数点亮

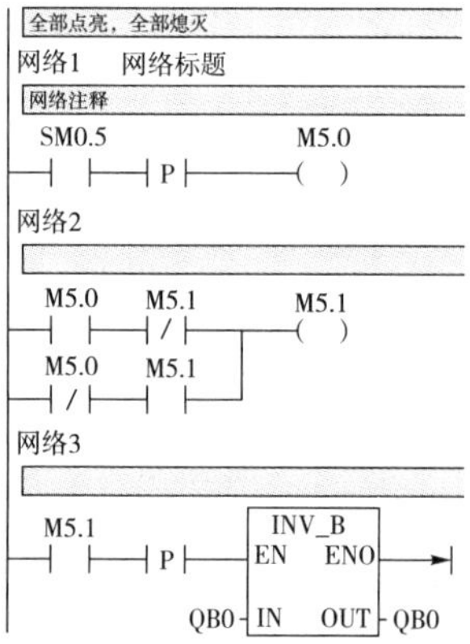

SBR4 全部点亮，全部熄灭

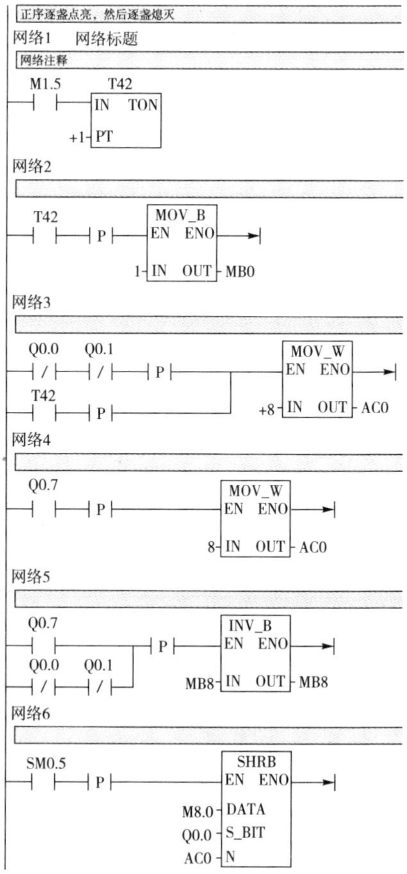

SBR5 正序逐盏点亮，然后逐盏熄灭

图 2-63 SBR0～SBR5 子程序

3. 系统调试。

(1)将程序写入 PLC,检查接线是否正确。

(2)对程序进行调试、运行,出现故障后自己独立处理,直到系统正常工作。

2.8.5 实训报告要求及评分标准

一、实训报告要求

1. 整理实训操作结果,将实训中的体会和认识记录下来,并按照标准写出实训报告。

2. 阅读编程软件的帮助信息,了解常用的功能指令及其使用方法。

3. 思考题。

(1)试用 SHRB 指令编写程序,要求控制 4 个电磁阀,要求顺序工作、逆序停止。

(2)如果有 16 个彩灯,要求自动变化花型和节拍,至少有 2 种花型和 2 种节拍进行变化,该如何编写程序?

二、评分标准

表 2-32 实训考核评分表

姓名:	班级:	学号:	工位号:	日期:

考核项目	考核内容	配分	考核要求	得分
系统及程序设计	I/O 的配置	5 分	I/O 的配置合理	
	接线图及安装图的绘制	5 分	接线图及安装图的绘制规范	
	梯形图的编写	10 分	梯形图能够实现基本功能; 梯形图设计有创新	
系统安装及工艺	安装 PLC 及电器	10 分	合理布置各电器的位置	
	接线	15 分	按照电气原理图和接线图进行接线,每错一处扣 3 分	
	布线工艺	5 分	工艺符合标准,线乱、不合理的每处扣 1 分	
系统调试	程序运行、监控,故障排除	5 分	熟练地完成程序运行、监控等操作,能够进行故障排除	
实训报告	按照实训报告的要求完成	30 分	完成报告内容 20 分; 字迹工整 10 分	
安全文明	正确使用工具和设备,无操作不当引起的事故	10 分	通电检测,如有人为短路,酌情扣 5 分; 工具使用不当,不遵守实训规章制度扣 10 分	
团结协作	小组成员分工合理,积极参与	5 分	考评教师掌握	
考评教师签名:			总分:	

第3章 PLC编程技术实训

学习目标

- □ 通过本章的实训，能够掌握PLC基本的编程技术。
- □ 掌握顺序控制的基本概念，并学会分析实际控制过程。
- □ 掌握顺序功能流程图的基本画法，并利用其解决实际问题。
- □ 掌握编程软件的使用方法，学会编辑、上载、下载、监视程序的基本方法。

项目3.1 组合机床液压滑台控制

3.1.1 实训目的

1. 掌握顺序控制的基本概念。
2. 学会利用顺序功能流程图来表示实际的工作流程。
3. 掌握顺序功能流程图的基本画法。
4. 学会应用启保停电路编程解决一些实际的顺序控制问题。

3.1.2 实训器材

1. 西门子S7-200 PLC 1台，万用表1块。
2. 计算机1台、连接电缆1根、编程软件1套。
3. 按钮2只(数字量输入模拟开关1块)。
4. 电磁阀3只。
5. 电工工具1套。
6. 行程开关3只。
7. 导线若干。

或者采用PLC实验实训装置。

3.1.3 预备知识

一、顺序控制基本概念

在自动控制领域，PLC 顺序控制系统的应用量大面广。采用经验设计法来设计 PLC 顺序控制系统，不仅设计效率低，容易出差错，而且设计阶段难以发现错误，需要多次调试、修改，才能符合设计要求。

顺序控制就是按照生产工艺预先规定的顺序，在各个输入信号的作用下，根据内部状态和时间的顺序，在生产过程中各个执行机构自动地按照一定的顺序进行工作。使用顺序控制设计方法首先要根据系统的工艺（工作）过程画出顺序功能流程图，然后再根据顺序功能流程图画出梯形图。

顺序控制设计方法是一种先进的设计方法，很容易被初学者掌握，对于有经验的工程师也可以提高设计的效率，在调试、修改和阅读程序时也非常方便。

二、顺序功能流程图

顺序功能流程图是描述控制系统的控制过程、功能和特性的一种通用的图形化技术语言（编程语言），也是设计 PLC 顺序控制程序的有力工具。顺序功能流程图主要由步、有向连线、转换、转换条件和动作（或命令）组成，如图 3-1 所示。

1. 步与动作。

(1)步。在功能图中，可以根据系统输出状态的变化，将系统的工作过程划分成若干顺序相连的阶段，这些阶段称为“步”。可以用 PLC 的编程元件（如辅助继电器、移位寄存器和状态继电器等）来代表各步。如图 3-1 中的 M0.0、M0.1、M0.2、M0.3 步，并用矩形框表示。

每一步的输出状态相同，而相邻两个步的输出状态不同。步可根据被控对象工作状态的变化来划分，而被控对象工作状态的变化又是由 PLC 输出状态变化引起的，因此，也可根据 PLC 输出状态变化来划分。

(2)初始步。控制过程刚开始阶段的活动步与系统初始状态相对应，称为“初始步”。初始状态一般是系统等待启动命令的相对静止的状态。每个顺序功能流程图中至少应有一个初始步，用双线框表示。如图 3-1 中的 M0.0 步。

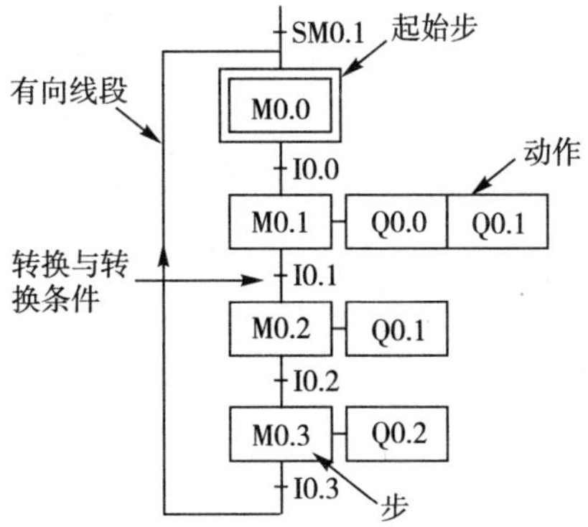

图 3-1 顺序功能流程图示例

(3)活动步和非活动步。当系统工作于某一步时,该步处于活动状态,称为“活动步”,反之称为“非活动步”。步处于活动状态时,相应的动作被执行;处于不活动状态时,相应的非保持型动作被停止执行。如图 3-1 中,当 M0.2 为活动步时,M0.2=1,Q0.1 将会被置 1,并执行相应的操作。当 M0.3 为活动步时,M0.3=1,Q0.2 被置 1, Q0.1 会由于 M0.2 处于不活动状态((M0.2=0)而停止执行。

(4)动作。所谓“动作”,是指某步活动时,PLC 向被控系统发出的命令,或被控系统应执行的动作。动作用矩形框围起来,用短线与状态框平行相连,通常旁边往往也标出实现该动作的电气执行元件名称或 PLC 元件的地址。

2. 有向连线、转换和转换条件。

(1)有向连线。如图 3-1 所示,步与步之间用有向连线连接,表示步的活动状态的进展。有向连线进展方向若是从上到下、从左到右时,无箭头标注,如果不是上述方向,应在有向连线上用箭头注明方向。

(2)转换。转换是用与有向连线垂直的短划线来表示的。转换将相邻的两步分隔开。步的活动状态的进展是由转换的实现来完成的,并与控制过程的发展相对应。步与步之间不允许直接相连,必须有转换隔开,而转换与转换之间也同样不能直接相连,必须有步隔开。

(3)转换条件。转换条件可以用文字语言、布尔代数表达式或图形符号标注在表示转换的短划线旁边。使系统由当前步转入下一步的信号称为“转换条件”。转换条件可能是外部输入信号,如按钮、指令开关、限位开关的接通/断开等,也可能是 PLC 内部产生的信号,如定时器、计数器触点的接通/断开等,转换条件也可能是若干个信号的与、或、非逻辑组合。

顺序控制设计法就是用转换条件控制代表各步的编程元件,让它们的状态按一定的顺序变化,然后用代表各步的编程元件去控制各输出继电器。

三、顺序控制设计法的设计步骤

采用顺序控制设计法进行程序设计的基本步骤及内容如下:

1. 步的划分。熟悉控制流程,将整个工作流程按照被控对象工作状态的变化划分为各个步,并分配相应辅助继电器 M 或状态器 S 来代表各步。

2. 转换条件的确定。转换条件一般是指使系统由一种工作状态变化为另一种工作状态的切换信号。多数为按钮、指令开关、限位开关、定时器、计数器的接通/断开。转换条件也可能是若干个信号的与、或、非逻辑组合。

3. 功能表图的绘制。根据以上分析和被控对象工作内容、步骤、顺序和控制要求画出功能图。绘制功能图是顺序控制设计法中最为关键的一个步骤。

4. 梯形图的编制。根据功能图,按某种编程方式写出梯形图程序。

四、绘制功能图应注意的问题

1. 两个步绝对不能直接相连,必须用一个转换将它们隔开。

2. 两个转换也不能直接相连,必须用一个步将它们隔开。

3. 功能表图中初始步是必不可少的,它一般对应于系统等待启动的初始状态,这一步可能没有什么动作执行,因此很容易被遗漏。如果没有该步,则无法表示初始状态,系统也无法返回停止状态。

4.只有当某一步所有的前级步都是活动步时，该步才有可能变成活动步。如果用无断电保持功能的编程元件代表各步，则 PLC 开始进入 RUN 方式时，各步均处于“0”状态，因此，必须要有初始化信号，将初始步预置为活动步，否则功能表图中永远不会出现活动步，系统将无法工作。

五、利用启保停电路实现顺序功能流程图

启保停电路仅仅使用与触点和线圈有关的指令，无需编程元件做中间环节，各种型号 PLC 的指令系统都有相关指令。加上该电路利用自保持，从而具有记忆功能，且与传统继电器控制电路基本类似，编程方法通用性强，编程容易掌握。一般在继电器控制系统的 PLC 改造过程中应用较多。

图 3-2 所示为实现图 3-1 所示功能图的梯形图程序。从图中可以看出，梯形图中的 M0.0～M0.3代表功能图中 4 个步，在开机运行时，SM0.1 在首次扫描时给一个初始化脉冲，使 M0.0 接通并自锁，程序进入起始步。在网络 2 中，当 M0.0 为活动步，I0.0 转换条件满足接通时，M0.1 接通自锁，进入 M0.1 步，同时利用 M0.1 的常闭触点断开 M0.0，并且在网络 5、6 中完成该步的动作。以下各步的执行依次类推。

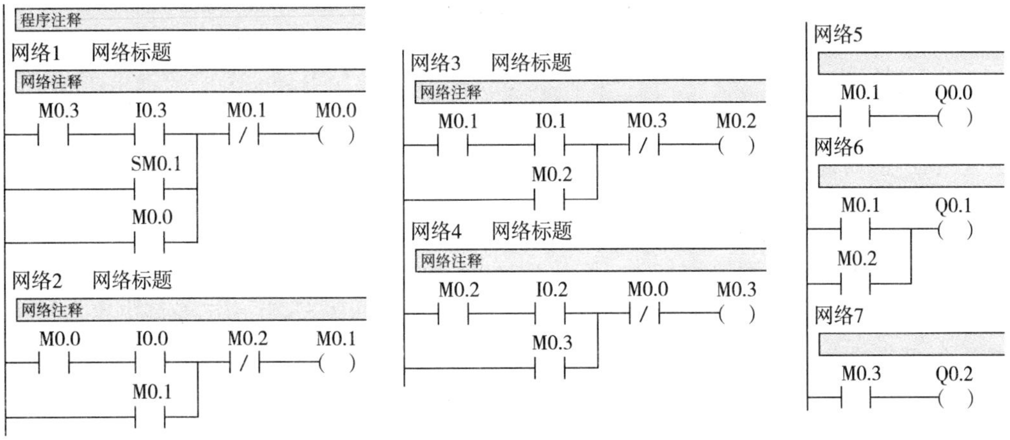

图 3-2 利用启保停电路实现功能图

由此可以看出，这种实现功能图的方法非常有规律，即某步要成为活动步的条件是其上一步为活动步并且满足转换条件；为保证在整个流程中只有一步为活动步，我们利用某一步的常闭触点来使上一步转为非活动步。其通用的编程模式如图 3-3 所示。

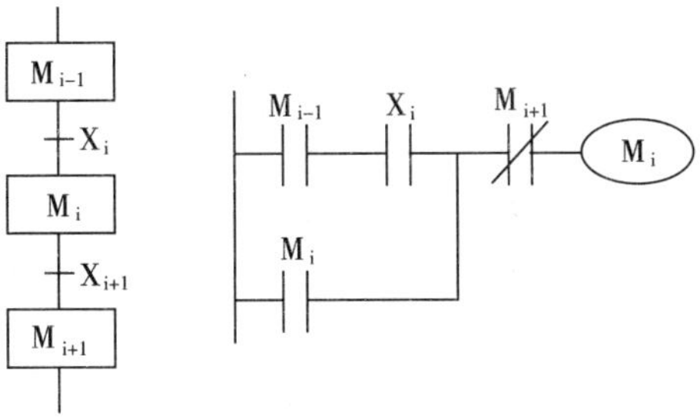

图 3-3 利用启保停电路实现功能图的通用编程方法

六、只有两步的闭环的处理

在顺序功能流程图中,只有两步组成的小闭环如图 3-4(a)所示,因为 M0.3 既是 M0.4 的前级步,又是它的后续步,所以对应的用启保停电路模式设计的梯形图程序如图 3-4(b)所示。从梯形图中可以看出,M0.4 线圈根本无法通电。解决的办法是:在小闭环中增设一步,这一步只起短延时作用,由于延时很短,故对系统的运行不会有什么影响,如图 3-4(c)所示。

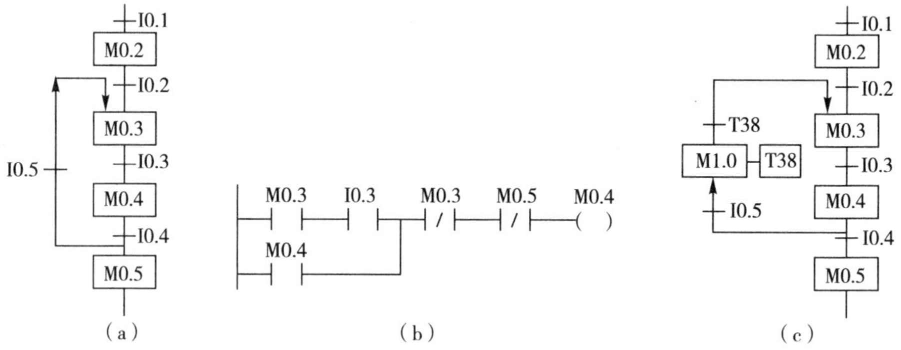

图 3-4 只有两步的闭环的处理

3.1.4 实训内容

一、任务描述

某组合机床液压滑台和其进给运动示意图如图 3-5 所示,其工作过程分成原位、快进、工进、快退四步,相应的转换条件为 SB、SQ1、SQ2、SQ3。液压滑台系统各液压元件动作情况如表 3-1 所示。根据功能图的绘制方法,画出顺序控制功能图,并用启保停电路实现组合机床液压滑台进给运动的控制。

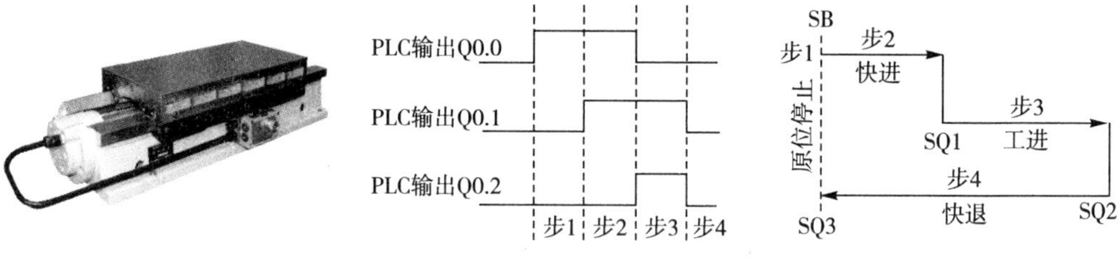

图 3-5 液压滑台系统的运动示意图

表 3-1 液压元件动作表

工步 \ 元件	YV1	YV2	YV3
原位	—	—	—
快进	+	—	—
工进	+	—	+
快退	—	+	—

二、实训步骤与要求

1. 仔细分析组合机床液压滑台进给运动的工作流程，并独自画出顺序功能流程图，可供参考的功能流程图如图 3-6 所示。

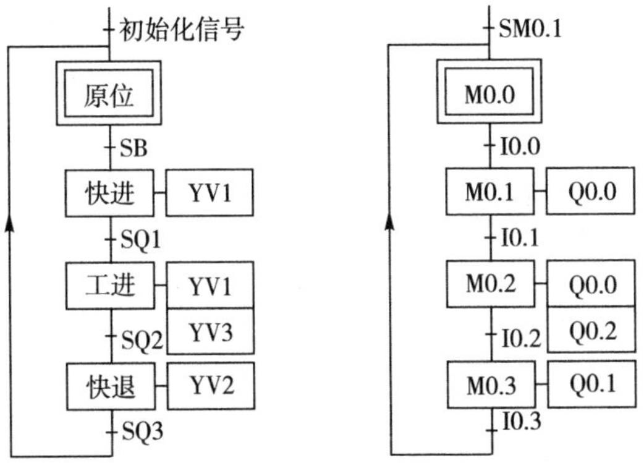

图 3-6 液压滑台进给控制的参考顺序功能流程图

2. 根据 I/O 分配表，画出 PLC 外部接线图。

表 3-2 输入/输出点的分配

输入信号			输出信号		
名称	符号	对应输入点	名称	符号	对应输入点
启动按钮	SB	I0.0	电磁阀	YV1	Q0.0
行程开关	SQ1	I0.1	电磁阀	YV2	Q0.1
行程开关	SQ2	I0.2	电磁阀	YV3	Q0.2
行程开关	SQ3	I0.3			

3. 根据所画的 PLC 外部接线图，在实验装置上进行接线，并认真检查。

4. 程序设计。根据所画的顺序功能流程图，利用启保停电路实现组合机床液压滑台进给运动的控制，并编写出梯形图程序。参考程序如图 3-7 所示。

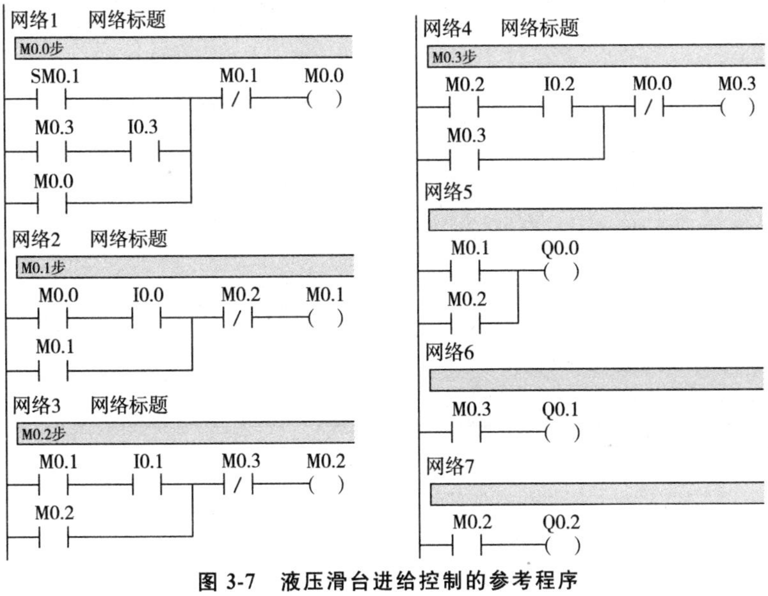

图 3-7 液压滑台进给控制的参考程序

5.程序的调试。利用仿真软件对所编写的程序进行仿真调试。然后将程序下载到PLC进行联机调试,并利用软件监控程序的运行。按下启动按钮后,观察各电器的动作情况。

3.1.5 实训报告要求及评分标准

一、实训报告要求

1.整理实训操作的结果,按要求写出实训报告。

2.写出实训过程中的心得体会。

3.思考题。

(1)对液压滑台进给控制系统进行改进,要求中途能够停止和继续,请编写梯形图程序并进行调试。

(2)某PLC控制的回转工作台控制钻孔的过程是:当回转工作台不转且钻头回转时,若传感器检测到工件到位,钻头向下工进;当钻到一定深度钻头套筒压到下接近开关时,定时器计时,4s后快退到上接近开关,回到了原位。请画出顺序控制流程图,并编写梯形图程序。

二、评分标准

表3-3 实训考核评分表

姓名:	班级:	学号:	工位号:	日期:
考核项目	考核内容	配分	考核要求	得分
液压滑台进给控制系统	功能图的绘制	15分	能够正确反映液压滑台进给控制系统的工作过程,每错一处扣5分; 功能图绘制符合规范,每错一处扣2分	
	编写梯形图程序	15分	按照规定的编程方法编程,符合控制要求,有创新意识,每处不满足扣5分	
	接线	15分	外部接线图正确,并能按照接线图进行接线,每出现一处不合理的扣2分	
	输入、调试程序	15分	能够正确输入程序,调试程序并监控程序的运行,操作不熟练扣5分	
实训报告	编写实训报告	20分	完成报告主要内容,每缺一项扣5分; 字迹不工整扣5分	
安全文明	正确使用工具和设备,无操作不当引起的事故	10分	考评教师掌握	
团结协作	小组成员分工合理,积极参与	10分	考评教师掌握	
考评教师签名:			总分:	

项目3.2　多种液体混合装置控制

3.2.1　实训目的

1.掌握顺序功能流程图的基本结构及其含义。

2.进一步熟悉顺序控制功能图的设计方法。

3.学会以转换为中心的编程方法。

4.用PLC实现多种液体混合装置控制。

3.2.2　实训器材

1.西门子S7-200 CPU226 PLC 1台。

2.计算机1台、连接电缆1根、编程软件1套。

3.多种液体混合装置实训模块1套。

4.小型旋具1套。

5.导线若干。

3.2.3　预备知识

一、顺序功能流程图的基本结构

1.单流程。单流程由一系列相继激活的步组成,每一步的后面仅接有一个转换,每一个转换的后面只有一个步,如图3-8(a)所示。

2.选择分支。选择分支的开始称为“分支”,如图3-8(b)所示,转换符号只能标在水平连线之下。如果步5是活动的,并且转换条件e=1,则发生由步5→步6的转移;如果步5是活动的,并且f=1,则发生由步5→步9的转移。在某一时刻一般只允许选择一个分支。

选择分支的结束称为“合并”,如图3-8(c)所示。如果步5是活动步,并且转换条件m=1,则发生由步5→步12的进展;如果步8是活动步,并且n=1,则发生由步8→步12的进展。

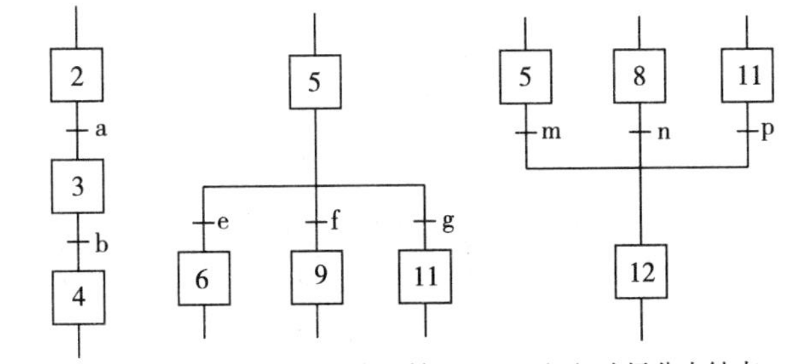

(a)单流程　(b)选择分支开始　(c)选择分支结束

图3-8　单流程与选择分支

3.并行分支。并行分支的开始称为“分支”,如图3-9(a)所示,当转换条件的实现导致几个分支同时激活时,这些分支称为“并行分支”。当步4是活动步时,转换条件a=3、7、9这三步同时变为活动步,同时步4变为不活动步。为了强调转换的同步实现,水平连线用双线表示。步3、7、9被同时激活后,每个分支中活动步的进展将是独立的。在表示同步的水平双线之上,只允许有一个转换符号。

并行分支的结束称为“合并”,如图3-9(b)所示,在表示同步的水平双线之下,只允许有一个转换符号。当直接连在双线上的所有前级步都处于活动状态,并且转换条件b=1时,才会发生步3、6、9到步10的进展,即步3、6、9同时变为不活动步,而步10变为活动步。并行分支表示系统中几个同时工作的独立部分的工作情况。

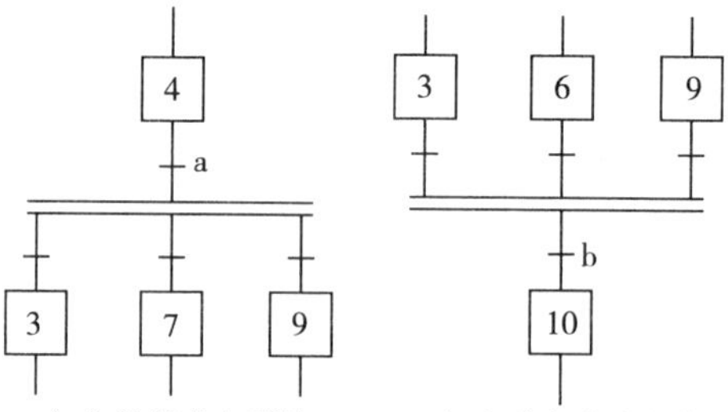

图3-9 并行分支

二、转换实现的基本规则

1.转换实现的条件。在功能表图中,步的活动状态的进展是由转换的实现来完成的。转换实现必须同时满足2个条件:

(1)该转换所有的前级步都是活动步。

(2)相应的转换条件得到满足。

2.转换实现应完成的操作。转换实现应完成的2个操作如下:

(1)使所有由有向连线与相应转换符号相连的后续步都变为活动步。

(2)使所有由有向连线与相应转换符号相连的前级步都变为不活动步。

三、以转换为中心的编程方式

如图3-10所示为以转换为中心的编程方式(用置位复位指令编程)设计的梯形图与功能图的对应关系。图中要实现X_i对应的转换,必须同时满足2个条件:前级步为活动步($M_{i-1}=1$)和转换条件满足$X_i=1$,所以用M_{i-1}和X_i的常开触点串联组成的电路来表示上述条件。2个条件同时满足时,该电路接通后,此时应完成2个操作:将后续步变为活动步(用S指令将M_i置位)和将前级步变为不活动步(用RST M_{i-1}指令将M_{i-1}复位)。

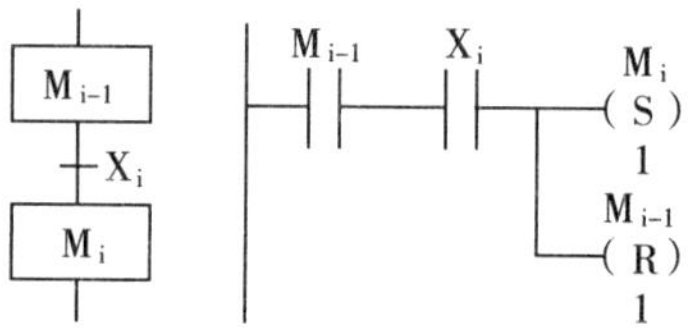

图3-10 以转换为中心的编程方式

图3-1所对应的以转换为中心进行编程的梯形图如图3-11所示。这种编程方式与转换

实现的基本规则之间有着严格的对应关系,用它编制复杂的功能图的梯形图时,更能显示出它的优越性。

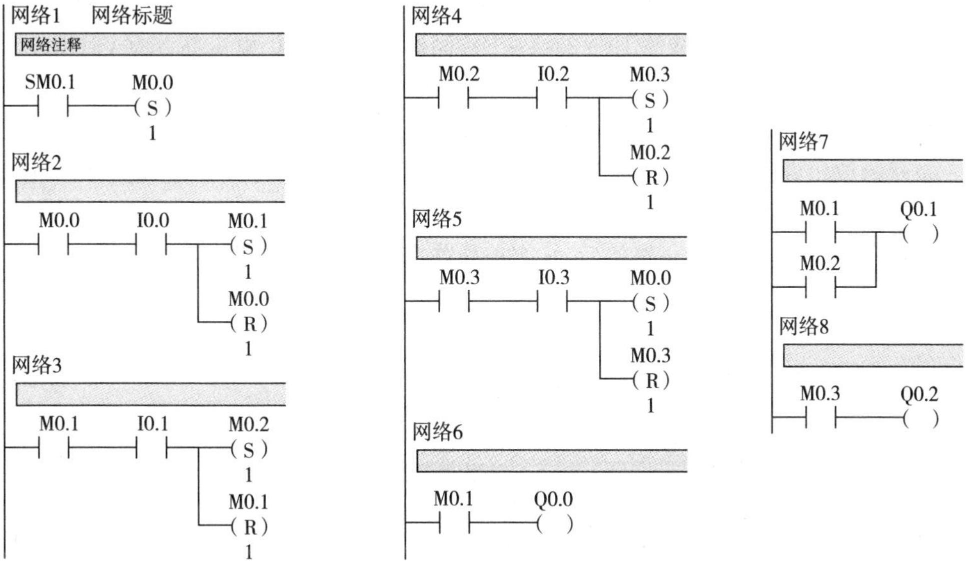

图 3-11 对应图 3-1 的以转换为中心的梯形图

3.2.4 实训内容

一、任务描述

1.多种液体混合装置。多种液体混合装置如图 3-12 所示。

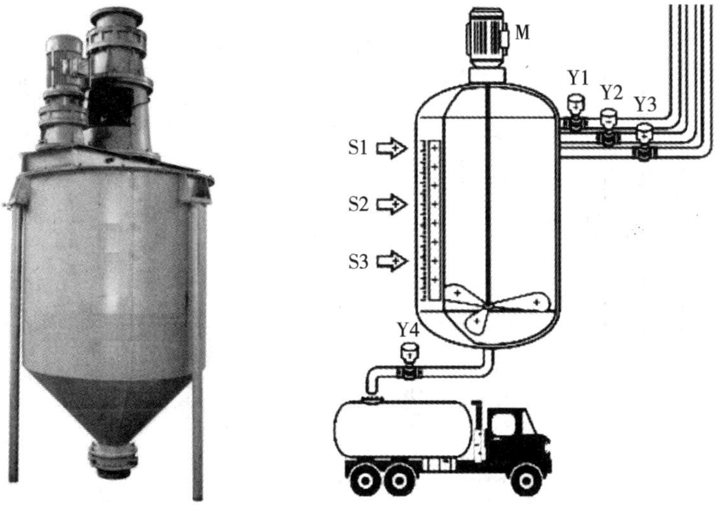

图 3-12 多种液体混合装置

2.控制要求。

(1)初始状态。容器是空的,电磁阀 Y1、Y2、Y3、Y4 和搅拌机均为 OFF,液面传感器 S1、S2、S3 均为 OFF。

(2)启动操作。按下启动按钮，开始下列操作：

①电磁阀 Y1 闭合(Y1＝ON)，开始注入液体 A，液位到 S3 时(S3 为 ON)，停止注入液体 A(Y1＝OFF)，同时开启液体 B 电磁阀 Y2(Y2＝ON)，注入液体 B；当液面高度到 S2(S2＝ON)时，停止注入液体 B(Y2＝OFF)，同时开启液体 C 电磁阀 Y3(Y3＝ON)，注入液体 C；当液面高度为 S1(S1＝ON)时，停止注入液体 C(Y3＝OFF)。

②停止液体 C 注入时，开启搅拌机 M(M＝ON)，搅拌混合时间为 10s。

③开始放出混合液体(Y4＝ON)，至液体高度降为 S3 后，再经 5s 停止放出液体(Y4＝OFF)。然后打开电磁阀 Y1，开始下一周期的工作。

(3)停止操作。按下停止按钮后，在当前操作完毕后，停止操作，回到初始状态。

二、实训步骤与要求

1. 多种液体混合装置输入/输出点的分配见表 3-4。

表 3-4　输入/输出点的分配

输入信号			输出信号		
名称	符号	对应输入点	名称	符号	对应输入点
启动按钮	SB1	I0.0	搅拌机	M	Q0.0
停止按钮	SB2	I1.1	电磁阀	Y1	Q0.1
液面传感器	S1	I0.1	电磁阀	Y2	Q0.2
液面传感器	S2	I0.2	电磁阀	Y3	Q0.3
液面传感器	S3	I0.3	电磁阀	Y4	Q0.4

2. PLC 外部接线图如图 3-13 所示。按照接线图在实训装置上进行接线。

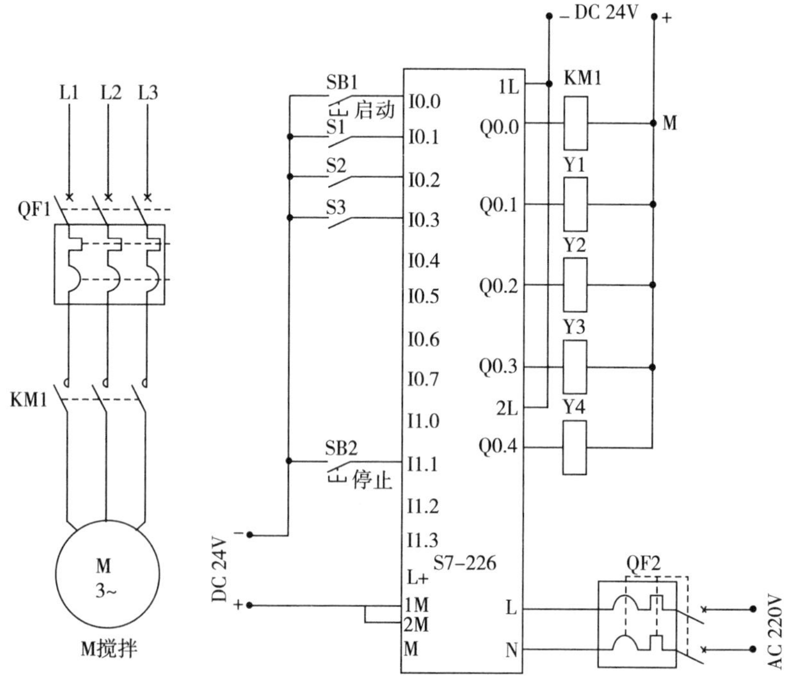

图 3-13　多种液体混合装置 PLC 外部接线图

3. 程序设计。认真分析多种液体混合装置工作流程，并编写程序。

(1)设计多种液体混合装置控制的顺序功能流程图，可供参考的顺序功能流程图如图3-14所示。

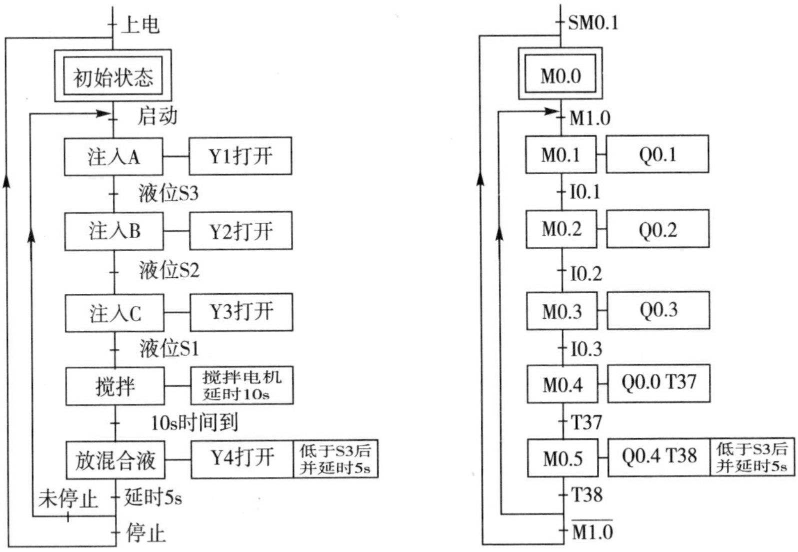

图 3-14 多种液体混合装置控制顺序功能流程图

(2)设计多种液体混合装置控制的梯形图程序，参考程序如图 3-15 所示。

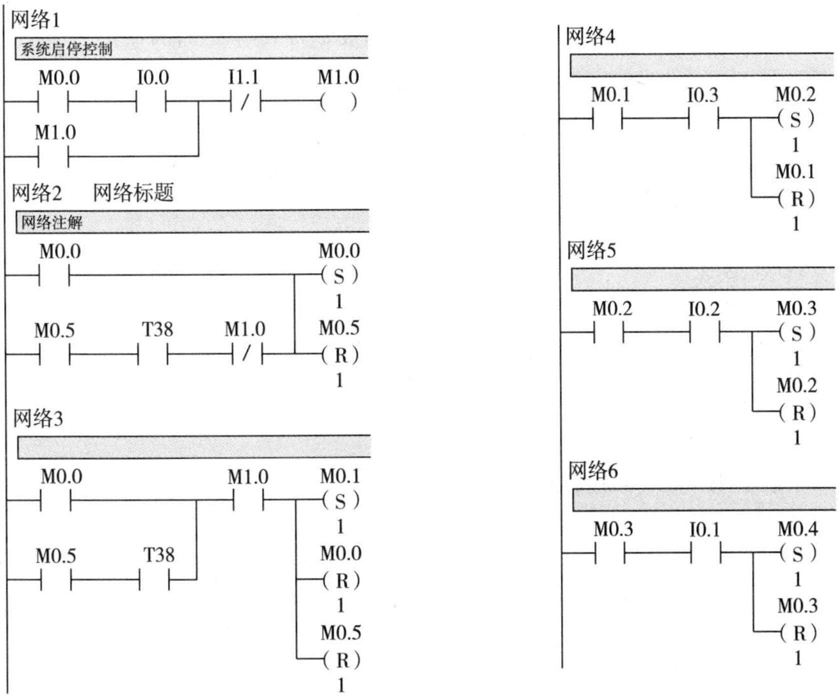

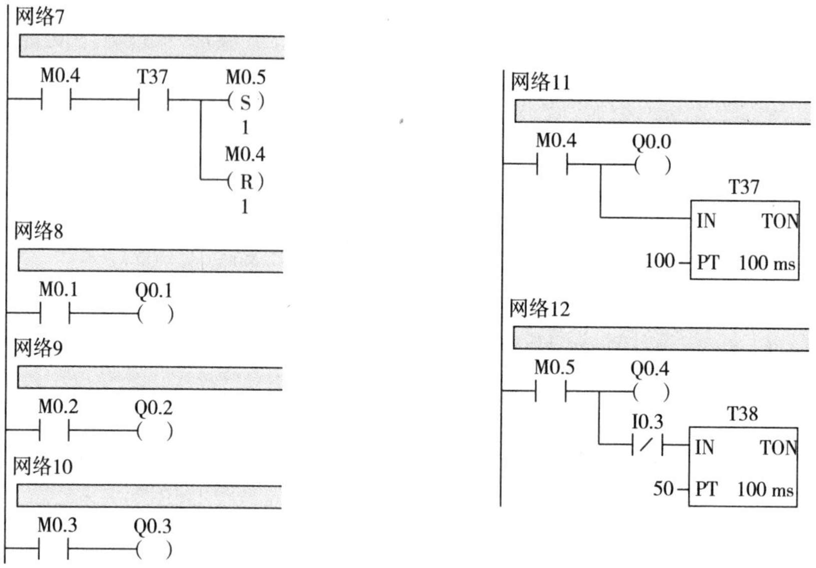

图 3-15　多种液体混合装置控制参考梯形图程序

4. 运行并调试程序。

(1)将步骤 3 中编写的程序在计算机中进行模拟调试。

(2)将计算机与 PLC 的连接电缆接好。

(3)下载程序到 PLC,按下启动按钮 SB1,并分别扳动液位传感器的模拟开关,观察整个系统的工作情况是否符合控制要求。按下停止按钮,观察各个电器的工作情况。

(4)记录并解决调试中遇到的疑难问题。

3.2.5　实训报告要求及评分标准

一、实训报告要求

1. 整理实训操作的结果,按要求写出实训报告。

2. 写出实训中的心得体会。

3. 思考题。

给多种液体混合装置控制系统加上手动/自动功能,试画出顺序功能流程图,并编写梯形图程序。

二、评分标准

表 3-5 实训考核评分表

姓名：	班级：	学号：	工位号：	日期：

考核项目	考核内容	配分	考核要求	得分
多种液体混合装置控制系统	功能图的绘制	15分	能够正确反映控制系统的工作过程，每错一处扣5分； 功能图绘制符合规范，每错一处扣2分	
	编写梯形图程序	15分	按照规定的编程方法编程，符合控制要求，有创新意识，每处不满足扣5分	
	接线	15分	外部接线图正确，并能按照接线图进行接线，每出现一处不合理的扣2分	
	输入、调试程序	15分	能够正确输入程序，调试程序并监控程序的运行，操作不熟练扣5分	
实训报告	编写实训报告	20分	完成报告主要内容，每缺一项扣5分； 字迹不工整扣5分	
安全文明	正确使用工具和设备，无操作不当引起的事故	10分	考评教师掌握	
团结协作	小组成员分工合理，积极参与	10分	考评教师掌握	
考评教师签名：			总分：	

项目 3.3 生产线供料输送控制

3.3.1 实训目的

1. 熟练掌握 PLC 顺序控制的编程方法。
2. 掌握移位寄存器指令及其用法。
3. 利用移位寄存器指令实现生产线供料输送控制。

3.3.2 实训器材

1. 西门子 S7-200 CPU226 PLC 1 台。
2. 计算机 1 台、连接电缆 1 根、编程软件 1 套。
3. 生产线供料输送模块 1 套。
4. 小型旋具 1 套。
5. 导线若干。

3.3.3 预备知识

一、使用移位寄存器指令编程实现顺序功能流程图

单流程的功能流程图各步总是顺序通断，并且同时只有一步接通，因此很容易采用移位

寄存器指令实现这种控制。

对于如图 3-16 所示的顺序功能流程图,可以指定一个两位的移位寄存器,用 M0.1、M0.2 代表有输出的两步,移位脉冲由代表步状态的中间继电器的常开接点和对应的转换条件组成的串联支路并联提供,数据输入端(DATA)的数据由初始步提供。对应的梯形图程序如图 3-17 所示。在梯形图中,将对应步的中间继电器的常闭接点串联连接,可以禁止流程执行的过程中移位寄存器 DATA 端置 1,以免产生误操作信号,从而保证了流程的顺利执行。

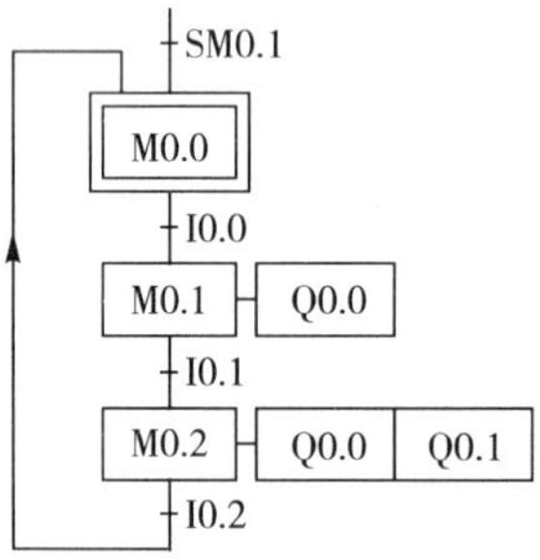

图 3-16　顺序功能流程图

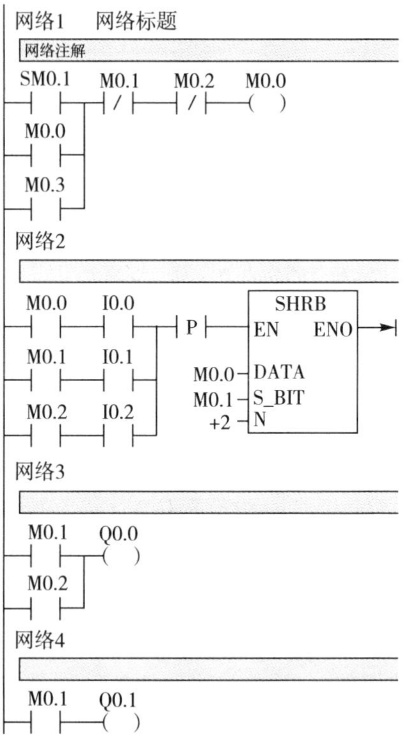

图 3-17　移位寄存器指令编制的梯形图

二、子步的设计

如图 3-18 所示,某一步可以包含一系列子步和转换,通常这些分支表示整个系统的一个完整的子功能。子步的使用使系统的设计者在总体设计时容易抓住系统的主要矛盾,用更加简洁的方式表示系统的整体功能和概貌,而不是一开始就陷入某些细节之中。设计者可以从最简单的对整个系统的全面描述开始,然后画出更详细的功能表图,子步中还可以包含更详细的子步。这使设计方法的逻辑性很强,可以减少设计中的错误,缩短总体设计和查错所需要的时间。

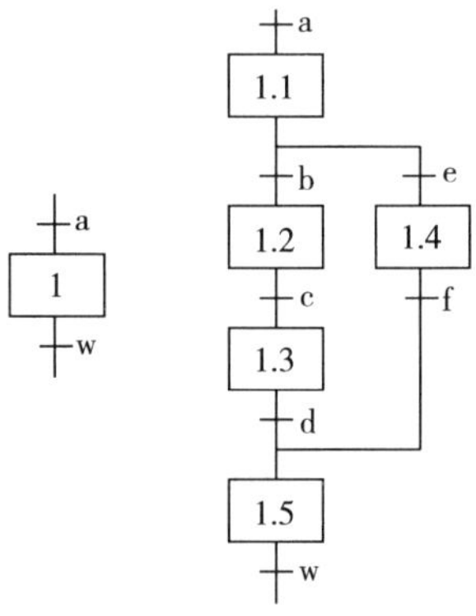

图 3-18　子　步

3.3.4 实训内容

一、任务描述

1. 系统概况。如图 3-19 所示为一典型生产线供料输送系统，它由送料盘和输送带组成。送料盘由送料盘电动机带动，输送带的动力由输送带电动机提供。该系统适用于输送五金、塑料、食品等行业中形状规则、尺寸较小的产品。

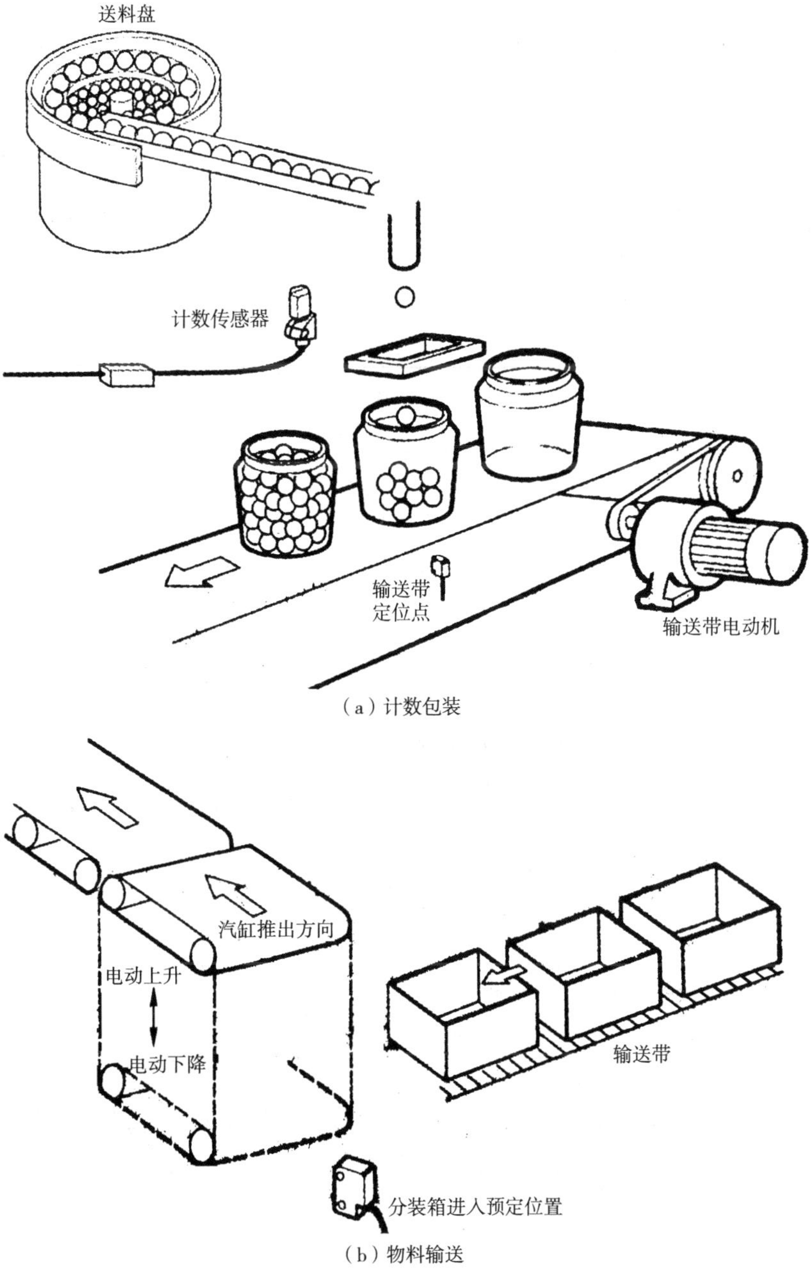

图 3-19 生产线供料输送系统

2.控制要求。

(1)按下启动按钮或系统开机后,包装输送带启动,到达输送带定位点并停止。

(2)定位停止,送料盘启动,经光电开关计数。

(3)根据大小包装选择开关,确定计数数量。当计数数量达到包装要求时,送料盘停止,包装输送带启动,继续下一次计数分装。

(4)包装输送带启动后,同时也会将分装箱送到预定位置,由电动上升装置将分装箱提升,并由气缸将其推出。

(5)按下停止按钮可以实现停机。

二、实训步骤与要求

1.仔细分析生产线供料输送系统工作过程,要求画出顺序功能流程图。

在本项目中,计数包装部分可以采用经验编程法来进行编程,包装箱输送系统采用单序列顺序功能流程图来实现,可供参考的顺序功能流程图如图 3-20 所示。

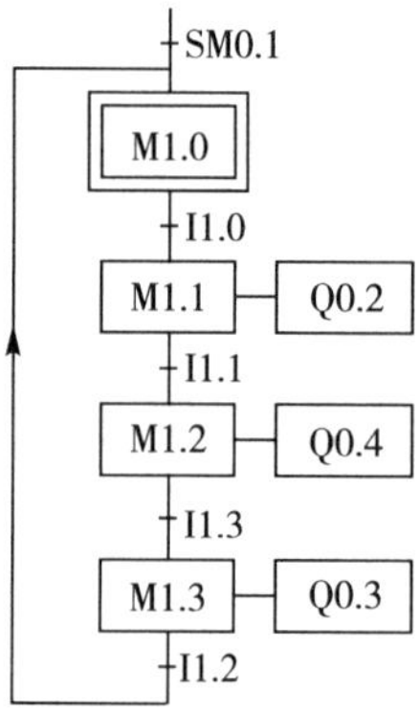

图 3-20 包装输送系统顺序功能流程图

2.I/O 分配情况见表 3-6,并画出 PLC 外部接线图。

表 3-6 输入/输出点的分配

输入信号			输出信号		
名称	符号	对应输入点	名称	符号	对应输入点
启动按钮	SB1	I0.0	送料盘电机	KM1	Q0.0
停止按钮	SB2	I0.1	输送带电机	KM2	Q0.1
包装计数光电开关	B1	I0.2	电动上升	KM3	Q0.2
输送带定位检测开关	B2	I0.3	电动下降	KM4	Q0.3
大小包装计数选择	SA	I0.4	气缸伸出	YA	Q0.4
分装箱进入预定位置检测开关	B3	I0.5			
电动下限位	SQ1	I0.6			
电动上限位	SQ2	I0.7			
气缸伸出限位	B4	I1.0			

3. 根据所画的 PLC 外部接线图，在实验装置上进行接线，并认真检查。

4. 程序设计。根据所画的顺序功能流程图，利用移位寄存器指令实现生产线包装输送系统的控制。要求编写出梯形图程序，参考程序如图 3-21 所示。

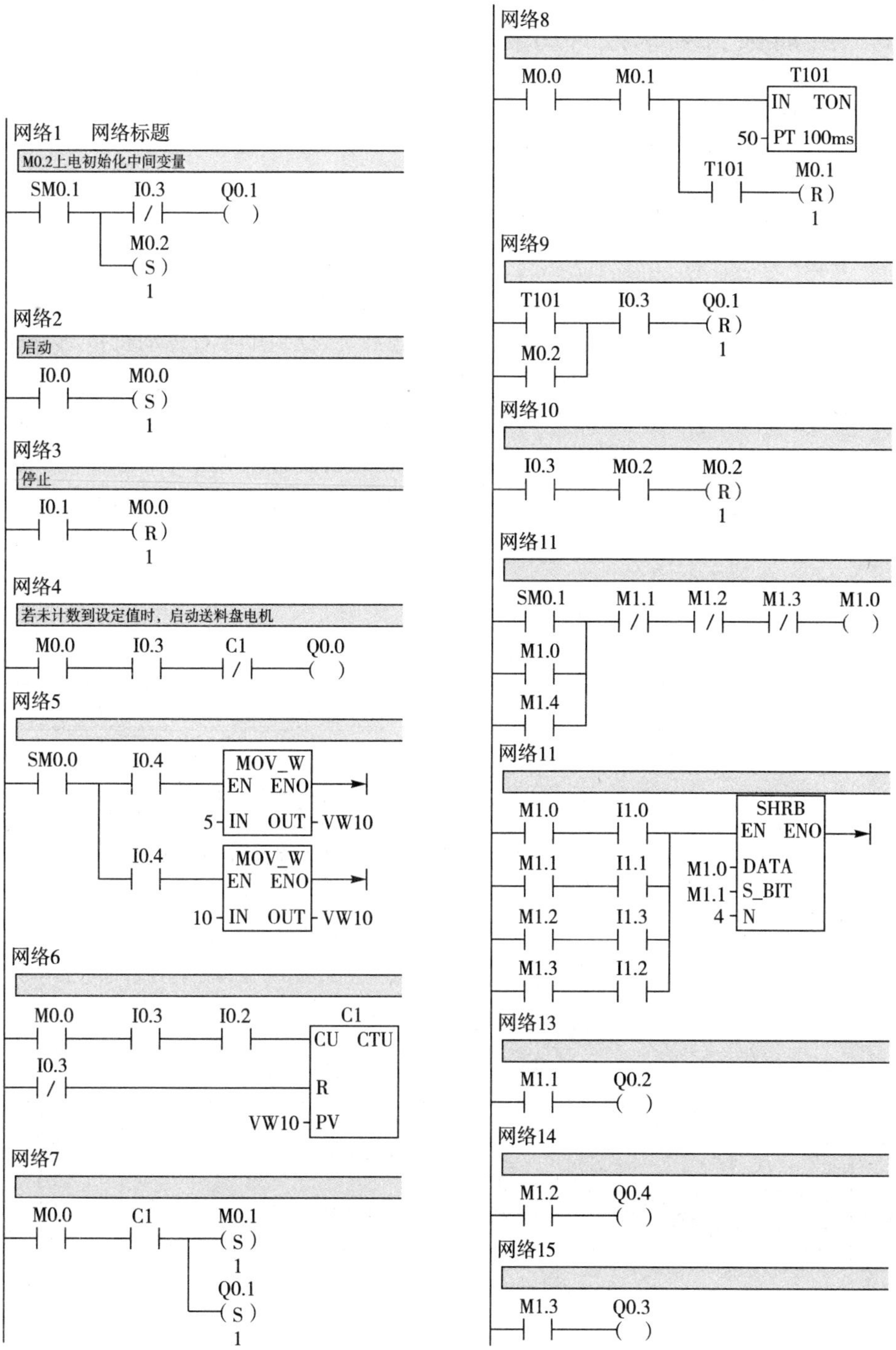

图 3-21　生产线供料输送系统参考程序

5. 程序的调试。利用仿真软件对所编写的程序进行仿真调试。然后将程序下载到 PLC 进行联机调试,并利用软件监控程序的运行。按下启动按钮后,观察各电器的动作情况,并做好记录。

3.3.5 实训报告要求及评分标准

一、实训报告要求

1. 整理实训操作的结果,按要求写出实训报告。

2. 写出实训中的心得体会。

3. 思考题。

(1)在设计顺序功能流程图时,为什么不要考虑状态之间的联锁和双重输出问题?

(2)有一个生产线,用 4 条皮带运输机组成传送系统,分别用 4 台电动机拖动,控制要求如下:启动时先启动最末一条皮带机,经过 5s 延时,再依次启动其他皮带机。停止时应先停止最前一条皮带机,待料运送完毕后,再依次停止其他皮带机。当某条皮带机发生故障时,该皮带机及其前面的皮带机立即停止,而该皮带机以后的皮带机待运完后才停止。例如,若 M2 故障,M1、M2 立即停,经过 5s 延时后,M3 停,再过 5s,M4 停。请仔细分析该工作流程,并实现该功能。

二、评分标准

表 3-7 实训考核评分表

姓名:	班级:	学号:	工位号:	日期:
考核项目	考核内容	配分	考核要求	得分
生产线供料输送控制系统	功能图的绘制	15 分	能够正确反映控制系统的工作过程,每错一处扣 5 分; 功能图绘制符合规范,每错一处扣 2 分	
	编写梯形图程序	15 分	按照规定的编程方法编程,符合控制要求,有创新意识,每处不满足扣 5 分	
	接线	15 分	外部接线图正确,并能按照接线图进行接线,每出现一处不合理的扣 2 分	
	输入、调试程序	15 分	能够正确输入程序,调试程序并监控程序的运行,操作不熟练扣 5 分	
实训报告	编写实训报告	20 分	完成报告主要内容,每缺一项扣 5 分; 字迹不工整扣 5 分	
安全文明	正确使用工具和设备,无操作不当引起的事故	10 分	考评教师掌握	
团结协作	小组成员分工合理,积极参与	10 分	考评教师掌握	
考评教师签名:			总分:	

项目 3.4 汽车清洗装置控制

3.4.1 实训目的

1. 熟练掌握 PLC 的顺序控制的编程方法。
2. 掌握步进顺序控制指令及其用法。
3. 利用步进顺序控制指令实现汽车清洗装置的控制。

3.4.2 实训器材

1. 西门子 S7-200 CPU226 PLC 1 台。
2. 计算机 1 台、连接电缆 1 根、编程软件 1 套。
3. 汽车清洗装置实训模块或网孔板 1 套。
4. 小型旋具 1 套。
5. 导线若干。

3.4.3 预备知识

一、步进顺序控制指令

顺序控制用 3 条指令描述程序的顺序控制步进状态，指令格式如表 3-8 所示。

1. 顺序步开始指令(LSCR)。LSCR 为顺序步开始指令，顺序控制继电器位 $S_{X,Y}=1$ 时，该程序步执行。

2. 顺序步结束指令(SCRE)。SCRE 为顺序步结束指令，顺序步的处理程序在 LSCR 和 SCRE 之间。

3. 顺序步转移指令(SCRT)。使能输入有效时，将本顺序步的顺序控制继电器位清零，下一步顺序控制继电器位置 1。

表 3-8 顺序控制指令格式

LAD	STL	说明
??.? SCR	LSCR n	步开始指令，为步开始的标志。该步的状态元件的位置 1 时，执行该步。
??.? —(SCRT)	SCRT n	步转移指令，使能有效时，关断本步，进入下一步。该指令由转换条件的接点启动，n 为下一步的顺序控制状态元件。
├—(SCRE)	SCRE	步结束指令，为步结束的标志。

使用顺序控制指令时的注意事项：

(1)步进控制指令 SCR 只对状态元件 S 有效。为了保证程序的可靠运行，驱动状态元件 S 的信号应采用短脉冲。

(2)不能把同一编号的状态元件用在不同的程序中。例如,如果在主程序中使用 S0.1,则不能在子程序中再使用。

(3)当输出需要保持时,可使用 S/R 指令。

(4)在 SCR 段中不能使用 JMP 和 LBL 指令。既不允许跳入或跳出 SCR 段,也不允许在 SCR 段内跳转。可以使用跳转和标号指令在 SCR 段周围跳转。

(5)不能在 SCR 段中使用 FOR、NEXT 和 END 指令。

二、利用顺序控制指令描述顺序功能图

利用顺序控制指令编写的程序与顺序功能流程图对应的关系如图 3-22 所示。通常为了自动进入顺序功能流程,利用特殊辅助继电器 SM0.1 将 S0.1 置 1。若某步为活动步时,动作需直接执行,可在要执行的动作前接上 SM0.0 常开触点,避免线圈与左母线直接连接的语法错误。

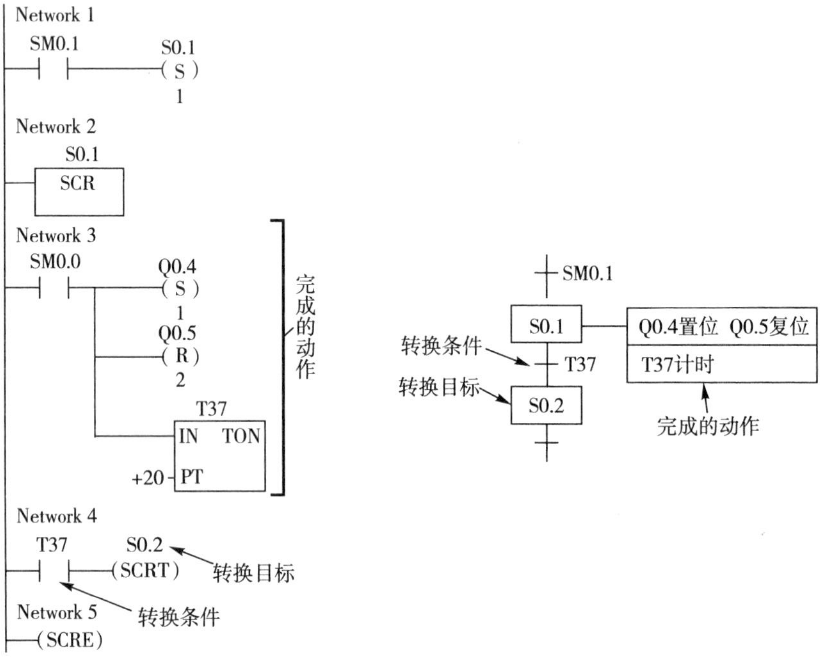

图 3-22 用顺序控制指令描述顺序功能图

三、应用举例

实现红绿灯循环显示的功能,要求循环间隔时间为 1s。使用顺序控制结构,画出顺序功能流程图,并用步进顺序控制指令编写梯形图程序。

1.根据控制要求画出红绿灯顺序显示的功能流程,如图 3-23 所示。启动条件为按钮 I0.0,步进条件为时间,状态步的动作为点红灯,熄绿灯,同时启动定时器,步进条件满足时,关断本步,进入下一步。

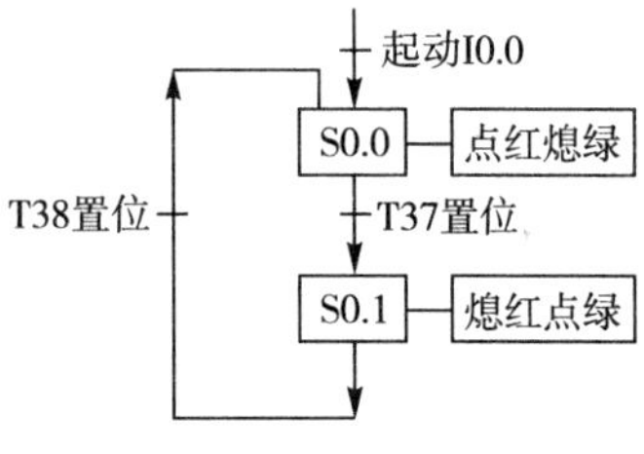

图 3-23 红绿灯顺序显示的功能流程图

2.梯形图程序如图 3-24 所示。

分析:当 I0.0 输入有效时,启动 S0.0,执行程序的第一步,输出 Q0.0 置 1(点亮红灯),Q0.1 置 0(熄灭绿灯),同时启动定时器 T37,经过 1s,步进转移指令使得 S0.1 置 1,S0.0 置 0,程序进入第二步,输出点 Q0.1 置 1(点亮绿灯),输出点 Q0.0 置 0(熄灭红灯),同时启动定时器 T38,经过 1s,步进转移指令使得 S0.0 置 1,S0.1 置 0,程序进入第一步执行。如此周而复始,循环工作。

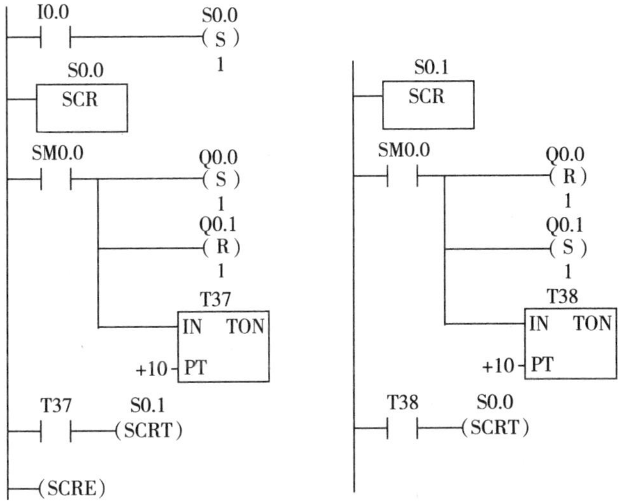

图 3-24 红绿灯顺序显示的梯形图

3.4.4 实训内容

一、任务描述

1.系统概况。某汽车清洗装置如图 3-25 所示。该装置采用“自动”和“手动”2 种控制方式,能够实现轿车的自动和手动清洗。

图 3-25 某汽车清洗装置

2. 工艺要求。洗车过程包含3道工艺:泡沫清洗、清水冲洗和风干。如果选择开关置于"手动"方式,按启动按钮,则执行泡沫清洗;按冲洗按钮,则执行清水冲洗;按风干按钮,则执行风干;按结束按钮,则结束洗车作业。如果选择开关置于"自动"方式,按启动按钮,则自动执行洗车流程:泡沫清洗 20s→清水冲洗 30s→风干 15s→结束→回到待洗状态。洗车过程结束需响铃提示,在任何时候按下停止按钮,则立即停止洗车作业。

二、实训步骤与要求

1. 仔细分析汽车清洗装置的工作过程,要求画出顺序功能流程图。汽车清洗装置参考顺序功能流程图如图3-26所示。

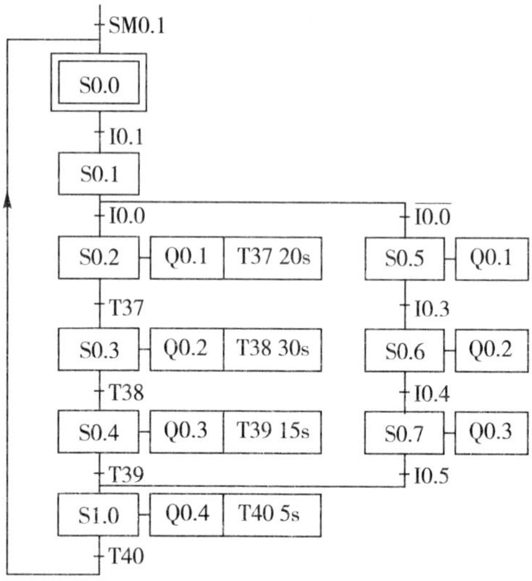

图3-26 汽车清洗装置顺序功能流程图

2. I/O分配情况见表3-9,画出PLC外部接线图。

表3-9 输入/输出点的分配

输入信号			输出信号		
名称	符号	对应输入点	名称	符号	对应输入点
方式选择	SA	I0.0	泡沫清洗电机	KM1	Q0.1
启动按钮	SB1	I0.1	清水冲洗电机	KM2	Q0.2
停止按钮	SB2	I0.2	风干电机	KM3	Q0.3
清水冲洗	SB3	I0.3	声光提示	HA	Q0.4
风干按钮	SB4	I0.4			
结束按钮	SB5	I0.5			

3. 根据所画的PLC外部接线图,在实训设备上安装设备并进行接线。

4. 程序设计。要求用顺序控制指令编写出梯形图程序。由于"手动"和"自动"工作方式只能选择其一,因此使用选择分支来实现。为保证按停止按钮时系统中的所有设备都能够立即停机,需在顺序功能图之外设计停止控制程序。参考程序如图 3-27 所示。

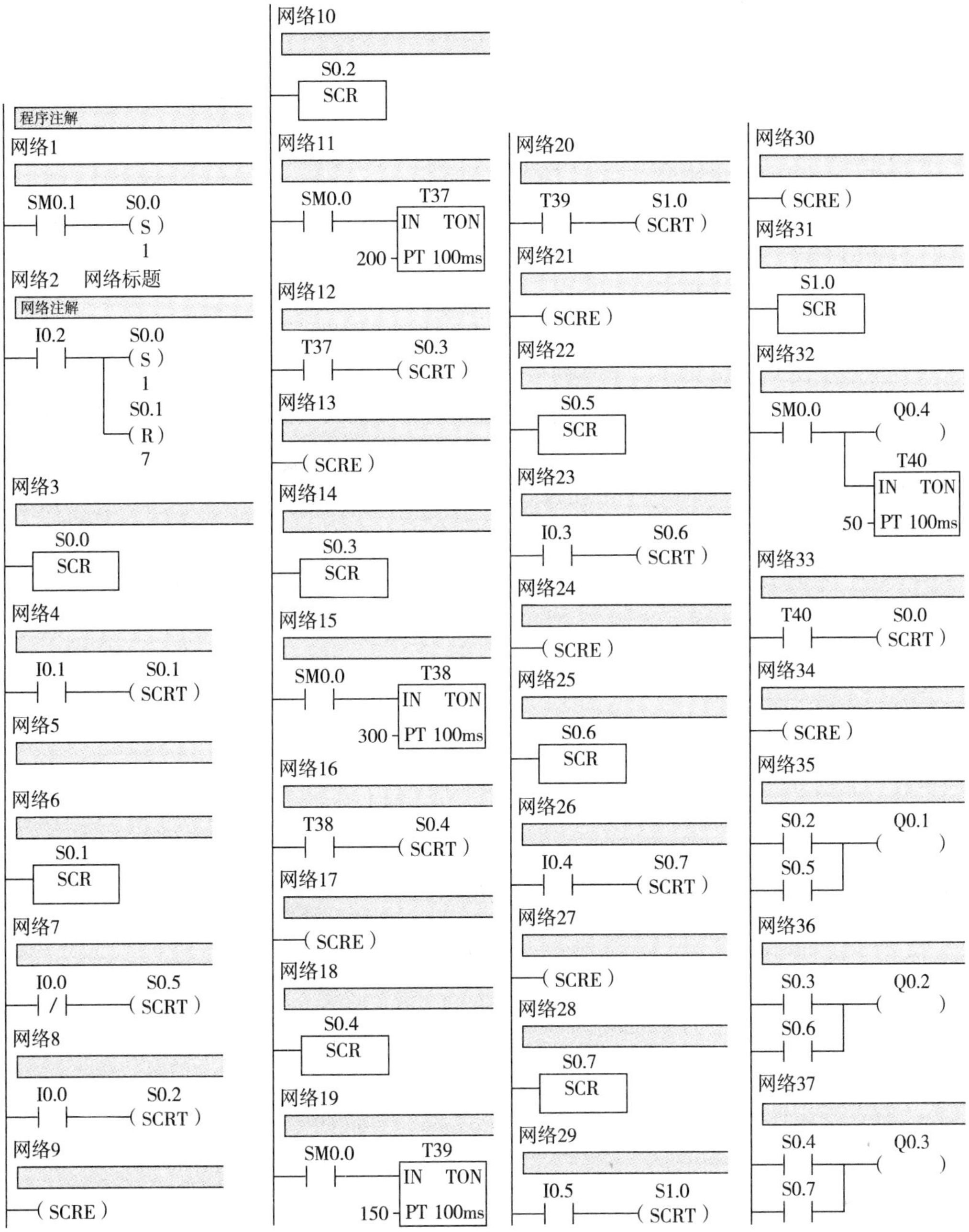

图 3-27 汽车清洗装置参考程序

5. 程序的调试。利用仿真软件对所编写的程序进行仿真调试。然后将程序下载到 PLC 进行联机调试,并利用软件监控程序的运行。按下启动按钮后,观察各电器的动作情况,并做好记录。

3.4.5 实训报告要求及评分标准

一、实训报告要求

1. 整理实训操作的结果,按要求写出实训报告。

2. 写出实训中的心得体会。

3. 思考题。

(1)请用启保停、置位复位或移位寄存器指令编写本项目的汽车清洗装置控制程序。

(2)某汽车清洗装置如图 3-28 所示。汽车清洗装置上有 1 个启动按钮和 1 个车辆检测传感器,当按下启动按钮后,汽车清洗装置就沿着轨道运动,当车辆检测传感器检测到汽车时,就自动打开喷淋器阀门并启动刷子电动机,清洗完毕后自动停止。根据此装置的工作过程,编写 PLC 程序,要求列出 I/O 分配表、接线图和梯形图。

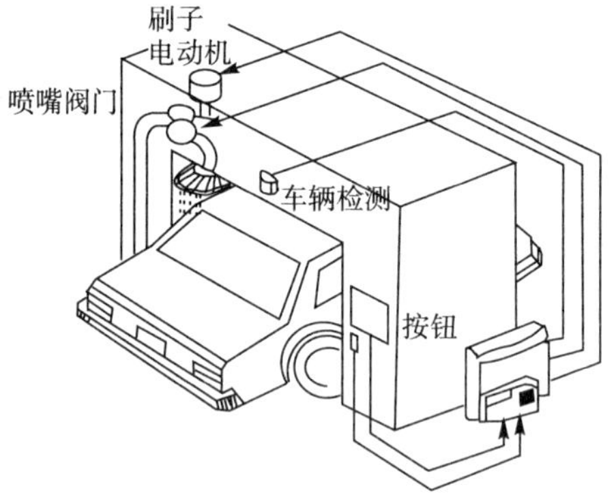

图 3-28 汽车清洗装置

二、评分标准

表 3-10 实训考核评分表

姓名:	班级:	学号:	工位号:	日期:

考核项目	考核内容	配分	考核要求	得分
汽车清洗装置	功能图的绘制	15 分	能够正确反映控制系统的工作过程,每错一处扣 5 分; 功能图绘制符合规范,每错一处扣 2 分	
	编写梯形图程序	15 分	按照规定的编程方法编程,符合控制要求,有创新意识,每处不满足扣 5 分	
	接线	15 分	外部接线图正确,并能按照接线图进行接线,每出现一处不合理的扣 2 分	
	输入、调试程序	15 分	能够正确输入程序,调试程序并监控程序的运行,操作不熟练扣 5 分	
实训报告	编写实训报告	20 分	完成报告主要内容,每缺一项扣 5 分; 字迹不工整扣 5 分	
安全文明	工具使用及安全操作	10 分	考评教师掌握	
团结协作	分工合理,积极参与	10 分	考评教师掌握	
考评教师签名:			总分:	

项目 3.5 多种工作方式运料小车控制

3.5.1 实训目的

1. 熟练掌握 PLC 顺序控制编程方法。
2. 进一步掌握 PLC 编程的技巧和程序调试的方法。
3. 用 PLC 实现多种工作方式运料小车的控制。
4. 初步具备应用 PLC 技术实现一般生产过程控制的能力。

3.5.2 实训器材

1. S7-266 CPU 可编程控制器 1 台。
2. 西门子 PPI 编程线 1 根。
3. 安装 STEP 7-Micro/WIN 编程软件的电脑 1 台。
4. 网孔板或运料小车实训单元 1 个。
5. 连接导线若干。

3.5.3 预备知识

一、跳转指令

1. 指令简介。

JMP:跳转指令,使能输入有效时,把程序的执行跳转到同一程序指定的标号(n)处执行。

LBL:指定跳转的目标标号。

标号 n:0～255。

需要强调的是,跳转指令及标号必须同在主程序内或在同一子程序内。同一中断服务程序内,不可由主程序跳转到中断服务程序或子程序,也不可由中断服务程序或子程序跳转到主程序。

2. 跳转指令的使用。如图 3-29(a)所示,当 JMP 条件满足时(即 I0.0 为 ON 时),程序跳转执行 LBL 标号以后的指令,而在 JMP 和 LBL 之间的指令一概不执行,在这个过程中,即使 I0.1 接通,也不会有 Q0.1 输出。若 JMP 条件不满足,则当 I0.1 接通时,Q0.1 有输出。

JMP、LBL 指令在工业现场控制中常用于工作方式的选择。如图 3-29(b)所示,当I0.0 为 ON 时,将跳过手动程序,执行自动程序;当 I0.0 为 OFF 时,将执行手动程序,跳过自动程序。

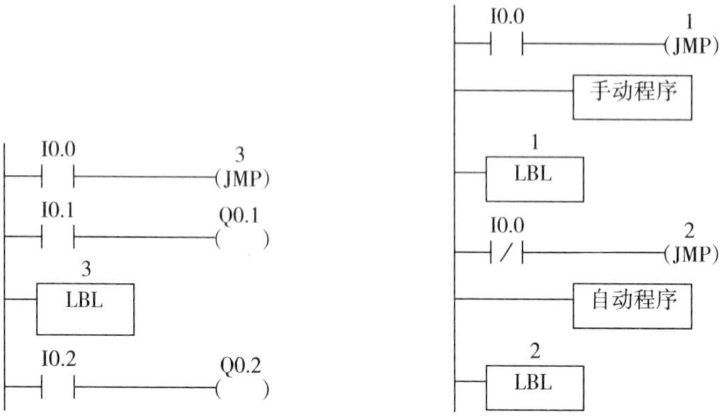

(a)　　　　　　　　　　(b)

图 3-29　跳转指令的使用

二、选择分支顺序功能流程图的编程方法举例

如图 3-30 所示为选择分支顺序功能流程图,其对应的梯形图程序如图 3-31、图 3-32、图 3-33所示。

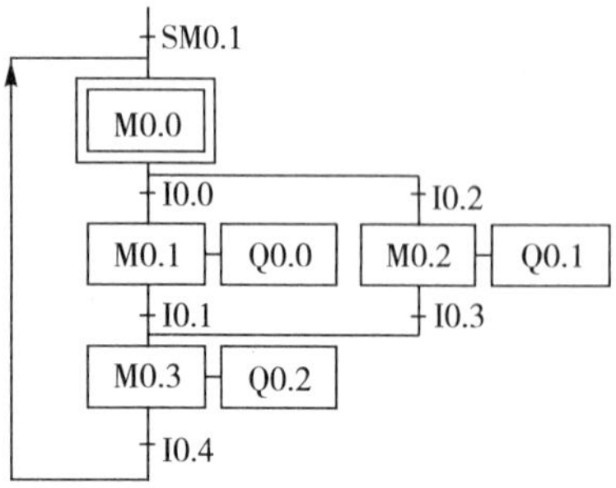

图 3-30　选择分支顺序功能流程图示例

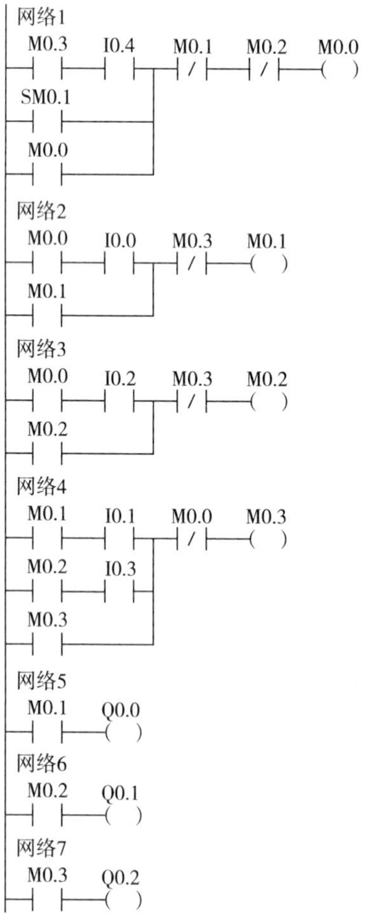

图 3-31　使用启保停电路模式的编程

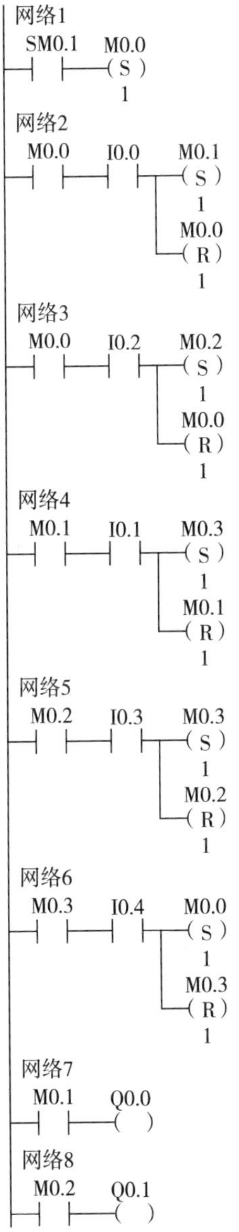

图 3-32 使用置位、复位指令的编程

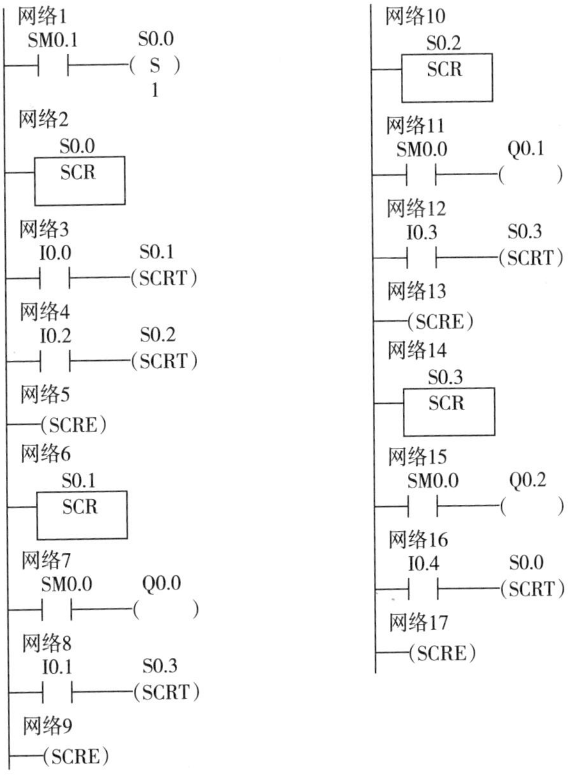

图 3-33 使用顺序控制指令的编程

3.5.4 实训内容

一、任务描述

1. 系统概况。运料小车工作示意图如图 3-34 所示。该设备采用手动、单周期和连续 3 种操作方式。

2. 工艺要求。在运料小车处于后限位开关位置时，SQ2 被压合，此时底门关闭。按下启动按钮后，运料小车向前运行。运行到翻斗下方时，前限位开关 SQ1 被压合，运料小车停下。翻斗门打开装料,7s 后关闭翻斗门。运料小车向后运行,当运行到后限位位置时,压下后限位开关 SQ2,运料小车停下。打开运料小车的底门进行卸料,5s 后底门关闭,完成一个循环的动作。

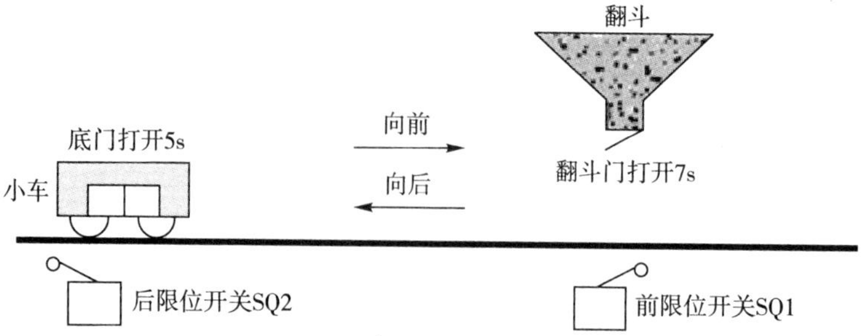

图 3-34 运料小车工作示意图

要求实现运料小车的运行控制,并具有以下几种操作方式:

(1)手动操作方式:用各自的控制按钮,一一对应地接通或断开各执行部件。

(2)单周期操作方式:按下启动按钮,运料小车运行一次后,停在后限位位置,等待下次启动。

(3)连续操作方式:按下启动按钮,小车自动连续往复运动。

二、实训步骤与要求

1. 仔细分析运料小车的工作过程,画出顺序功能流程图,运料小车单周期和连续操作方式下的顺序功能流程图如图 3-35 所示。

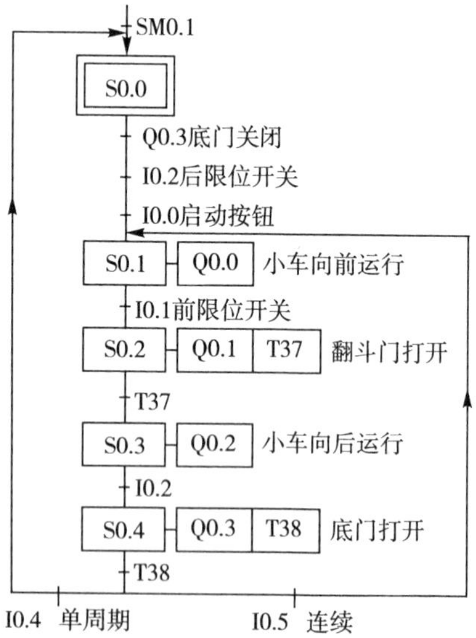

图 3-35 运料小车的顺序功能流程图

2. I/O 分配情况见表 3-11,并画出 PLC 外部接线图。根据运料小车的控制要求及工作示意图可知,系统启动以及手动操作时,需要配置操作按钮,工作方式选择使用单刀三掷开关,小车的位置由前后限位开关检测。由于小车前后运行由三相异步电动机拖动,所以由 KM1 和 KM2 控制,翻斗门和底门由电磁机构 YA1 和 YA2 控制,故运料小车的 I/O 分配表如表 3-11 所示。

表 3-11 输入/输出点的分配

输入信号			输出信号		
名称	符号	对应输入点	名称	符号	对应输入点
启动按钮	SB	I0.0	小车向前运行	KM1	Q0.0
前限位开关	SQ1	I0.1	翻斗门打开	YA1	Q0.1
后限位开关	SQ2	I0.2	小车向后运行	KM2	Q0.2
手动	SA-1	I0.3	底门打开	YA2	Q0.3
单周期	SA-2	I0.4			
连续	SA-3	I0.5			
小车向前按钮	SB1	I0.6			
小车向后按钮	SB2	I0.7			
开翻斗门按钮	SB3	I1.0			
开底门按钮	SB4	I1.1			

3. 根据所画的 PLC 外部接线图，在实训设备上安装设备并进行接线。

4. 根据控制要求进行程序设计。运料小车的参考程序总体结构如图 3-36 所示，其中包括手动程序和自动程序 2 个程序块，由跳转指令选择执行。当方式选择开关接通手动操作方式时，执行手动程序；当方式选择开关接通单周期或连续操作方式时，使程序跳过手动程序而选择执行自动程序。

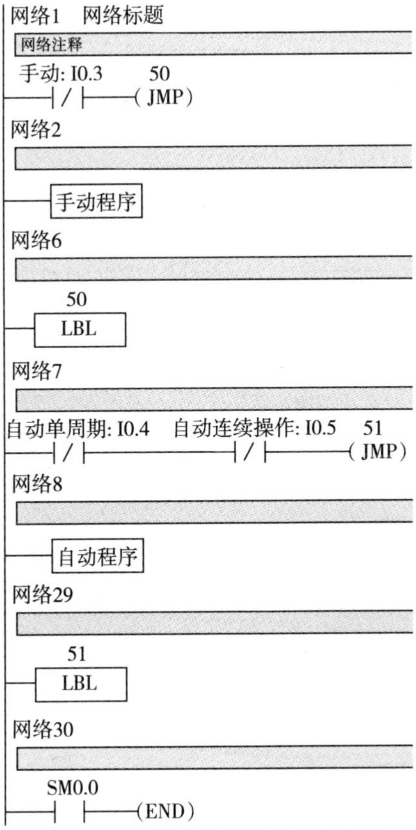

图 3-36 运料小车的程序总体结构

运料小车手动部分参考程序如图 3-37 所示,小车、翻斗门、底门可以分别用各自的操作按钮进行控制。运料小车自动运行部分参考程序如图 3-38 所示。

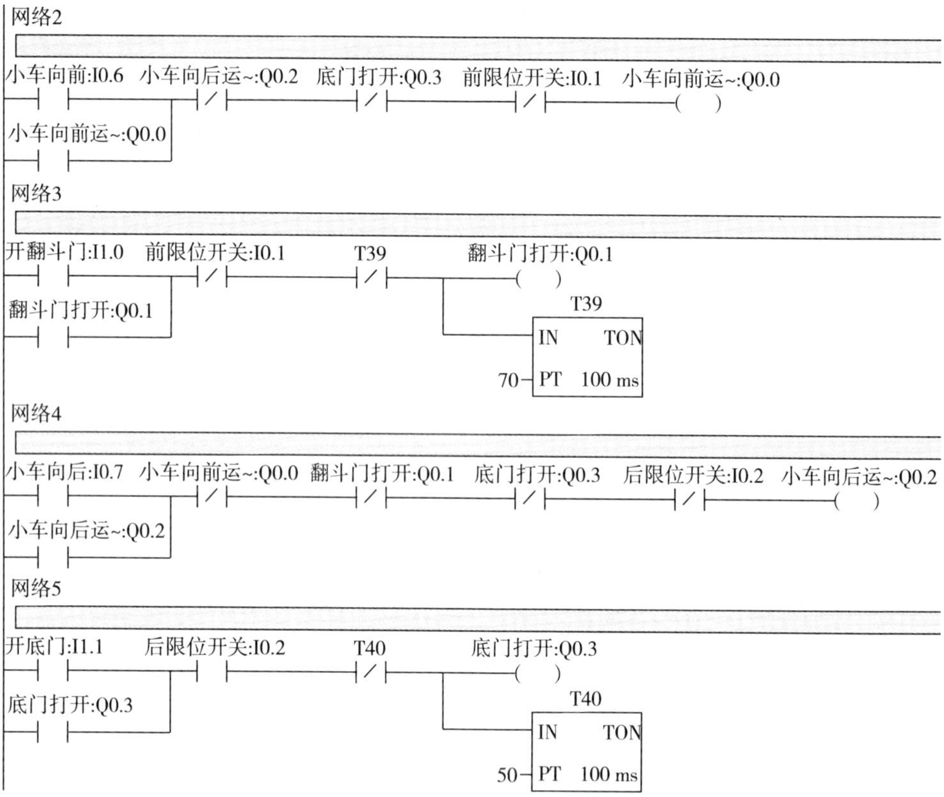

图 3-37 运料小车手动参考程序

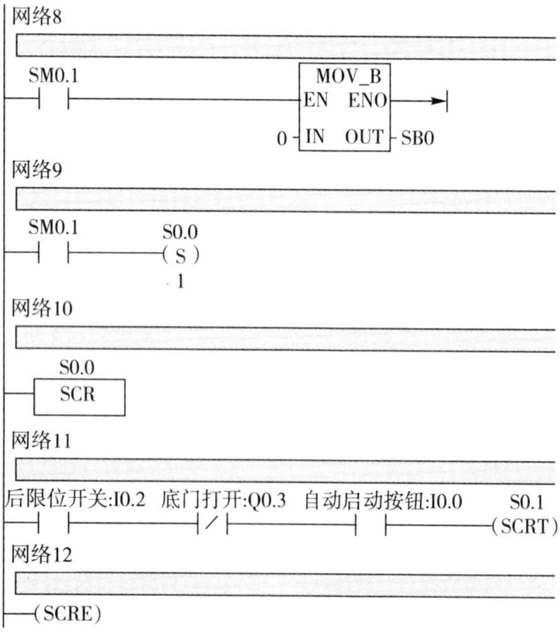

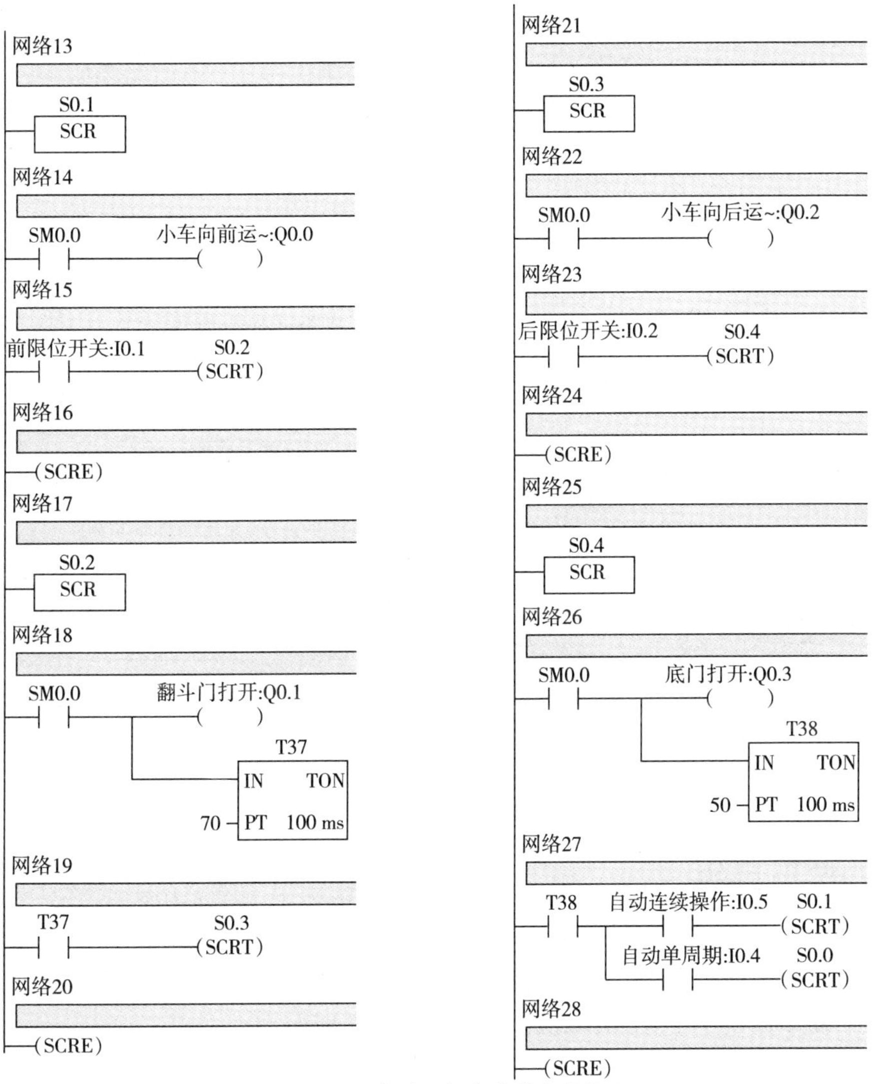

图 3-38　自动运行方式的参考程序

5.程序的调试。利用仿真软件对所编写的程序进行仿真调试。然后将程序下载到 PLC 进行联机调试,并利用软件监控程序的运行。按下启动按钮后,观察各电器的动作情况,并做好记录。

3.5.5　实训报告要求及评分标准

一、实训报告要求

1.整理实训操作的结果,按要求写出实训报告。

2.写出实训中的心得体会。

3.思考题。

(1)请用启保停、置位复位或移位寄存器指令编写本项目的控制程序。

(2)给运料小车增加急停功能,当系统出现异常时,按下急停按钮后,系统立即停止工作。当再次启动时,小车必须回到后限位并且打开底门 5s 后再关闭。请学生讨论并修改程序。

二、评分标准

表 3-12　实训考核评分表

姓名：	班级：	学号：	工位号：	日期：
考核项目	考核内容	配分	考核要求	得分
运料小车控制	功能图的绘制	15 分	能够正确反映控制系统的工作过程，每错一处扣 5 分； 功能图绘制符合规范，每错一处扣 2 分	
	编写梯形图程序	15 分	按照规定的编程方法编程，符合控制要求，有创新意识，每处不满足扣 5 分	
	接线	15 分	外部接线图正确，并能按照接线图进行接线，每出现一处不合理的扣 2 分	
	输入、调试程序	15 分	能够正确输入程序，调试程序并监控程序的运行，操作不熟练扣 5 分	
实训报告	编写实训报告	20 分	完成报告主要内容，每缺一项扣 5 分； 字迹不工整扣 5 分	
安全文明	工具使用及安全操作	10 分	考评教师掌握	
团结协作	分工合理，积极参与	10 分	考评教师掌握	
考评教师签名：			总分：	

项目 3.6　十字路口交通灯控制

3.6.1　实训目的

1. 进一步熟悉 PLC 的基本指令，重点熟悉定时器和计数器的使用方法。
2. 掌握时序控制的设计和调试方法。
3. 进一步掌握顺序控制设计法及顺序功能流程图的画法。
4. 掌握十字路口交通灯的控制原理以及程序设计和调试的方法。

3.6.2　实训器材

1. S7-266 CPU 可编程控制器 1 台。
2. 西门子 PPI 编程线 1 根。
3. 安装 STEP 7-Micro/WIN 编程软件的电脑 1 台。
4. 数字量输入开关板 1 块。
5. 交通灯模拟单元盒 1 个。
6. 各种导线若干。

3.6.3　预备知识

一、时序图设计法

用时序图设计法设计程序的步骤如下：

1.分析控制要求，确定I/O信号，合理选择PLC机型。

2.明确各输入输出信号之间的时序关系，画出工作时序图。

3.将时序图划分为若干时间段，并确定时间段的长短，找出时间段的分界点，确定分界点处各输出信号状态的转换关系和转换条件。

4.确定需要的定时器的数量，分配编号，确定定时器的功能、设定值。

5.进行输入输出点的分配。

6.设计梯形图。

二、并行分支顺序功能流程图的编程方法举例

如图3-39所示为并行分支顺序功能流程图。其对应的梯形图程序如图3-40、图3-41、图3-42所示。

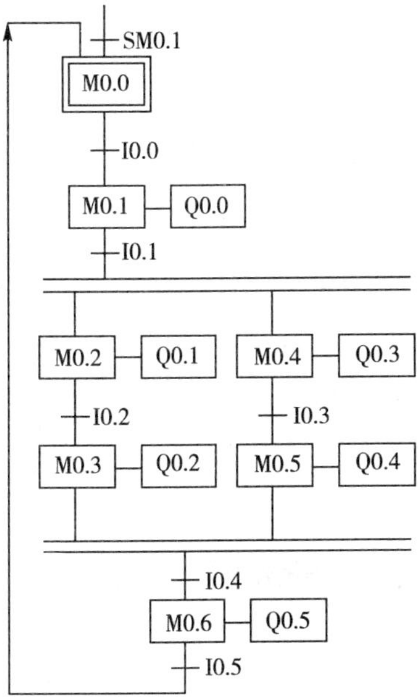

图3-39　并行分支顺序功能流程图

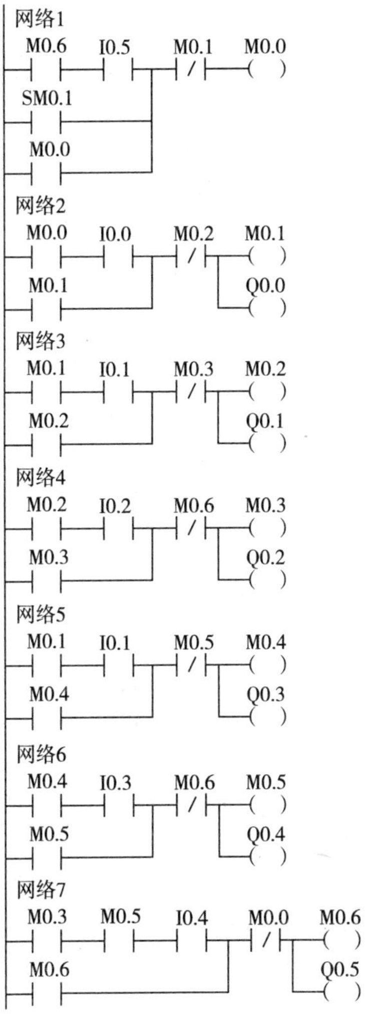

图3-40　用启保停电路实现并行分支顺序功能流程图

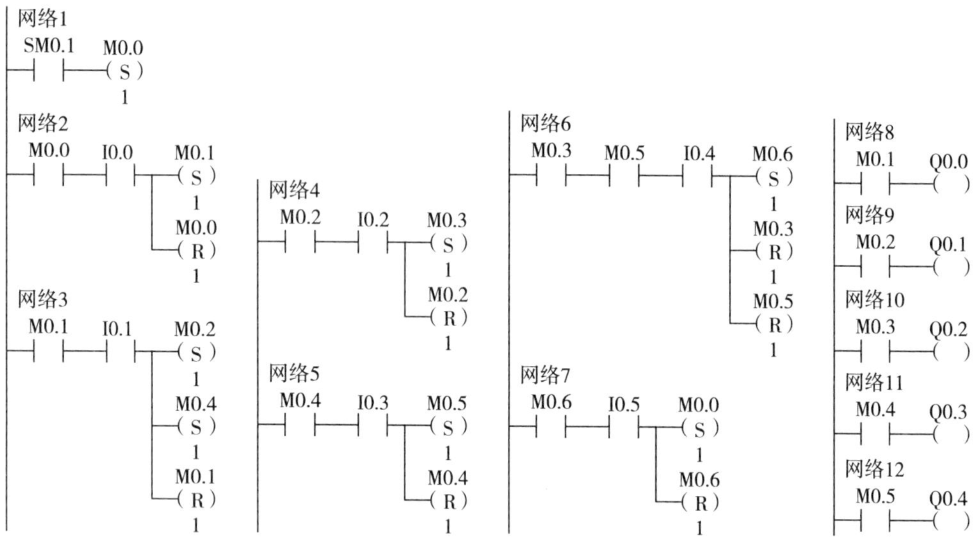

图 3-41 用置位复位指令实现并行分支顺序功能流程图

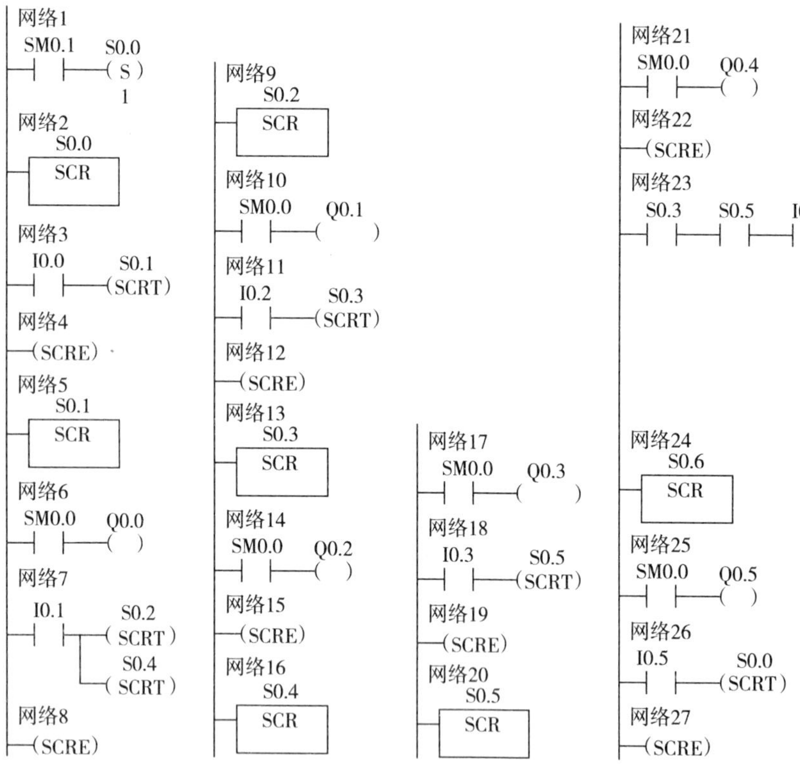

图 3-42 用顺序控制指令实现并行分支顺序功能流程图

3.6.4 实训内容

一、任务描述

1. 十字路口交通灯示意图和工作时序。在城市十字路口的东、西、南、北方向都装设了红、绿、黄三色交通信号灯;为了交通安全,红、绿、黄灯必须按照一定时序轮流发亮。试设计、安装与调试十字路口交通信号灯控制电路。交通灯示意图和交通灯时序图如图 3-43、图 3-44所示。

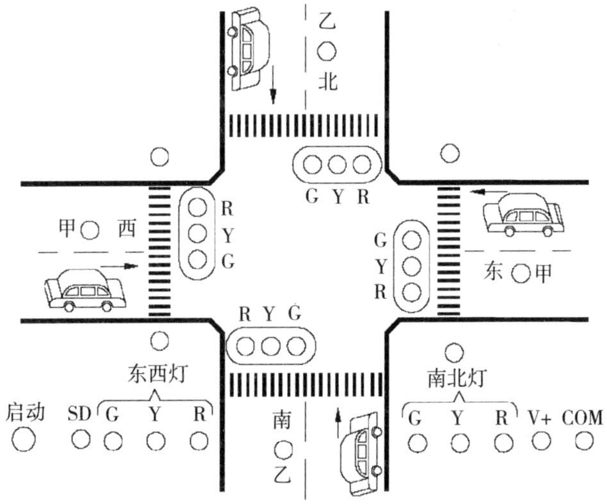

图 3-43 十字路口交通信号灯示意图

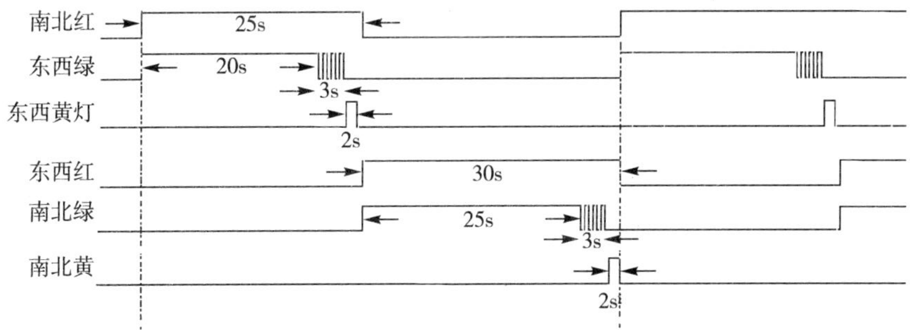

图 3-44 十字路口交通信号灯工作时序

2.十字路口交通信号灯示控制要求。

(1)启动。当按下启动按钮时,信号灯系统开始工作。

(2)停止。当需要信号灯系统停止工作时,按下停止按钮即可。

(3)信号灯正常时序。

①信号灯系统开始工作时,南北红灯亮,同时东西绿灯亮。

②南北红灯亮并维持 25s,在南北红灯亮的同时,东西绿灯也亮,并维持 20s,20s 后,东西绿灯闪亮 3s(亮 0.5s、熄 0.5s),绿灯闪亮 3s 后熄灭,东西黄灯亮并维持 2s,2s 后,东西红灯亮,南北绿灯亮。

③东西红灯亮并维持 30s,南北绿灯亮并维持 25s,到 25s 时,南北绿灯闪亮 3s 后熄灭,南北黄灯亮,并维持 2s,到 2s 时,南北黄灯熄灭,南北红灯亮,同时东西红灯熄灭,东西绿灯亮,开始第二个周期的动作。

④以后不断循环,直到停止按钮被按下为止。

二、实训步骤与要求

1. 十字路口交通信号灯的输入/输出点的分配见表3-13。

表3-13　输入/输出点的分配

输入信号			输出信号		
名称	符号	对应输入点	名称	符号	对应输入点
启动按钮	SB1	I0.0	南北绿灯	HL1/HL2	Q0.0
停止按钮	SB2	I0.1	南北黄灯	HL3/HL4	Q0.1
			南北红灯	HL5/HL6	Q0.2
			东西绿灯	HL7/HL8	Q0.4
			东西黄灯	HL9/HL10	Q0.5
			东西红灯	HL11/HL12	Q0.6

2. PLC外部接线图如图3-45所示。按照接线图在实训装置上进行接线。

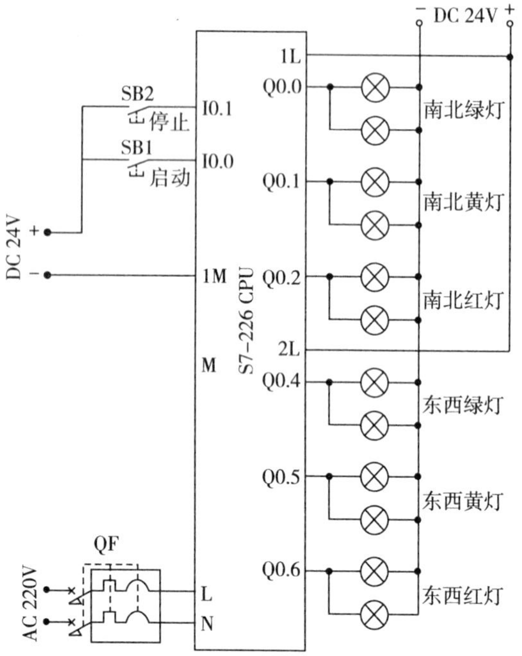

图3-45　十字路口交通灯控制PLC外部接线图

3. 程序设计。认真分析时序图,按下列要求编写程序。

(1)用时序图设计法设计十字路口交通灯的控制程序,参考程序如图3-46所示。

(2)利用顺序控制并行分支的设计方法,设计十字路口交通灯控制顺序功能流程图。

(3)按照十字路口交通灯控制的顺序功能流程图,编写出相应的梯形图程序。

4. 运行并调试程序。

(1)将上述3中编写的程序在计算机中进行模拟调试。

(2)将计算机与PLC的连接电缆接好。

(3)下载程序到PLC,按下启动按钮SB1,观察整个系统各个方向的指示灯工作情况,检查是否符合控制要求。按下停止按钮,观察系统的变化情况。

(4)记录并解决调试中遇到的疑难问题。

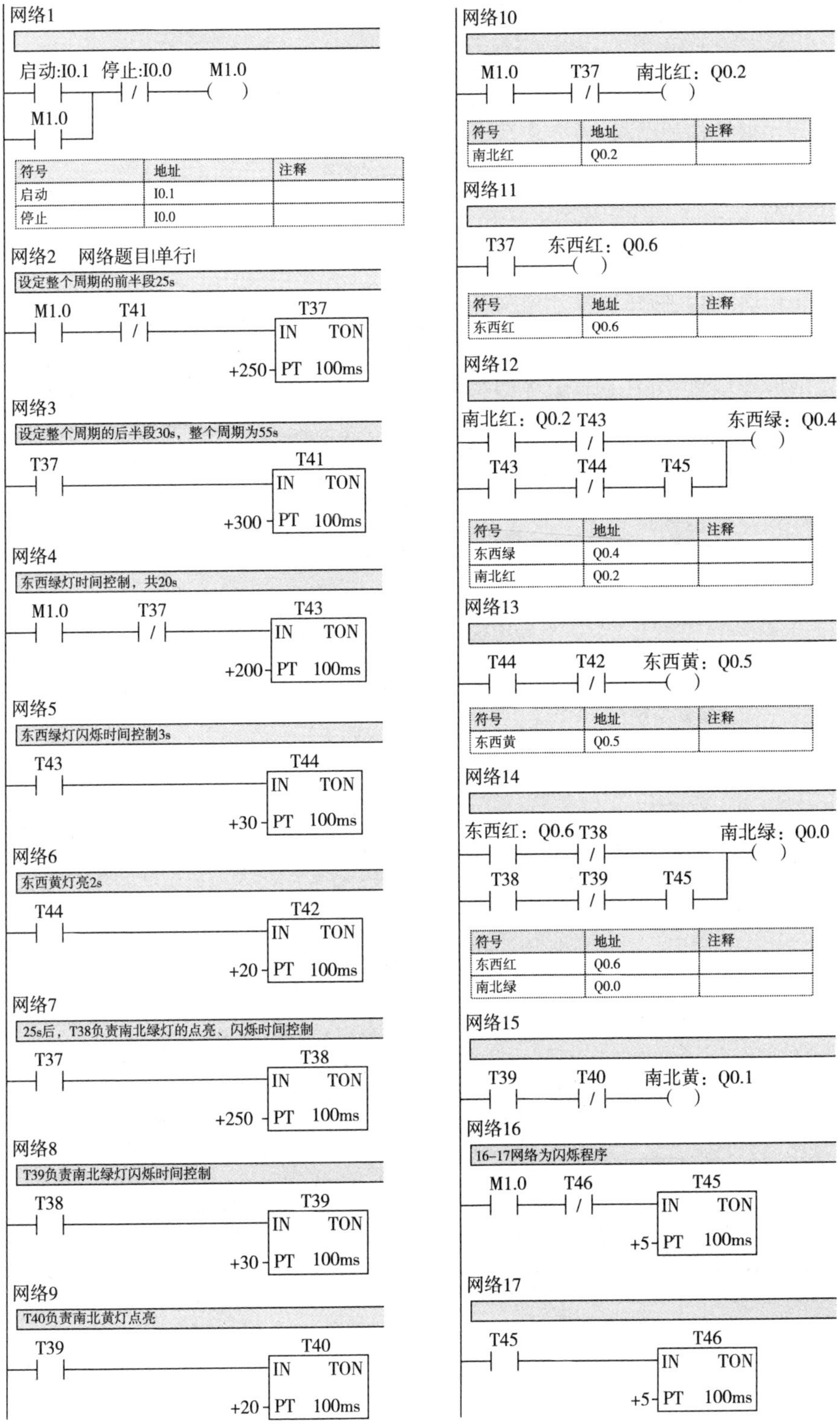

图 3-46 十字路口交通灯控制时序图法编程参考程序

3.6.5 实训报告要求及评分标准

一、实训报告要求

1. 整理实训操作的结果,按要求写出实训报告。

2. 写出实训过程中的心得体会。

3. 思考题。

给十字路口交通灯控制增加一个紧急行车控制,试设计程序。具体控制要求如下:紧急行车信号由东西、南北两路信号开关发出,当无紧急行车时,交通灯仍按上述正常次序控制。当有任何一路紧急行车信号发出(信号开关 ON)时,不管原来交通灯的状况如何,一律强制让行车方向的绿灯亮,给有紧急情况的车放行。紧急车通过后,将信号开关断开,交通灯的状态立即转为紧急车放行方向上的绿灯灯闪 3 次,随后恢复原来的正常次序控制。紧急行车信号只能响应一个方向的通行要求,若有两个方向先后来紧急车,则先响应先来的一路,随后再响应后来的一路。

二、评分标准

表 3-14 实训考核评分表

姓名:	班级:	学号:	工位号:	日期:
考核项目	考核内容	配分	考核要求	得分
十字路口交通灯控制系统	功能图的绘制	15 分	能够正确反映控制系统的工作过程,每错一处扣 5 分; 功能图绘制符合规范,每错一处扣 2 分	
	编写梯形图程序	15 分	按照规定的编程方法编程,符合控制要求,有创新意识,每处不满足扣 5 分	
	接线	15 分	外部接线图正确,并能按照接线图进行接线,每出现一处不合理的扣 2 分	
	输入、调试程序	15 分	能够正确输入程序,调试程序并监控程序的运行,操作不熟练扣 5 分	
实训报告	编写实训报告	20 分	完成报告主要内容,每缺一项扣 5 分; 字迹不工整扣 5 分	
安全文明	正确使用工具和设备、无操作不当引起的事故	10 分	考评教师掌握	
团结协作	小组成员分工合理,积极参与	10 分	考评教师掌握	
考评教师签名:			总分:	

项目3.7 步进电机控制

3.7.1 实训目的

1. 了解步进电机、驱动器及其使用方法。

2. 进一步学习高速脉冲指令的使用和编程方法。

3. 掌握用 PLC 控制步进电机的基本方法。

3.7.2 实训所需器材

1. S7-200 PLC CPU226 可编程控制器 1 台。

2. 西门子 PPI 编程线 1 根。

3. 安装 STEP 7-Micro/WIN 编程软件的电脑 1 台。

4. 步进电机驱动器 1 台，步进电机实训模拟单元盒 1 个。

5. 连接导线若干。

3.7.3 预备知识

一、步进电机的基本概念

1. 步进电机的概念。步进电机作为执行元件，是机电一体化的关键产品之一，广泛应用于各种自动化控制系统中。步进电机是一种将电脉冲转化为角位移的执行机构。当步进驱动器接收到一个脉冲信号时，它就驱动步进电机按设定的方向转动一个固定的角度(称为“步距角”)，它的旋转是以固定的角度一步一步运行的。

可以通过控制脉冲个数来控制角位移量，从而达到准确定位的目的；同时可以通过控制脉冲频率来控制电机转动的速度和加速度，从而达到调速的目的。步进电机可以作为一种控制用的特种电机，利用其没有积累误差(精度为100%)的特点，广泛应用于各种开环控制。

现在比较常用的步进电机包括反应式步进电机(VR)、永磁式步进电机(PM)、混合式步进电机(HB)和单相式步进电机等。

2. 步进电机的基本参数。

(1)电机固有步距角。固有步距角表示控制系统每发出一个步进脉冲信号，电机所转动的角度。

(2)步进电机的相数。相数是指电机内部的线圈组数，目前常用的有二相、三相、四相、五相步进电机。电机相数不同，其步距角也不同，一般二相电机的步距角为 0.9°/1.8°、三相的步距角为 0.75°/1.5°、五相的步距角为 0.36°/0.72°。

(3)保持转矩。保持转矩是指步进电机通电但没有转动时，定子锁住转子的力矩。它是步进电机最重要的参数之一，通常步进电机在低速时的力矩接近保持转矩。由于步进电机的输出力矩随速度的增大而不断衰减，输出功率也随速度的增大而变化，所以保持转矩就成为衡量步进电机最重要的参数之一。

二、步进电机PLC控制系统组成

步进电机的控制系统由PLC、步进电机驱动器、步进电机等组成，如图3-47所示。图中的控制器一般可以是PLC、单片机、位置控制模块等，用于产生步进电机所需的脉冲和方向信号。步进驱动器主要对控制器送来的脉冲和方向信号进行放大和分配，以驱动步进电机。步进电机按照步进驱动器分配来的驱动信号工作。

步进驱动器按照控制器发来的脉冲/方向指令（弱电信号）对电机线圈电流（强电）进行控制，从而控制电机转轴的位置和速度。根据步进电机的工作原理，脉冲指令要实现对步进电机运转的控制，必须解决以下2个问题：

（1）将指令脉冲按通电状态相序的要求进行分配，变脉冲串为各相通电状态串。

（2）对脉冲进行功率放大，提供足够的驱动电流。

解决这2个问题主要由步进电机的驱动电路实现，驱动电路主要包括环行分配器和功率放大器，如图3-47所示。

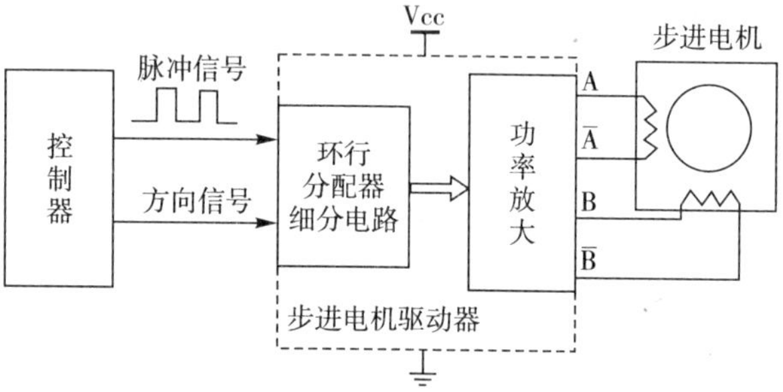

图3-47 步进电机控制系统

步进驱动器通常有整步、半步和细分3种基本的步进驱动模式。细分的主要目的是为了提高定位的精度。

三、PLC的高速脉冲输出

步进驱动器所需的脉冲和方向信号是由PLC发出的。对于晶体管输出类型的S7-200 PLC的CPU，可以提供2个高速脉冲输出点，分别为Q0.0和Q0.1。这2个输出点可以工作在高速脉冲串（PTO）或脉宽调制（PWM）状态下。当Q0.0或Q0.1被设定为PTO或PWM功能时，其他操作均失效。不使用PTO/PWM发生器时，Q0.0或Q0.1作为普通输出端子使用。通常在启动PTO或PWM操作之前，用复位R指令将Q0.0或Q0.1清零。

PTO可以输出一串脉冲，用户可以控制脉冲的周期和个数。PWM可以连续输出一串占空比可调的脉冲，用户可以控制脉冲的周期和脉宽（占空比）。如图3-48所示，当输出为PTO操作时，生成一个50%占空比脉冲串，用于步进电机或伺服电机的速度和位置的开环控制。

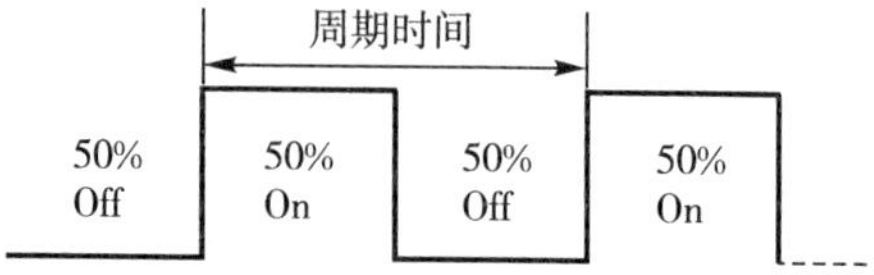

图3-48 方波输出

1. PTO 脉冲发出的方式。内置 PTO 功能提供了脉冲串输出，脉冲周期和数量可由用户控制，允许多个脉冲串排队输出，从而形成流水线。流水线分为单段流水线和多段流水线 2 种。

(1)单段流水线。单段流水线是指流水线中每次只能存储一个脉冲串的控制参数，初始 PTO 段一旦启动，必须按照对第二个波形的要求立即刷新特殊存储器，并再次执行 PLS 指令。在第一个脉冲串完成后，第二个脉冲串输出立即开始，重复这一步骤可以实现多个脉冲串的输出。各脉冲串可以采用不同的时间基准，但有可能造成脉冲串之间的不平稳过渡。

(2)多段流水线。多段流水线是指在 PLC 的变量存储区 V 建立一个包络表。包络表 Profile 是一个预先定义的横坐标为位置、纵坐标为速度的曲线，是运动的图形描述。包络表存放每个脉冲串的参数，执行 PLS 指令时，S7-200 PLC 自动按包络表中的顺序及参数进行脉冲串输出。包络表中每段脉冲串的参数占用 8 个字节，由一个 16 位周期值(2 字节)、一个 16 位周期增量值 Δ(2 字节)和一个 32 位脉冲计数值(4 字节)组成。表 3-15 为多段流水线的包络表，表中每段的周期增量 Δ 可由下式获得。

$$段周期增量\ \Delta=|段终止周期-段初始周期|/脉冲数量$$

多段流水线的特点是编程简单，能够通过指定脉冲的数量自动增加或减少周期。周期增量值 Δ 为正值会增加周期，周期增量值 Δ 为负值会减少周期，若 Δ 为零，则周期不变。在包络表中的所有脉冲串必须采用同一时间基准，执行时，包络表的各段参数不能改变。多段流水线常用于步进电机的控制。

表 3-15 多段流水线的包络表格式

从包络表起始地址的字节偏移	段	说明
VBn		总段数(1～255)；数值 0 产生非致命错误，无 PTO 输出
VBn+1	段 1	初始周期(2～65535 个时基单位)
VBn+3		每个脉冲的周期增量 Δ(符号整数：−32768 至 32767 个时基单位)
VBn+5		脉冲数(1～4294967295)
VBn+9	段 2	初始周期(2～65535 个时基单位)
VBn+11		每个脉冲的周期增量 Δ(符号整数：−32768～32767 个时基单位)
VBn+13		脉冲数(1～4294967295)
VBn+17	段 3	初始周期(2～65535 个时基单位)
VBn+19		每个脉冲的周期增量值 Δ(符号整数：−32768～32767 个时基单位)
VBn+21		脉冲数(1～4294967295)

2. 设置 Q0.0 和 Q0.1 的功能。Q0.0 和 Q0.1 输出端子的高速输出功能通过对 PTO/PWM 寄存器的不同设置来实现。PTO/PWM 寄存器由 SM66～SM85 特殊存储器组成，它们的作用是监视和控制脉冲输出(PTO)和脉宽调制(PWM)功能。各寄存器的字节值和位值的意义见表 3-16。

表 3-16 PTO/PWM 寄存器各字节值和位值的意义

Q0.0	Q0.1	说明		寄存器名
SM66.4	SM76.4	PTO 包络由于增量计算错误异常终止	0:无错;1:异常终止	脉冲串输出状态寄存器
SM66.5	SM76.5	PTO 包络由于用户命令异常终止	0:无错;1:异常终止	
SM66.6	SM76.6	PTO 流水线溢出	0:无溢出;1:溢出	
SM66.7	SM76.7	PTO 空闲	0:运行中;1:PTO 空闲	
SM67.0	SM77.0	PTO/PWM 刷新周期值	0:不刷新;1:刷新	PTO/PWM 输出控制寄存器
SM67.1	SM77.1	PWM 刷新脉冲宽度值	0:不刷新;1:刷新	
SM67.2	SM77.2	PTO 刷新脉冲计数值	0:不刷新;1:刷新	
SM67.3	SM77.3	PTO/PWM 时基选择	0:1μs;1:1ms	
SM67.4	SM77.4	PWM 更新方法	0:异步更新;1:同步更新	
SM67.5	SM77.5	PTO 操作	0:单段操作;1:多段操作	
SM67.6	SM77.6	PTO/PWM 模式选择	0:选择 PTO;1:选择 PWM	
SM67.7	SM77.7	PTO/PWM 允许	0:禁止;1:允许	
SMW68	SMW78	PTO/PWM 周期时间值(范围:2~65535)		周期值设定寄存器
SMW70	SMW80	PWM 脉冲宽度值(范围:0~65535)		脉宽值设定寄存器
SMD72	SMD82	PTO 脉冲计数值(范围:1~4294967295)		脉冲计数值设定寄存器
SMB166	SMB176	段号(仅用于多段 PTO 操作),多段流水线 PTO 运行中的段的编号		多段 PTO 操作寄存器
SMW168	SMW178	包络表起始位置,用距离 V0 的字节偏移量表示(仅用于多段 PTO 操作)		

根据表 3-16 可得到控制字节取值快速参考表,见表 3-17。如果在设置单段 PTO 脉冲时只装入周期值,就可以取值 16#81;需要同时装入周期和脉冲数时,就可以取值 16#85。

表 3-17 控制字节取值快速参考表

控制寄存器(16 进制)	执行 PLS 指令结果							
	允许	模式	PTO 段操作	PWM 更新方法	时基	脉冲数	脉冲宽度	周期
16#81	是	PTO	单段		1μs/循环			载入
16#84	是	PTO	单段		1μs/循环	载入		
16#85	是	PTO	单段		1μs/循环	载入		载入
16#89	是	PTO	单段		1ms/循环			载入
16#8C	是	PTO	单段		1ms/循环	载入		
16#8D	是	PTO	单段		1ms/循环	载入		载入
16#A0	是	PTO	多段		1μs/循环			
16#A8	是	PTO	多段		1ms/循环			
16#D1	是	PWM		同步	1μs/循环			载入
16#D2	是	PWM		同步	1μs/循环		载入	
16#D3	是	PWM		同步	1μs/循环		载入	载入
16#D9	是	PWM		同步	1ms/循环			载入
16#DA	是	PWM		同步	1ms/循环		载入	
16#DB	是	PWM		同步	1ms/循环		载入	载入

3.高速脉冲输出指令。高速脉冲串输出 PTO 和脉宽调制输出 PWM 都由 PLS 指令来激活,指令的梯形图如图 3-49 所示。其功能是:当使能端输入有效时,PLC 首先检测为脉冲输出位(X)设置的特殊存储器位,然后激活由特殊存储器位定义的脉冲操作。

在图中操作数???? 指定脉冲输出端子,0 为 Q0.0 输出,1 为 Q0.1 输出;高速脉冲串输出 PTO 可采用中断方式进行控制,而脉宽调制输出 PWM 只能由指令 PLS 来激活。

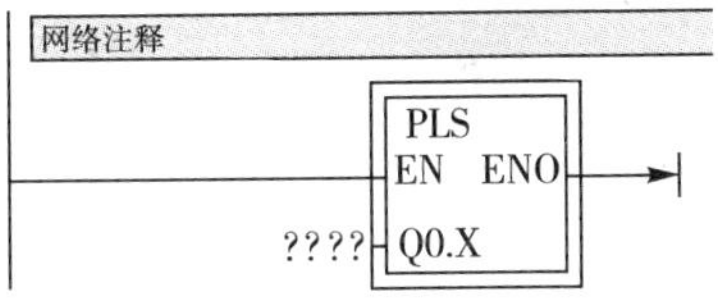

图 3-49 PLS 指令格式

4.PTO 编程步骤。

(1)单段流水线的 PTO 编程步骤。从主程序建立初始化子程序调用后,用以下步骤建立控制逻辑,用于在初始化子程序中配置脉冲输出 Q0.0。

①通过将以下一个值载入 SMB67:16#85(选择微秒增加)或 16#8D(选择毫秒增加)的方法配置控制字节。

②两个值均可启用 PTO/PWM 功能、选择 PWM 操作、设置更新脉宽和周期值以及选择微秒或毫秒。在 SMW68 中载入一个周期的字尺寸值。

③在 SMD72 中载入脉冲计数的双字尺寸值。

④如果希望在脉冲串输出完成后立即执行相关功能,可以将脉冲串完成事件(中断类别19)附加于中断子程序。为中断编程,使用 ATCH 指令并执行全局中断启用指令 ENI。

⑤执行 PLS 指令,使 S7-200 为 PTO/PWM 发生器编程。

⑥退出子程序。

(2)多段流水线的 PTO 编程步骤。从主程序建立对初始化例行程序的调用后,使用以下步骤建立控制逻辑,用于在初始化子程序中配置脉冲输出 Q0.0:使用首次扫描内存位(SM0.1)将输出初始化为 0,并调用所需的子程序,执行初始化操作。

①通过将以下一个值载入 SMB67:16#A0(选择微秒增加)或 16#A8(选择毫秒增加)的方法配置控制字节。两个数值均可启用 PTO/PWM 功能、选择 PTO 操作、选择多段操作以及选择微秒或毫秒。

②在 SMW168 中载入一个字尺寸值,用作轮廓表起始 V 内存偏移量。

③使用 V 内存在轮廓表中设置段值。确保"段数"域(表的第一个字节)正确无误。

④如果希望在 PTO 轮廓完成后立即执行相关功能,可以将脉冲串完成事件(中断类别19)附加在中断子程序中。为中断编程,使用 ATCH 指令并执行全局中断启用指令 ENI。

⑤执行 PLS 指令,使 S7-200 为 PTO/PWM 发生器编程。

⑥退出子程序。

3.7.4 实训内容

一、任务描述

某直线导轨由步进电机驱动,如图 3-50 所示。要求从 A 点到 D 点的运动规律如图 3-50

所示，从 A 点到 B 点为加速过程，从 B 点到 C 点为恒速运行，从 C 点到 D 点为减速过程。

当按下正向按钮后，直线导轨平台从 A 点运行到 D 点。按下反向按钮后，直线导轨平台从 D 点返回到 A 点。

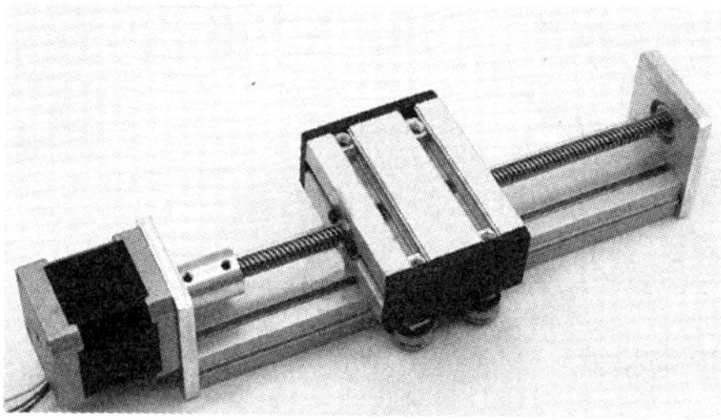
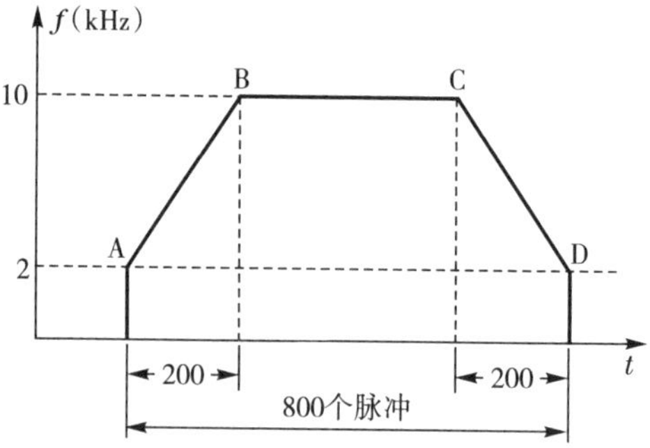

图 3-50　步进电机驱动的直线导轨和运动包络

二、实训步骤与要求

1. PLC 输入/输出点的分配见表 3-18。

表 3-18　输入/输出点的分配

输入信号			输出信号		
名称	符号	对应输入点	名称	符号	对应输入点
正向按钮	SB1	I0.0	脉冲信号	PUL	Q0.0
反向按钮	SB2	I0.1	方向信号	DIR	Q0.2

2. 设置步进电机驱动器。本项目以 Leadshine 的 M415B 步进电机驱动器为例，假设直线导轨步进电机的额定电流为 1A，整步方式下步距角为 1.8°，滚珠丝杠的导程为 5mm。如果采用 4 细分，则步进电机每转一周或丝杠移动 5mm，需要控制器发送 800 个脉冲。大多数步进驱动器的外壳上都印有驱动电流和细分设置表，一般需要根据实际要求设置步进驱动器的工作电流和细分数。如图 3-51 所示，设置输出电流为 1.05A，对应 SW1、SW2、SW3 的位置为 OFF、ON、OFF；设置细分数为 4，对应 SW4、SW5、SW6 的位置为 ON、OFF、ON。电流、细分设置见表 3-19。

图 3-51　M415B 步进驱动器及开关设置

表 3-19 步进电机驱动器的电流及细分设置表

电流设置				细分设置			
输出电流	SW1	SW2	SW3	细分数	SW4	SW5	SW6
0.21A	OFF	ON	ON	1	ON	ON	ON
0.42A	ON	OFF	ON	2	OFF	ON	ON
0.63A	OFF	OFF	ON	**4**	**ON**	**OFF**	**ON**
0.84A	ON	ON	OFF	8	OFF	OFF	ON
1.05A	**OFF**	**ON**	**OFF**	16	ON	ON	OFF
1.26A	ON	OFF	OFF	32	OFF	ON	OFF
1.50A	OFF	OFF	OFF	64	ON	OFF	OFF

3. PLC 的外部接线图。PLC 的 Q0.0 通过光耦与步进驱动器的 PUL 端相连，Q0.2 与 DIR 端相连。进行系统的接线，步进电机的 PLC 控制外部接线图如图 3-52 所示。

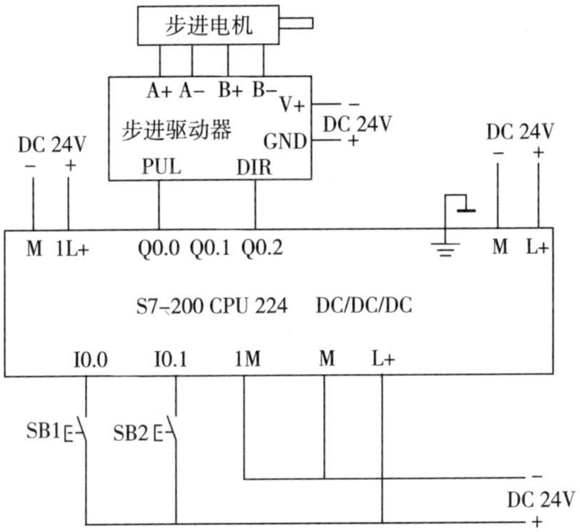

图 3-52 步进电机控制的 PLC 外部接线图

4. 包络表的设计。根据图 3-50 所示运动规律确定 PTO 为三段流水线输出，因此需建立三段脉冲的包络表。由图可知，起始和终止脉冲频率为 2kHz，对应的周期为 500μs；最大脉冲频率为 10kHz，对应的周期为 100μs。加速段需要 200 个脉冲，恒速段需要 7600 个脉冲，减速段需要 200 个脉冲。因此，加速段的周期增量 Δ 为 −2μs，恒速段的周期增量 Δ 为 0μs，减速段的周期增量 Δ 为 2μs。假设包络表位于从 VB200 开始的 V 存储区，包络表如表 3-20 所示。

表 3-20 包络表

V 变量存储器地址	段号	参数值	说明
VB200		3	段数
VB201	段 1(加速)	500μs	初始周期
VB203		−2μs	周期增量
VB205		200	脉冲数
VB209	段 2(恒速)	100μs	初始周期
VB211		0	周期增量
VB213		7600	脉冲数
VB217	段 3(减速)	100μs	初始周期
VB219		2μs	周期增量
VB221		200	脉冲数

5. 程序设计。

(1)主程序中通过初始化脉冲 SM0.1 将 Q0.0 复位,然后通过正向按钮调用子程序;正向运行到位,通过反向按钮调用子程序,并使方向信号 Q0.2 置位。

(2)子程序中设置 PTO 控制字节 SMB67 为 16＃A0(功能为:允许 Q0.0 的 PTO 功能、选择 PTO 操作、选择多段操作以及选择时基为微秒,不允许更新周期和脉冲数);建立三段包络表,并将包络表的首地址装入 SMW168;执行 PLS 指令,启动脉冲输出。可供参考的梯形图程序如图 3-53 所示。

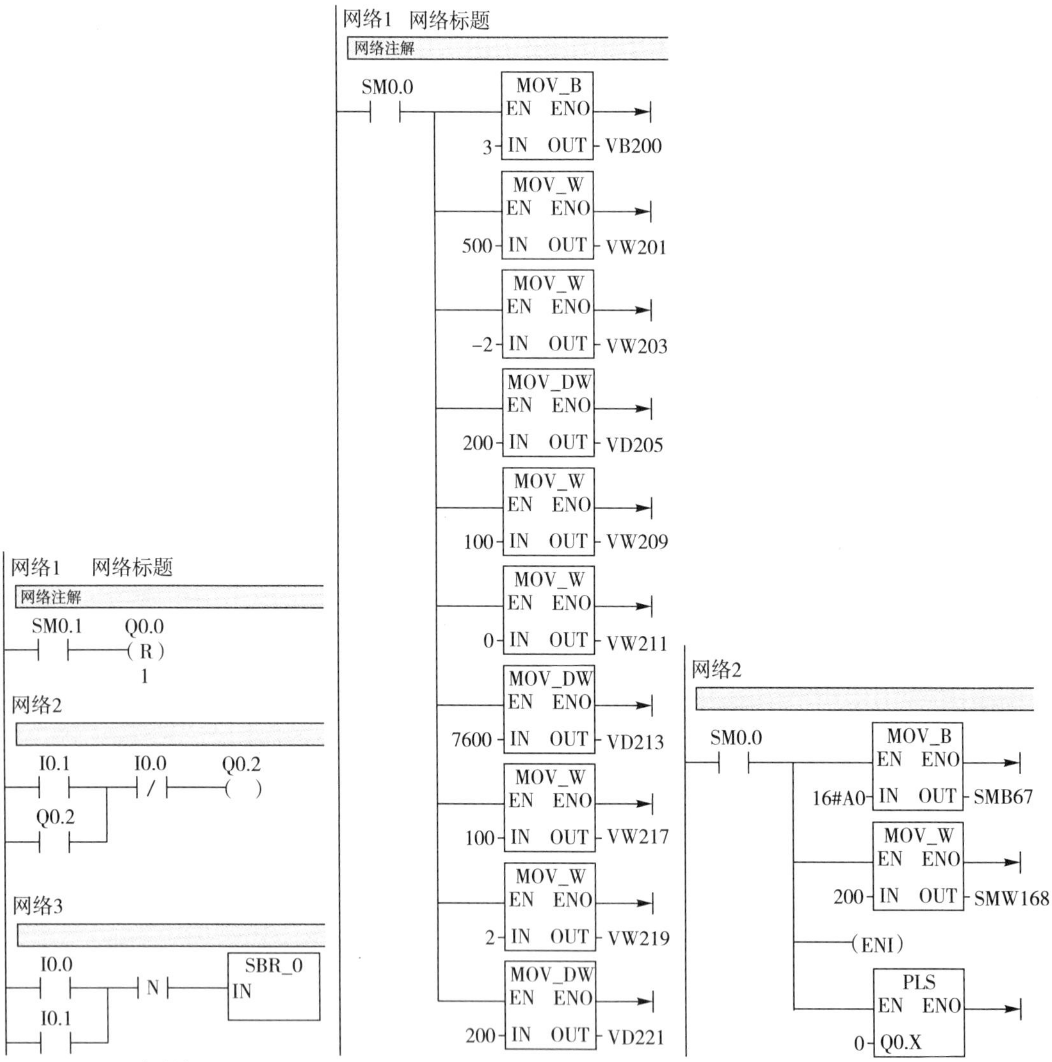

主程序 子程序

图 3-53 步进电机控制参考程序

6. 运行并调试程序。

(1)将上述 5 中编写的程序在计算机中进行模拟调试。

(2)将计算机与 PLC 的连接电缆接好。

(3)下载程序到 PLC,按下正向按钮 SB1,观察直线导轨平台是否朝正方向运行。待步进电机停止后,再按下反向按钮 SB2,观察直线导轨平台是否朝反方向运行。

(4)记录并解决调试中遇到的疑难问题。

3.7.5 实训报告要求及评分标准

一、实训报告要求

1. 整理实训操作的结果，按要求写出实训报告。

2. 写出实训过程中的心得体会。

3. 思考题。

(1)在步进电机运行中，如何使步进电机停止运行？试编写控制程序。

(2)如何使用STEP 7-Micro/WIN中的位控向导实现本项目的控制要求？通过自学，编写控制程序。

二、评分标准

表3-21 实训考核评分表

姓名：	班级：	学号：	工位号：	日期：
考核项目	考核内容	配分	考核要求	得分
步进电机控制	流程图的绘制	15分	能够正确反映控制系统的工作过程，每错一处扣5分； 功能图绘制符合规范，每错一处扣2分	
	编写梯形图程序	15分	按照规定的编程方法编程，符合控制要求，有创新意识，每处不满足扣5分	
	接线	15分	外部接线图正确，并能按照接线图进行接线，每出现一处不合理的扣2分	
	输入、调试程序	15分	能够正确输入程序，调试程序并监控程序的运行，操作不熟练扣5分	
实训报告	编写实训报告	20分	完成报告主要内容，每缺一项扣5分； 字迹不工整扣5分	
安全文明	正确使用工具和设备，无操作不当引起的事故	10分	考评教师掌握	
团结协作	小组成员分工合理，积极参与	10分	考评教师掌握	
考评教师签名：			总分：	

第4章 PLC工程应用实训

学习目标

- □ 通过本章的实训,了解 PLC 在实际工程上的应用情况。
- □ 掌握继电器—接触器系统改造的基本方法和注意事项;熟练掌握 PLC 控制系统的设计内容和设计步骤。
- □ 了解有关气动的基本知识,初步掌握常用传感器的工作原理及其安装调试方法。
- □ 掌握 PLC 系统设计的方法及应用中的问题,如可靠性设计、抗干扰措施等。
- □ 了解组态软件的基本知识,掌握 MCGS 组态软件的使用方法。

项目4.1 卧式镗床控制系统改造

4.1.1 实训目的

1. 了解继电器—接触器控制系统与 PLC 控制系统的区别。
2. 掌握继电器—接触器系统改造的基本方法、改造步骤以及注意事项。
3. 进一步熟悉 PLC 的 I/O 连接。
4. 掌握移植设计法的使用方法。

4.1.2 实训所需器材

1. 西门子 S7-200 PLC 1 台。
2. 计算机 1 台、连接电缆 1 根、编程软件 1 套。
3. 继电器、按钮若干。
4. 导线若干。

4.1.3 预备知识

一、继电器控制系统与 PLC 控制系统

自从 1836 年电磁继电器被发明出来开始,人们就把各种继电器、定时器、计数器以及开关

接点用导线连接起来，并按照一定的逻辑关系来控制各种生产机械。这种以硬接线方式构成的系统常称为“继电器控制系统”。继电器控制系统是根据操作指令及被控对象发出的信号，由控制电路按规定的动作要求决定执行何种动作以及执行动作的顺序，然后驱动输出设备去实现各种操作。由于控制电路是采用硬接线的形式将各种继电器及其触点按一定的要求连接而成的，所以接线复杂且故障点多，而且当任务发生变化时，这种硬接线形式不易灵活改变。

由 PLC 构成的控制系统和继电器控制系统一样，也是由输入、控制和输出 3 部分组成。PLC 控制系统的控制部分采用“可编程”的 PLC，而不是实际的继电器线路。因此，PLC 控制系统可以通过改变用户程序方便地实现各种控制功能，从根本上解决继电器控制系统的控制电路不易改变的问题。同时，PLC 控制系统不仅能实现逻辑运算，还具有继电器系统不具备的数值运算及过程控制等复杂的控制功能。

PLC 控制系统与继电器控制系统相比，有许多相似之处，也有许多不同点。不同之处主要体现在以下几个方面：

(1)从可靠性和可维护性上看，由于继电器控制系统使用了大量的机械触点，存在机械磨损、电弧烧伤等问题，寿命短，另外，系统的连线多，所以可靠性和可维护性较差。而 PLC 是采用无触点的半导体电路来完成大量的开关动作，其寿命长、可靠性高。PLC 还具有自诊断功能，能查出并显示自身的故障，使操作人员能够动态地监视控制程序的执行情况，为现场调试和维护提供了方便。

(2)从工作方式上看，继电器控制系统是并行工作方式，一旦电源接通，电路中所有继电器都处于受制约状态，即该闭合的继电器都同时闭合，不该闭合的继电器受某种条件限制而不能闭合。而 PLC 控制系统是采用串行工作方式，用户程序是按一定顺序循环执行，各“软继电器”都处于周期性循环扫描接通中，受同一条件制约的各个“软继电器”的动作次序取决于程序扫描顺序，和它们在梯形图中的位置有关。

(3)从控制速度上看，继电器控制系统依靠机械触点的动作来实现控制，而触点的开关动作一般为几十毫秒，不仅工作频率低，还会出现抖动问题。而 PLC 是通过程序指令控制半导体电路来实现控制的，程序指令执行时间在微秒数量级，速度快，且无触点抖动的问题。

(4)从定时、计数控制上看，继电器控制系统采用时间继电器的延时动作来进行时间控制，时间继电器的延时时间易受环境温度和温度变化的影响，定时精度不高。而 PLC 采用半导体集成电路作定时器，时钟脉冲由晶振产生，精度高，定时范围宽。用户可根据需要在程序中来设定定时值，不仅不受环境的影响，而且修改方便。另外，PLC 具有计数功能，而继电器控制系统一般没有计数功能。

(5)从价格上看，继电器控制系统使用机械开关、继电器和接触器，价格比采用大规模集成电路的 PLC 控制系统便宜。一般认为，在少于 10 个继电器的系统中，使用继电器控制比较经济，而在需要 10 个以上的继电器系统中，采用 PLC 进行控制性价比较高。

二、继电器—接触器系统改造的基本方法

从以上内容可以看出，利用 PLC 控制系统取代传统的继电器控制系统已是大势所趋。如果用 PLC 改造继电器控制系统，那么根据原有的电气控制梯形图来设计 PLC 梯形图显然是一条捷径。因为原有的继电器控制系统经过长期的使用和考验，已经被证明具有完成系统要求的控制功能，而 PLC 梯形图又与电气梯形图有很多相似之处，因此可以将电气梯形图经过适当的“翻译”，设计出具有相同功能的 PLC 梯形图程序。这种利用原有的电气控制

梯形图来设计 PLC 梯形图程序的方法称为“翻译法”或“移植设计法”。

在“翻译”时,我们可以将 PLC 当成一个继电器控制系统中的控制箱,而梯形图程序是控制箱内部的“电气控制电路”,PLC 外部接线图就是控制箱的外部接线,PLC 输入继电器(I)和输出继电器(Q)就是继电器控制系统中控制箱与外部联系的“中间继电器”。这样就可以将继电器电路图转换为功能相同的 PLC 外部接线图和梯形图。

三、继电器—接触器系统改造的步骤

1. 分析原有系统的工作原理。熟悉原有的继电器控制线路。了解被控设备的工艺过程以及机械设备的动作情况,根据继电器控制线路分析并掌握该系统的工作原理。

2. PLC 的 I/O 分配。确定系统的输入设备和输出设备;根据实际要求合理选择 PLC,并进行 I/O 地址分配;根据继电器控制线路画出 PLC 外部接线图。

3. 建立其他元器件的对应关系。确定继电器电路图中的中间继电器、时间继电器等各元器件与 PLC 中的辅助继电器和定时器等的对应关系。

(1)继电器电路中的执行元件应与 PLC 的输出继电器对应,如交直流接触器、电磁阀、电磁铁、指示灯等设备要与 PLC 的输出继电器 Q 对应。

(2)继电器电路中的主令电器应与 PLC 的输入继电器对应,如按钮、位置开关、选择开关等设备要与 PLC 的输入继电器 I 对应。热继电器的触点可作为 PLC 的输入,也可接在 PLC 外部电路中。注意处理好 PLC 内、外触点的常开和常闭的关系。

(3)继电器电路中的中间继电器与 PLC 的辅助继电器 M 对应。

(4)继电器电路中的时间继电器与 PLC 的定时器 T 或计数器 C 对应,但要特别注意,在转换成定时器时,要区别通电延时型和断电延时型两种类型。

4. 设计梯形图程序。根据以上的对应关系,将继电器电路图“翻译”成对应的“准梯形图”,再根据梯形图的编程规则将“准梯形图”转换成结构合理的 PLC 梯形图。对于复杂的控制电路,可化繁为简,先进行局部的转换,最后再综合起来。

5. 仔细校对、认真调试。对于转换后的梯形图,一定要与原继电器电路图仔细校对,认真进行模拟调试,以确保其控制功能与原继电器系统控制功能一致。

四、继电器—接触器系统改造应注意的问题

1. 要遵循 PLC 梯形图的语法规则。例如,在继电器电路中,触点可以放在线圈的左边,也可放在右边;而在 PLC 梯形图中,线圈只能放在网络的最右边,左边必须与触点相连。

2. 在不影响系统控制功能的前提下,应尽量减少系统的 I/O 点数。因为 PLC 的 I/O 点数多少是影响 PLC 价格的主要因素。

3. 要尽量减少 PLC 程序的大小,以节省 PLC 存储器空间。例如,串联时单个触点应放在右边,而并联时单个触点应放在下边。

4. 设置中间继电器 M。若多个线圈都受某一个触点串并联的控制,为了简化电路,在梯形图中,可以设置该触点串并联来控制某继电器 M,再利用 M 的开关来控制多个线圈。在这里,继电器 M 相当于继电器电路中的中间继电器。

5. 外部电路的设计。为提高系统的安全可靠性,对于重要的互锁,在软件设计中考虑互锁的同时,通常在外部电路中还要保留必要的互锁。例如,在控制电机正反转时,为了防止控制正反转的两个接触器同时动作造成三相电源短路,除了要在 PLC 程序中设置互锁外,

还要在 PLC 外部电路中设置硬件联锁电路。

4.1.4 实训内容

一、任务描述

如图 4-1 所示为某卧式镗床继电器控制系统的电路图，包括主电路、控制电路、照明电路和指示电路 4 部分。

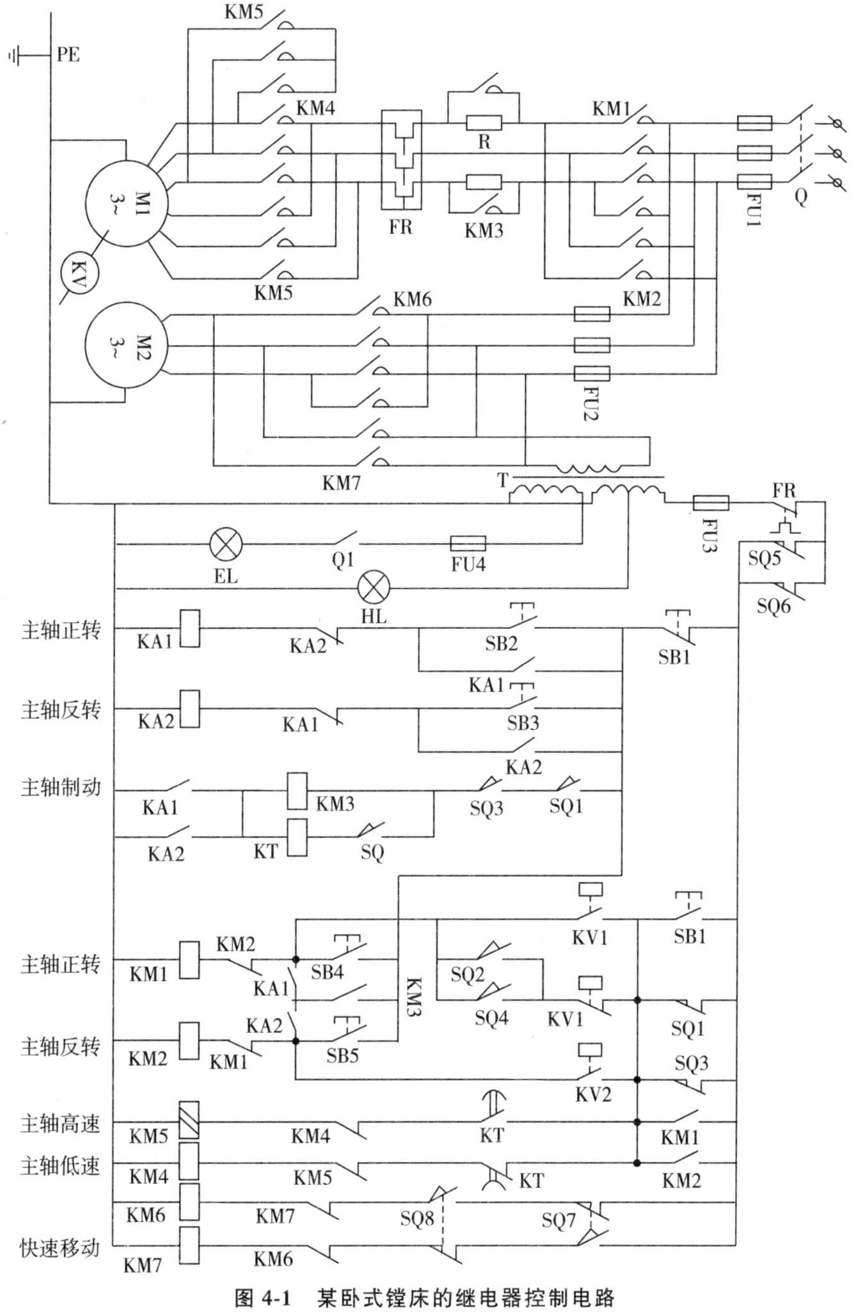

图 4-1 某卧式镗床的继电器控制电路

该卧式镗床的主轴电机 M1 是双速异步电动机,两个中间继电器 KA1 和 KA2 分别控制主轴电机 M1 的启动和停止,KM1 和 KM2 接触器分别控制主轴电机 M1 的正反转,KM4、KM5 接触器和时间继电器 KT 用来控制主轴电机 M1 的变速, KM3 接触器用来短接串在定子回路的制动电阻。SQ1、SQ2、SQ3 和 SQ4 是变速操纵盘上的限位开关,SQ5 和 SQ6 是主轴进刀与工作台移动互锁限位开关,SQ7 和 SQ8 是镗头架和工作台的正、反向快速移动开关。

现要求利用 PLC 对该继电器—接触器系统进行改造。要求改造后的 PLC 控制系统的外部接线图中,主电路、照明电路和指示电路同原电路不变,控制电路的功能由西门子 S7-200 PLC实现。

二、实训步骤与要求

1. 分析该卧式镗床继电器控制电路,掌握该系统的工作原理。确定系统的输入设备和输出设备;根据实际要求合理选择 PLC,并进行 I/O 地址分配,参考地址分配表见 4-1;画出 PLC 外部接线图,如图 4-2 所示。

表 4-1 I/O 地址分配

输入信号			输出信号		
元件名称	元件符号	输入点编号	元件名称	元件符号	输入点编号
正转启动	SB2	I0.0	主轴正转	KM1	Q0.0
反转启动	SB3	I0.1	主轴反转	KM2	Q0.1
正转点动	SB4	I0.2	主轴低速	KM4	Q0.2
反转点动	SB5	I0.3	主轴高速	KM5	Q0.3
主轴停止	SB1	I0.4	主轴制动	KM3	Q0.4
速度继电器	KV	I0.5	快速正转	KM6	Q0.5
速度变换	SQ2、SQ4	I0.6	快速反转	KM7	Q0.6
主轴、进给变换	SQ1、SQ3	I0.7			
高速接通	SQ	I1.0			
快速正转	SQ7	I1.1			
快速反转	SQ8	I1.2			

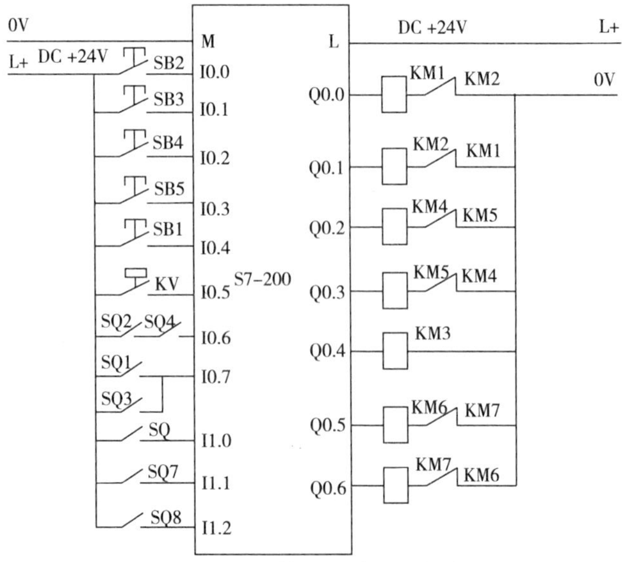

图 4-2 PLC 控制系统 I/O 接线图

2. 建立其他元器件与 PLC 内部元器件的对应关系，并设计梯形图。分析原继电器控制电路的功能，假设原控制电路中 KA1、KA2 和 KT 分别与 PLC 内部的 M0.0、M0.1 和 T0 相对应，再加上第一步建立的 I/O 对应关系，可以设计出 PLC 的梯形图，如图 4-3 所示。

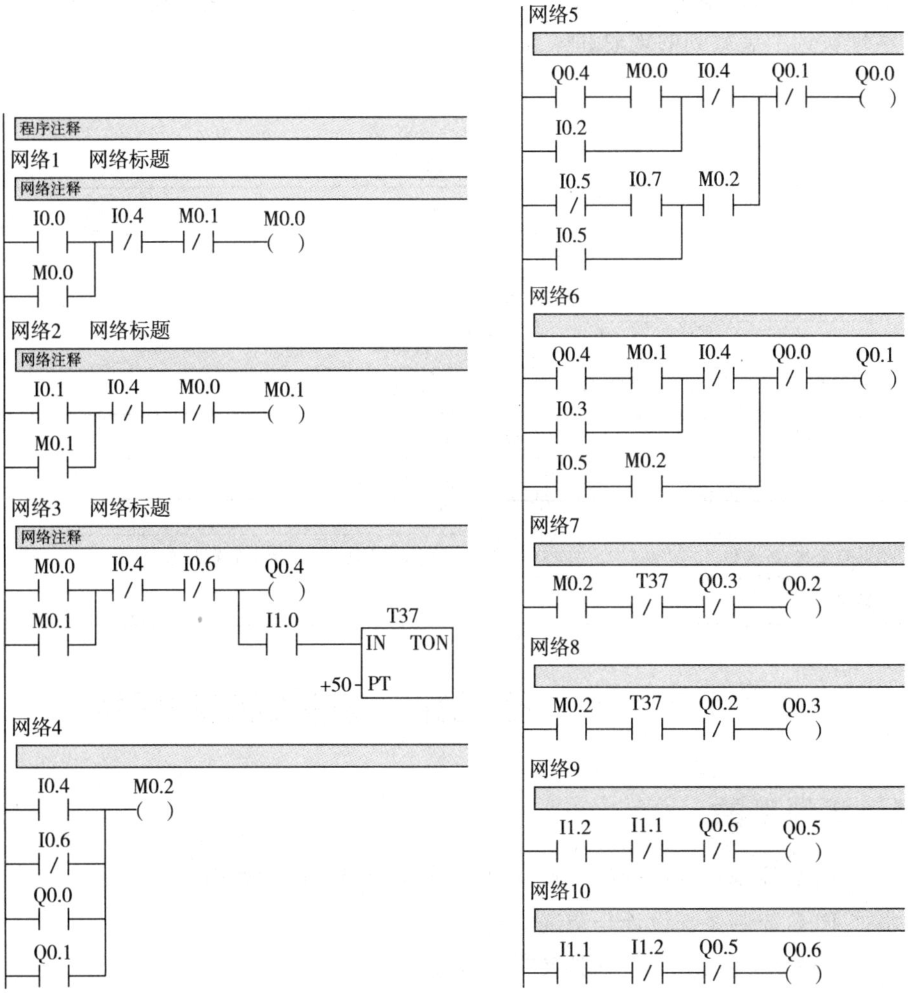

图 4-3　卧式镗床 PLC 控制系统的梯形图

在“翻译”过程中，应注意 PLC 梯形图与继电器电路图的区别。例如，PLC 梯形图是串行工作的，而在继电器电路图中，各元件是并行工作的，它们可以同时动作。

3. 校对并调试转换后的梯形图，以确保其控制功能与原继电器电路图相符。将图 4-3 所示的参考程序输入计算机，并下载到 PLC，进行模拟调试，直至控制功能与原继电器系统功能一致时为止。记录在调试中出现的问题以及解决方法。

4.1.5　实训报告要求及评分标准

一、实训报告要求

1. 说明继电器控制系统与 PLC 控制系统的区别。

2. 记录继电器—接触器系统改造的基本步骤以及在系统改造中需注意的问题。

3. 简单说明原继电器电路图的工作过程。

4. 记录校对和调试中出现的问题以及解决方法。

5. 通过该实训,谈谈 PLC 控制系统能不能完全代替继电器控制系统。

6. 整理实训中观察到的现象和体会。

二、评分标准

表 4-2 实训考核评分表

姓名:	班级:	学号:	工位号:	日期:

考核项目	考核内容	配分	考核要求	得分
实训态度	认真听课	10 分	笔记认真	
	勤于思考	10 分	积极正确回答问题	
	善于动手	10 分	积极动手操作	
	团队精神	10 分	合理分工,互相协作	
实训报告	按要求完成报告	50 分	报告规范,内容详实 40 分,正确回答思考题 10 分	
安全文明	安全文明意识	10 分	正确使用设备、工具,无事故发生	
考评教师签名:			总分:	

项目 4.2 PLC 在电梯控制系统中的应用

4.2.1 实训目的

1. 了解 PLC 控制系统设计的基本原则,熟悉系统设计的主要内容。

2. 掌握 PLC 控制系统设计与调试的主要步骤。

3. 进一步熟悉 PLC 的 I/O 连接及其基本操作。

4. 熟悉三层电梯控制系统的编程方法。

4.2.2 实训所需器材

1. 西门子 S7-200 PLC 1 台。

2. 计算机 1 台、连接电缆 1 根、编程软件 1 套。

3. 多层电梯模型或实验板 1 套。

4. 导线、按钮若干。

4.2.3 预备知识

一、PLC 控制系统设计的基本原则

在进行 PLC 控制系统设计时，设计人员应遵循以下几项基本原则：

1. 要能最大限度地满足对被控对象的控制要求。在系统设计前，系统设计人员应深入现场进行调查研究，搜集资料，并与机械部分的设计人员和实际操作人员密切配合，共同拟定电气控制方案，协同解决设计中出现的各类问题。

2. 在能满足控制要求的前提下，尽量使设计的控制系统结构简单、使用及维修方便、性价比高。

3. 要确保设计的控制系统安全可靠。

4. 考虑到生产发展和工艺改进的需要，在进行 PLC 选型时，应适当地对 PLC 的 I/O 点数以及存储器预留有余量。

二、系统设计的主要内容

1. 拟定控制系统设计的技术条件。一般以设计任务书的形式来确定，它是整个设计的依据和基础。

2. 选择电气传动的形式以及电动机、电磁阀等执行机构。

3. 确定 PLC 的型号。

4. 进行 PLC 的输入/输出分配或绘制 PLC 系统的外部接线图。

5. 根据系统设计的要求编写软件说明书，然后利用相应的编程语言进行程序设计，常用的编程语言为梯形图语言。

6. 了解并遵循用户认知心理，重视人机界面的设计，增强人机间的友善关系。

7. 设计操作台、电气柜及非标准电器元部件。

8. 编写设计说明书和使用说明书。

根据具体任务，上述内容可进行适当增减。

三、PLC 控制系统设计与调试的主要步骤

1. 深入了解和分析被控对象的工艺条件和控制要求。被控对象是指受控的机电设备、生产线或生产过程等。控制要求主要指控制的基本方式、应完成的动作、自动工作循环的组成、必要的保护及联锁等。对较复杂的控制系统，还可将控制任务分成几个独立部分，化整为零，有利于编程和调试。

2. 确定 I/O 设备。根据被控对象对 PLC 控制系统的功能要求，确定系统所需的用户输入器件、输出器件及由输出器件驱动的控制对象。在 PLC 控制系统中，常用的输入器件有按钮、选择开关、行程开关、传感器等；常用的输出器件有继电器、接触器、指示灯、电磁阀等。当确定输出器件后，就可以确定输出电源的种类、电压等级及容量。

3. 选择合适的 PLC 类型。根据已确定的用户 I/O 设备，统计所需的输入和输出信号的

点数，既要充分发挥PLC的性能，又要在PLC的I/O点和内存留有余量的前提下选择合适类型的PLC。并按照控制要求，选取合适的A/D、D/A、I/O、电源模块以及显示模块等。一般情况下，I/O点数应考虑实际应用10%左右的备用量，内存容量一般要留有实际运行程序25%左右的备用量。

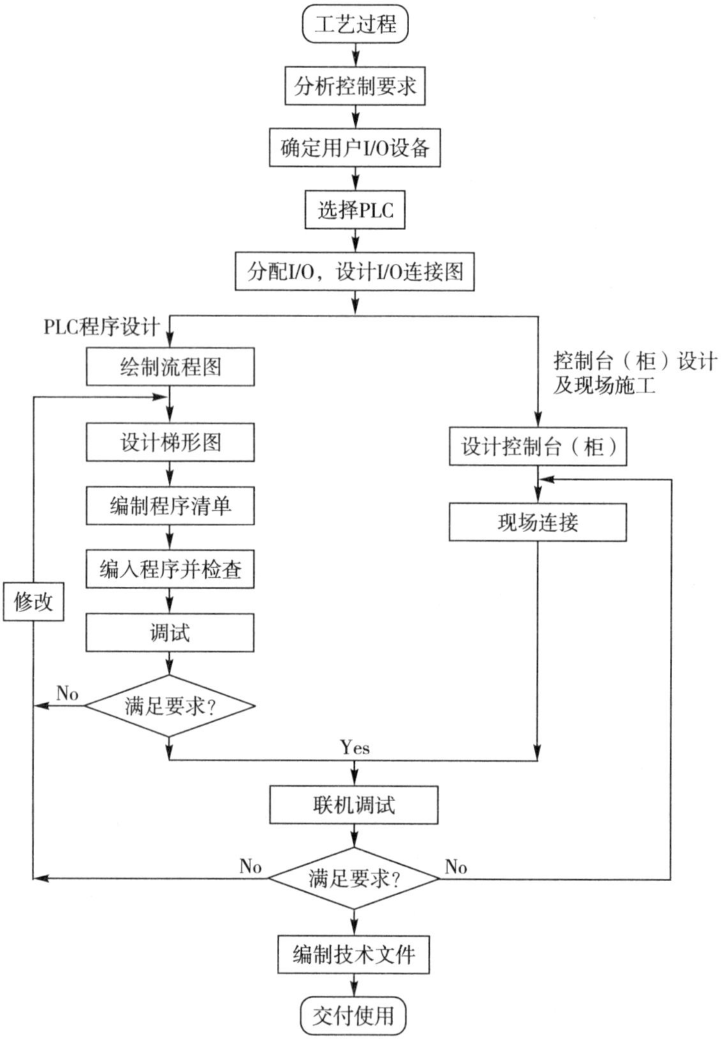

图4-4　PLC控制系统设计与调试的主要步骤

4. I/O地址分配。进行输入/输出点的分配，并编制输入/输出分配表或者绘制PLC系统外部接线图。为便于程序设计，也可以将定时器、计数器、内部辅助继电器等元件按类编制表格，写出器件名、设定值以及具体作用。

完成以上内容就可以进行PLC程序设计，同时也可以进行控制柜（或操作台）的设计以及现场施工。

5. 设计应用系统的PLC梯形图程序。所谓"编程"，是指根据工作功能图表或状态流程图等设计出梯形图的过程。这一步是整个系统设计的核心部分，也是比较困难的一步。要设计梯形图，首先要十分熟悉控制要求，同时还要有一定的电气设计的实践经验。关于程序设计的基本方法，将在后续项目进行介绍。

6. 将程序输入 PLC。将程序输入 PLC 有 2 种方法：一是用简易编程器输入；二是用带编程软件的计算机通过数据线下载到 PLC。在使用简易编程器将程序输入 PLC 时，需要先将梯形图转换成指令助记符，以便输入，该方法较麻烦，现在基本不用。利用编程软件在计算机上编程时，可以通过连接计算机和 PLC 的电缆将程序直接下载到 PLC 中去，在如今工业现场，这种方法使用居多。

7. 软件调试。程序输入 PLC 后，应先进行模拟调试工作。因为在程序设计过程中，难免会有疏漏的地方。因此，在将 PLC 连接到现场设备上之前，必须进行软件调试，以排除程序中的错误。另外，软件调试时，可以对工作过程中可能出现的各种故障进行模拟，以优化程序。同时，软件调试也为整体调试打好了基础，缩短了整体调试的周期。另外，一般编程软件都提供监控功能，可以利用监控功能进行软件调试。

8. 现场调试。在以上步骤完成后，就可以进行整个系统的联机调试，如果控制系统是由几个部分组成，则应先作局部调试，然后再整体调试；如果控制程序的步序较多，则可先进行分段调试，然后再整体调试。在调试中发现的问题，要逐一排除，直至调试成功。另外，在调试中可以整定一些需调整的参数，让其符合工艺要求中的技术指标。注意，现场调试一定要在软件调试通过后进行，以避免不必要的麻烦。

9. 编制技术文件。整理好电气控制原理图、PLC 软件清单、设备清单、电器布置图、电气元件明细表、操作说明书、调试流程步骤等系统技术文件，为系统交付使用及售后服务做好准备。

4.2.4 实训内容

一、任务描述

电梯分货梯、客梯、客货两用梯等类型。绝大部分电梯的控制系统是采用可编程序控制器进行控制的。现要求利用西门子 S7-200 PLC 进行三层电梯控制。电梯示意图如图 4-5 所示，要求遵循不换向原则，电梯上升途中只响应上升呼叫，下降途中只响应下降呼叫，任何反方向的呼叫均无效。表 4-3 为该系统的输入/输出分配表，仅供参考。电梯控制具体要求如下：按钮 SB1、SB2、SB3 分别是轿厢内的一层、二层和三层的内选开关，SB4 为一层的上呼开关，SB5、SB6 分别为二层的下呼和上呼开关，SB7 为三层的下呼开关。

(1)当轿厢停于一层或二层时，按 SB7 或 SB3，则轿厢上升至三层停。

(2)当轿厢停于三层或二层时，按 SB4 或 SB1，则轿厢下降至一层停。

(3)当轿厢停于一层时，若按 SB5 或 SB6 或 SB2，则轿厢上升至二层停。

(4)当轿厢停于三层时，若按 SB5 或 SB6 或 SB2，则轿厢下降至二层停。

(5)当轿厢停于一层时，若按 SB6 或 SB2，同时按 SB7 或 SB3，则轿厢上升至二层暂停，继续上升至三层停。

(6)当轿厢停于一层时，若按 SB5，同时按 SB7 或 SB3，则轿厢上升至三层暂停，转而下降至二层停。

(7)当轿厢停于三层时,若按 SB5 或 SB2,同时按 SB7 或 SB3,则轿厢下降至二层暂停,继续下降至一层停。

(8)当轿厢停于二层时,若先按 SB7 或 SB3,接着按 SB4 或 SB1,则轿厢上升至三层停。

(9)当轿厢停于二层时,若先按 SB4 或 SB1,接着按 SB7 或 SB3,则轿厢下降至一层停。

表 4-3 I/O 分配表

输入信号			输出信号		
元件名称	元件符号	输入点编号	元件名称	元件符号	输入点编号
一层内选按钮	SB1	I0.1	一层指示灯	E1	Q0.1
二层内选按钮	SB2	I0.2	二层指示灯	E2	Q0.2
三层内选按钮	SB3	I0.3	三层指示灯	E3	Q0.3
一层上呼按钮	SB4	I0.4	一层上呼指示	E4	Q0.4
二层下呼按钮	SB5	I0.5	二层下呼指示	E5	Q0.5
二层上呼按钮	SB6	I0.6	二层上呼指示	E6	Q0.6
三层下呼按钮	SB7	I0.7	三层下呼指示	E7	Q0.7
一层行程开关	SQ1	I1.0	轿厢下降	KM1	Q1.0
二层行程开关	SQ2	I1.1	轿厢上升	KM2	Q1.1
三层行程开关	SQ3	I1.2			

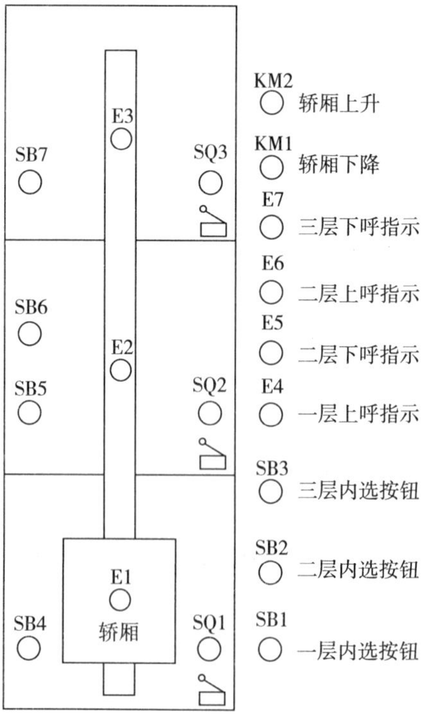

图 4-5 三层电梯模型

二、实训步骤与要求

1. 按照表 4-3 的 I/O 分配表和图 4-6 所示的外部接线图接好线路；打开计算机，将图 4-7 所示的参考程序写好并存盘。

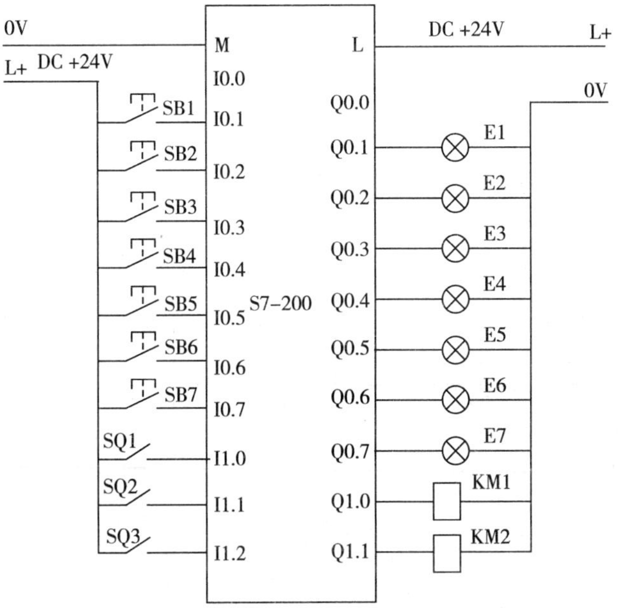

图 4-6 三层电梯的 PLC 控制系统 I/O 接线图

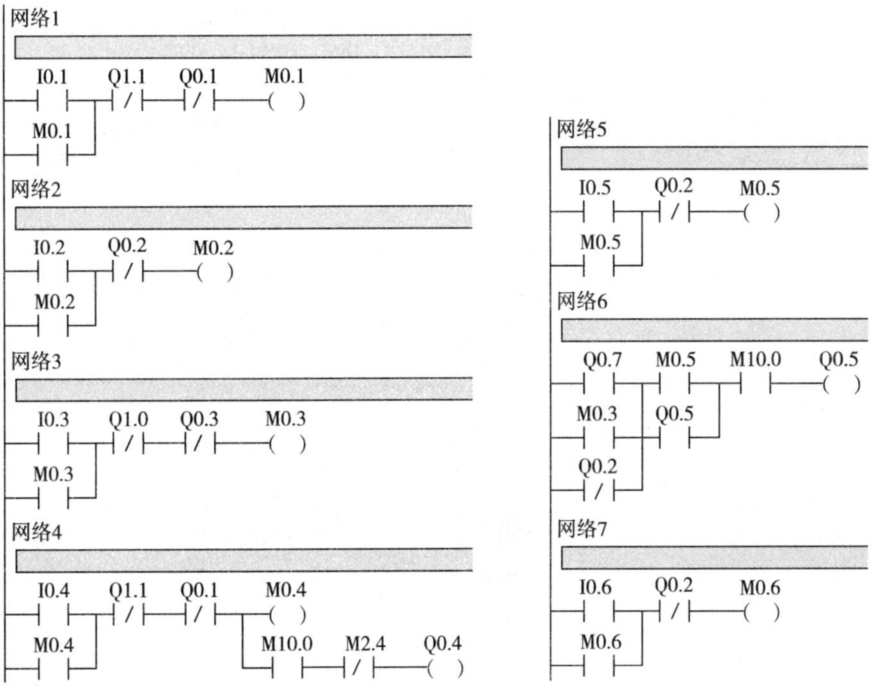

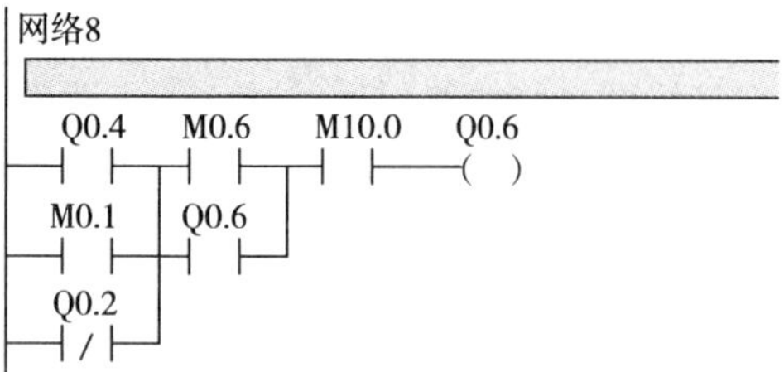
网络8
Q0.4
M0.6
M10.0
Q0.6
M0.1
Q0.6
Q0.2

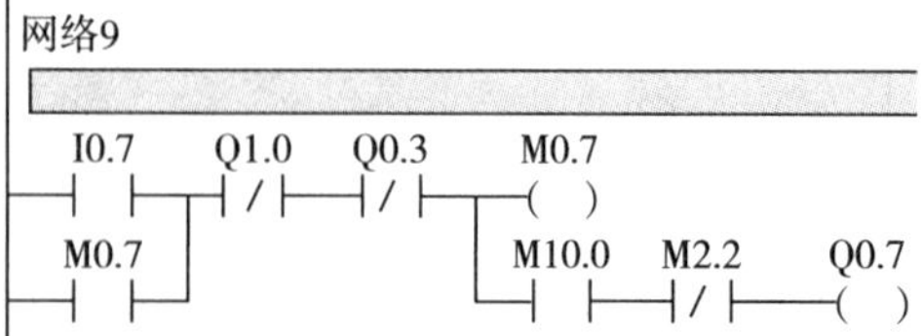
网络9
I0.7
Q1.0
Q0.3
M0.7
M0.7
M10.0
M2.2
Q0.7

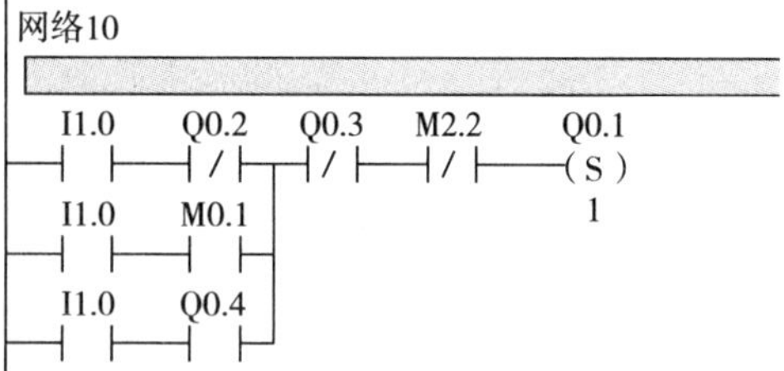
网络10
I1.0
Q0.2
Q0.3
M2.2
Q0.1
S
1
I1.0
M0.1
I1.0
Q0.4

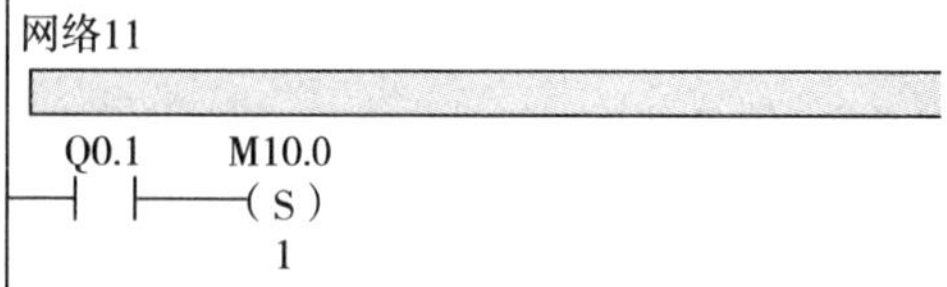
网络11
Q0.1
M10.0
S
1

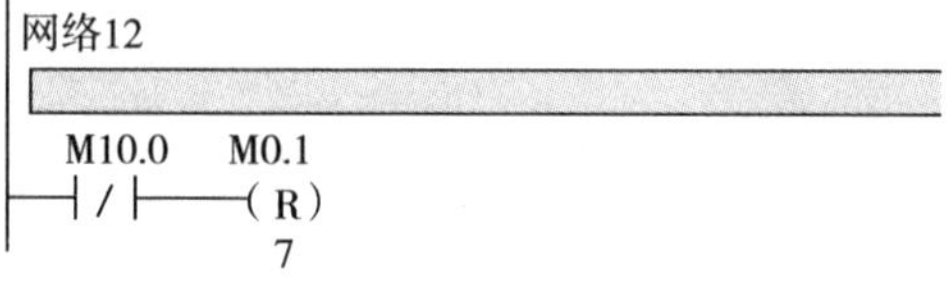
网络12
M10.0
M0.1
R
7

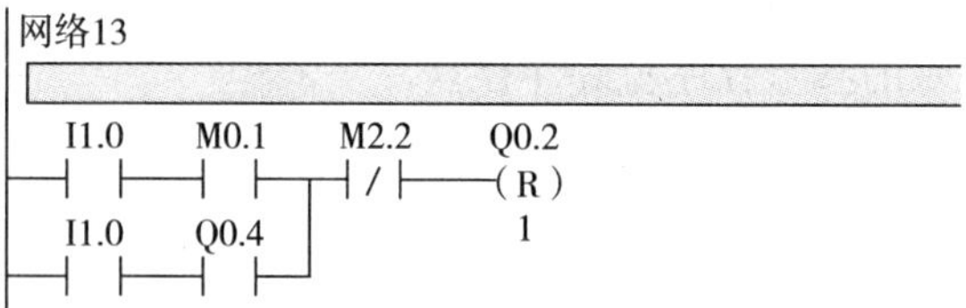
网络13
I1.0
M0.1
M2.2
Q0.2
R
1
I1.0
Q0.4

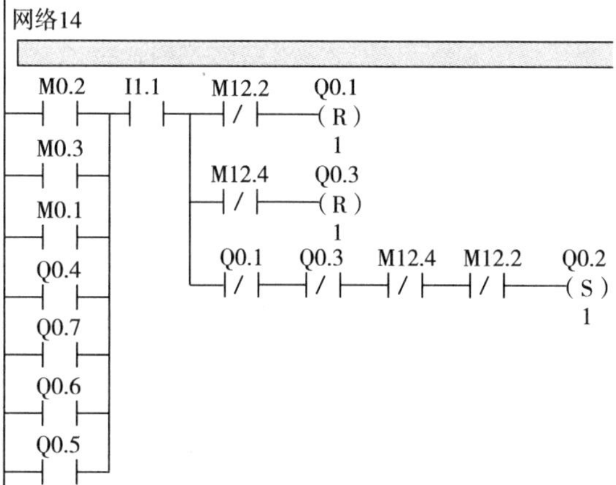
网络14
M0.2
I1.1
M12.2
Q0.1
R
1
M0.3
M12.4
Q0.3
R
1
M0.1
Q0.1
Q0.3
M12.4
M12.2
Q0.2
S
1
Q0.4
Q0.7
Q0.6
Q0.5

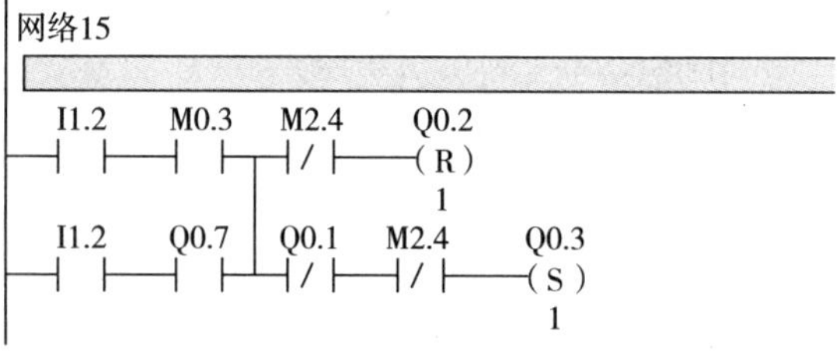
网络15
I1.2
M0.3
M2.4
Q0.2
R
1
I1.2
Q0.7
Q0.1
M2.4
Q0.3
S
1

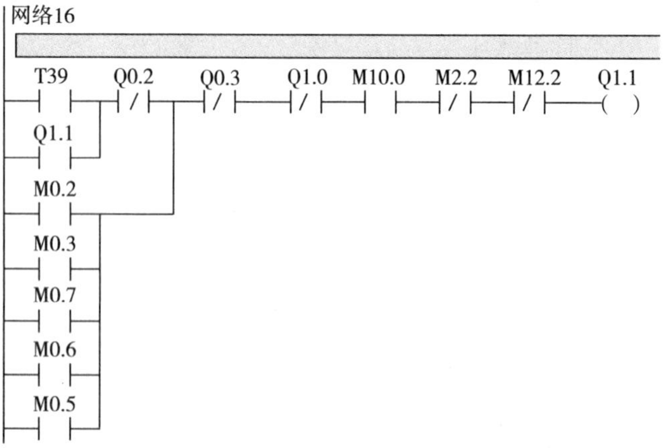
网络16
T39
Q0.2
Q0.3
Q1.0
M10.0
M2.2
M12.2
Q1.1
Q1.1
M0.2
M0.3
M0.7
M0.6
M0.5

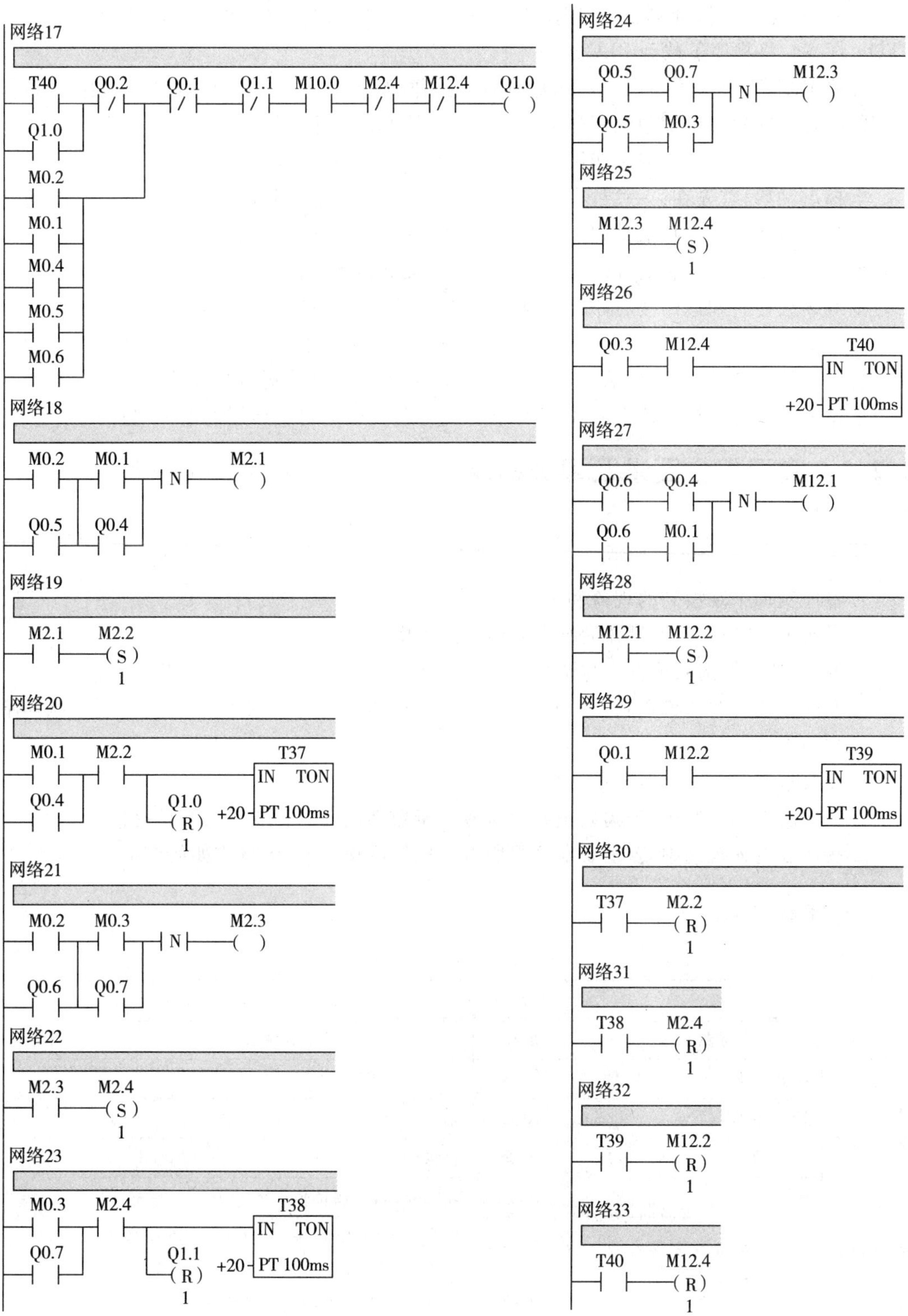

图 4-7 三层电梯的 PLC 控制梯形图

2. 用连接电缆将计算机和 PLC 连接好，接通 PLC 的电源，此时模式选择开关置于 STOP 状态。将程序下载到 PLC。

3. 将 PLC 置于 RUN 状态，模拟电梯呼叫操作，观察并记录 S7-200 PLC 上的各 LED 指示灯的状态。在模拟调试中认真体会电梯不换向原则的作用。

4. 按下面的控制要求编制四层楼电梯控制程序，上机调试并运行。

电梯启动后，首先在第一层，有呼叫则电梯上升，上升过程中只响应大于或等于当前楼层的内呼信号和上升外呼信号，且记忆其他信号，到达内呼楼层和上升的外呼楼层停止，且消除该楼层的内呼信号和上升外呼信号。此后若无其他楼层内外呼信号，则停止在此楼层，若有则继续运行。到达四楼后，有其他楼层内外呼信号则电梯下降，下降过程只响应小于等于当前楼层的内呼和下降的外呼信号，记忆其他信号并在内呼楼层和下降外呼楼层停止。此后若无内外呼信号(含记忆信号)，则停于此楼层，若有则继续运行。到达一楼后又重新开始上述循环。设定电梯匀速上升或下降，楼层显示灯亮表示对应楼层的电梯门打开。

4.2.5 实训报告要求及评分标准

一、实训报告要求

1. 整理实训中观察到的现象和体会。

2. 说明 PLC 控制系统设计的基本原则以及主要内容。

3. 说明 PLC 控制系统设计与调试的主要步骤。

4. 上网查找有关电梯资料，进一步熟悉实际电梯的控制要求，在实训报告中说明电梯不换向原则的作用。

5. 按要求编制四层楼电梯控制程序。

6. 在四层电梯控制中，若需要电梯只服务于奇数楼层，梯形图将作如何变换？

7. 在四层电梯控制中，若需要电梯只服务于偶数层楼，梯形图将作如何变换？

二、评分标准

表 4-4　实训考核评分表

姓名：	班级：	学号：	工位号：	日期：
考核项目	考核内容	配分	考核要求	得分
实训态度	认真听课	10 分	笔记认真	
	勤于思考	10 分	积极正确回答问题	
	善于动手	10 分	积极动手操作	
	团队精神	10 分	合理分工，互相协作	
实训报告	按要求完成报告	50 分	报告规范，内容详实 40 分，正确回答思考题 10 分	
安全文明	安全文明意识	10 分	正确使用设备、工具，无事故发生	
考评教师签名：			总分：	

项目 4.3 气动机械手的 PLC 控制系统设计

4.3.1 实训目的

1. 了解气压传动的基础知识。
2. 认识传感器，了解其工作原理。
3. 熟悉接近开关的分类以及接线与调试。
4. 熟悉气动机械手的控制设计。

4.3.2 实训所需器材

1. 西门子 S7-200 PLC 1 台。
2. 计算机 1 台、连接电缆 1 根、编程软件 1 套。
3. 接近开关若干。
4. 气动机械手模型或实验板 1 套。
5. 气源 1 套，气管若干。
6. 导线若干。

4.3.3 预备知识

一、气压传动基础

气压传动是指以压缩空气为工作介质，以气体的压能传递动力的传动方式。它具有成本低、效率高、污染少、便于控制等优点，在各类机电一体化设备中应用十分广泛。气动系统除包括气源装置、执行元件、控制元件及气动辅件外，还可用于完成一定逻辑功能的气动逻辑元件和感测、转换、处理气动信号的气动传感器及信号处理装置。

1. 气源装置。气压传动所用的压缩空气由气源装置提供。气源装置是指提供处理和贮存清洁、干燥且具有一定压力的压缩空气的装置。它由空气压缩机、空气净化与贮存装置、压缩空气运输管道系统等部分组成。

2. 气动执行元件。气动执行元件是将压缩空气的压力能转换为机械能并输出的装置，包括做直线运动的气缸和做旋转运动的气电机。

3. 气动控制阀。气动控制阀与液压控制阀相似，按功能可分为压力控制阀、流量控制阀和方向控制阀三大类，其工作原理及结构与同类液压控制阀类似。气动控制阀多用膜片结构，回气与泄漏直接向大气排放。气动控制阀体积较小，由于气动控制阀承受压力低，其阀体多采用铸铝材料制作。

4. 气动逻辑元件。气动逻辑元件是在控制回路中能够满足逻辑功能需要的器件。按结构分为截止式、膜片式、滑阀式及其他形式的逻辑元件。气动逻辑元件主要由开关部分和控制部分两部分组成，前者用于改变气流的通断状态，后者是在满足控制信号状态改变时，使开关部分完成相应的动作。

5.气动系统基本回路。气动基本回路是分析典型回路和设计回路的基础,也是对气动元件的应用。气动基本回路分为压力控制、方向控制、速度控制、安全保护、往复运动等回路。

二、传感器简介

传感器是能够感受规定的被测量并按照一定规律转换成可用输出信号的器件或装置,由敏感元件、转换元件和基本转换电路 3 部分组成。如图 4-8 所示。

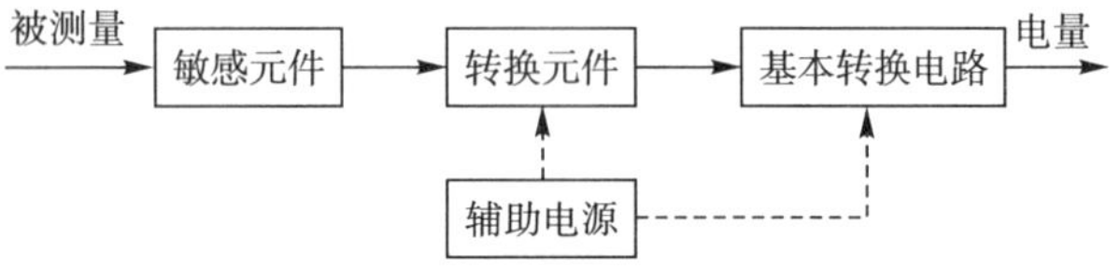

图 4-8 传感器的组成

敏感元件是直接感受被测量,并输出与被测量成确定关系的某一物理量的元件。转换元件的作用是把输入转换成电路参量,敏感元件的输出就是它的输入。上述电路参数输入基本转换电路(简称“转换电路”),便可转换成电量输出。

下面具体介绍一下位移传感器,即接近开关。它是利用其对接近物体的敏感特性达到控制开关通或断的目的。接近开关在航空、航天以及工业生产中都有广泛的应用。在日常生活中,如在宾馆、银行、饭店、车库的自动门、自动热风机上都有应用。在测量技术中,如长度、位置的测量,在控制技术中,如位移、速度、加速度的测量和控制,也都大量使用接近开关。

1.电感式接近开关。电感式接近开关由三大部分组成:振荡器、开关电路和放大输出电路,其结构如图 4-9 所示。振荡器会产生一个交变磁场,当金属目标接近这一磁场,并达到感应距离时,在金属目标内产生涡流,从而导致振荡衰减,以至停振。振荡器振荡的变化及停振被后级放大电路处理,并转换成开关信号,触发驱动控制器件,从而达到非接触式的检测目的。需要注意的是,电感式接近开关所能检测的物体必须是导电体。

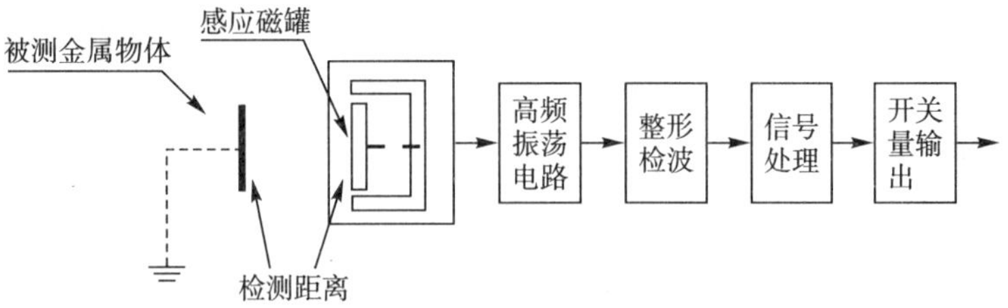

图 4-9 电感式接近开关组成示意图

2.电容式接近开关。电容式接近开关属于一种具有开关量输出的位置传感器,组成示意图如图 4-10 所示。这种开关的测量头通常是构成电容器的一个极板,而另一个极板是开关的外壳,这个外壳在测量过程中通常是接地或与设备的机壳相连接。当物体移向接近开关时,物体和接近开关的介电常数发生变化,使得和测量头相连的电路状态也随之发生变化,由此便可控制开关的通和断。这种接近开关的检测对象,并不限于金属导体,也可以是绝缘的液体或粉状物体。在检测介电常数ε较低的物体时,可以顺时针调节位于开关后部的多圈电位器来增加感应灵敏度。

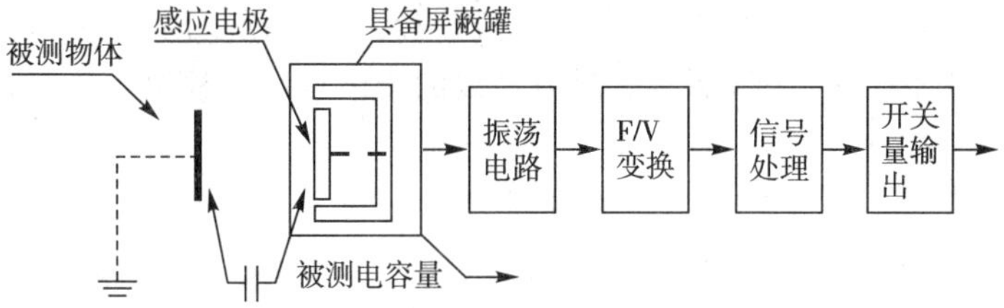

图 4-10 电容式接近开关组成示意图

3.霍尔接近开关。霍尔接近开关是利用霍尔元件(一种磁敏元件)做成的开关。当磁性物件接近时,开关检测面上的霍尔元件因产生霍尔效应而使开关内部电路状态发生变化,据此识别附近有无磁性物体存在,从而控制开关的导通或断开。这种开关的检测对象必须是磁性物体。

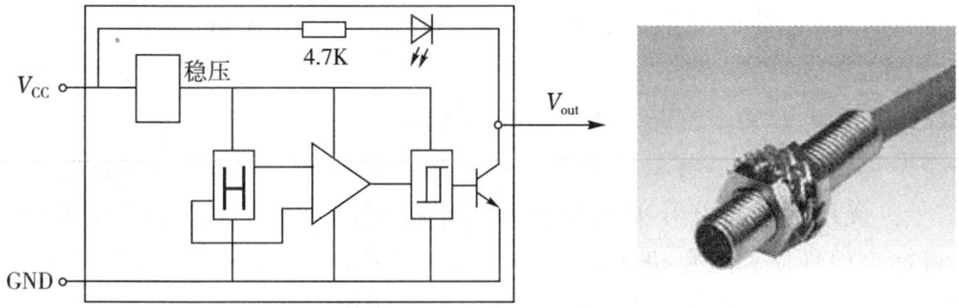

图 4-11 霍尔接近开关原理图和实物图

4.磁性开关。磁性开关是一种接近传感器,作用距离大于电感传感器。磁性开关包括一个永久磁铁、一个磁极片和一个感应线圈,全部封装于一个外壳内,目标物如钢、铁或其他磁性材质。它(甚至透过非黑色金属)响应于一个永久的磁场。响应曲线与永久磁场的方向有关。当一个目标非常近地通过其磁极片时,会引起线圈和磁极之间磁通的变化,产生一个电压信号。电压信号的大小取决于磁性目标物的尺寸和接近速度以及接近距离,信号极性取决于是否朝向或远离极片运动。磁性开关可以用于检测齿轮上的齿数、键槽或其他移动机械安装目标物。磁性开关实物图如图 4-12 所示。

图 4-12 磁性开关实物图

5.光电开关。"光电开关"(光电传感器)是光电接近开关的简称,它是利用光电效应,把发射端(发光器件)和接收端(光电器件)之间光的强弱变化转化为电流的变化,以达到探测的目的。由于光电开关输出回路和输入回路是电气隔离的(即电缘绝),所以它可以在许多场合得到应用。

工作原理:发射端对准目标发射光束,发光器件一般采用半导体光源,即发光二极管(LED)和激光二极管。接收端由光电二极管或光电三极管组成。在接收器的前面,装有光学元件,如透镜、光圈等。在其后面是检测电路,它能检测出有效信号并应用该信号。

由于光电开关是利用被测物体对光束的遮挡或反射,由同步回路接通电路,从而检测物体有无的,所以物体不限于金属,所有能反射光线的物体均可被检测。常见的光电开关有以下几种类型。

(1)槽式光电开关。它通常采用标准的U字形槽结构,把一个光发射器和一个光接收器面对面地装在一个U字形槽的两侧。槽式光电开关实物图如图4-13所示。光发射器能发出红外光或可见光,在无阻情况下光接收器能收到光。当被检测物体从槽中通过时,光被遮挡,光电开关就产生一个开关量信号,切断或接通负载电流,从而完成一次控制动作。槽式光电开关比较适合检测高速运动的物体,并且能分辨透明与半透明物体,使用起来安全可靠。但它的检测距离受整体结构的限制,一般只有几厘米。

图4-13　槽式光电开关实物图

(2)漫反射型光电开关。它是一种集发射器和接收器于一体的传感器,当有被测物体经过时,物体将发射器发射的足够量的组合光线反射到接收器,于是开关状态就发生变化,产生了开关信号。漫反射型光电开关检测示意图如图4-14所示。其有效作用距离由目标的反射能力、目标表面性质和颜色决定,作用距离的典型值一直到3m。当被测物体的表面光亮或其反光率极高时,漫反射型光电开关是首选的检测模式。

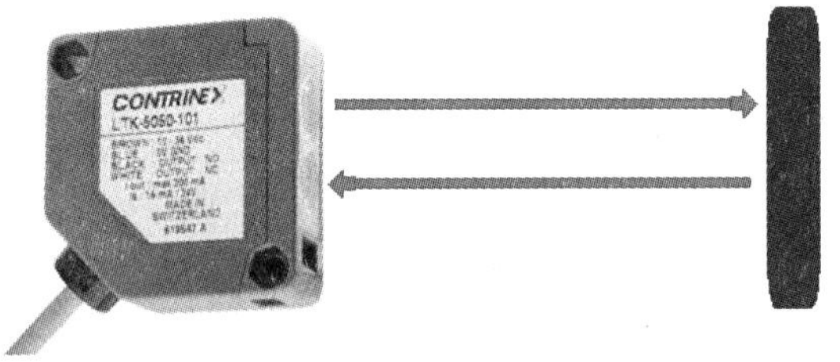

图4-14　漫反射型光电开关检测示意图

(3)镜面反射型光电开关。镜面反射型光电开关是集发射器与接收器于一体的传感器,其检测示意图如图4-15所示。光电开关发射器发出的光线经过反射镜反射到接收器,当被测物体经过且完全阻断光线时,光电开关就产生了检测开关信号。这种开关的有效作用距离为0.1～20m,可以辨别不透明的物体,抗干扰能力强,可以在野外或者有灰尘的环境中使用。

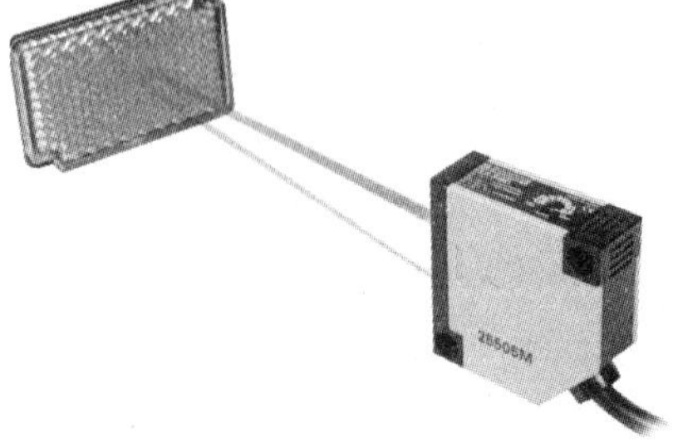

图4-15　镜面反射型光电开关检测示意图

(4)对射型光电开关。对射型光电开关由发射器和接收器组成,两者在结构上是相互分离的。对射型光电开关检测示意图如图 4-16 所示。当被检测物体经过发射器和接收器之间阻断光线时,光电开关就产生开关信号。当检测物体为不透明时,对射型光电开关是最可靠的检测装置。它可以可靠地在野外或者有灰尘的环境中使用。但该装置的消耗高,两个单元都必须单独敷设电缆。

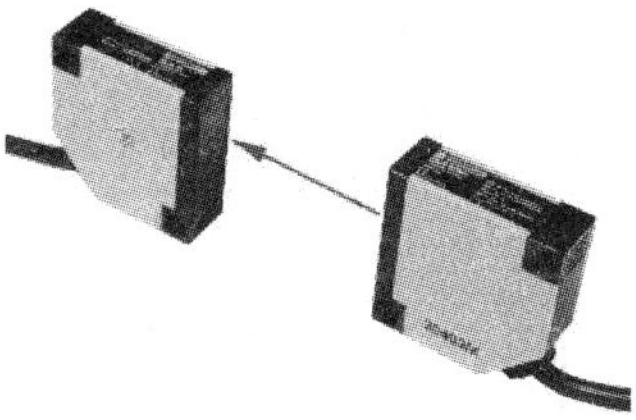

图 4-16 对射型光电开关检测示意图

(5)光纤式光电开关。把发光器发出的光用塑料或玻璃光纤引导到检测点,再把检测到的光信号用光纤引导到光接收器,就组成了光纤式光电开关。按动作方式的不同,光纤式光电开关通常可分为对射式和漫反射式等形式。由于光纤导线具有伸缩性,并且体积小,因此可以进入其他导线不易进入的部位进行测量。另外,由于光纤中没有电流,因此可以用在易爆或强电磁场的场合。光纤式光电开关实物图如图 4-17 所示。

图 4-17 光纤式光电开关实物图

4.3.4 实训内容

一、任务描述

设计如图 4-18 所示的气动控制机械手。该机械手的作用是将工件由 A 处传送到 B 处。其上升、下降、左移和右移的执行是利用双线圈二位电磁阀推动气缸完成的。由于采用气动控制,只要某个电磁阀线圈通电,就一直保持对应的机械动作不变,直到相反动作的电磁阀通电为止。例如,一旦上升的电磁阀线圈通电,机械手上升,即使线圈再断电,仍保持现有的上升动作状态,直到相反方向下降的线圈通电为止。另外,夹紧与放松由单线圈二位电磁阀推动气缸完成,线圈通电时执行夹紧动作,线圈断电时执行放松动作。要求设备上装有上、下、左和右 4 个限位开关,即 SQ1.2、SQ1、SQ4、SQ3。机械手的工作过程共有 8 个动作,如图 4-19 所示。

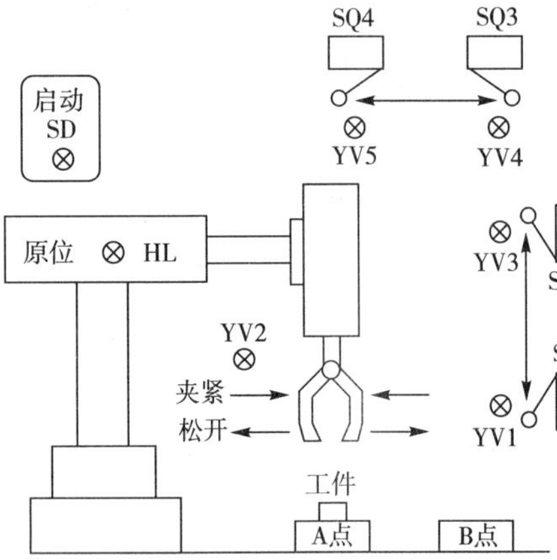

图 4-18　气动机械手示意图

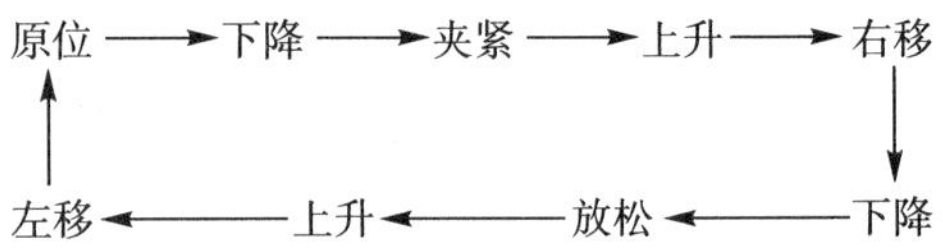

图 4-19　气动机械手工作过程

按照控制要求，列出气动机械手的输入、输出信号以及 I/O 地址分配，如表 4-5 所示。根据 I/O 分配，画出该系统的外部接线图，参考图如图 4-20 所示。并写出控制程序，参考程序如图 4-21 所示。

表 4-5　I/O 地址分配

输入信号			输出信号		
元件名称	元件符号	输入点编号	元件名称	元件符号	输入点编号
启动	SD	I0.0	下降电磁阀	YV1	Q0.0
下降限位开关	SQ1	I0.1	夹紧电磁阀	YV2	Q0.1
上升限位开关	SQ2	I0.2	上升电磁阀	YV3	Q0.2
右限位开关	SQ3	I0.3	右移电磁阀	YV4	Q0.3
左限位开关	SQ4	I0.4	左移电磁阀	YV5	Q0.4
			原位指示灯	HL	Q0.5

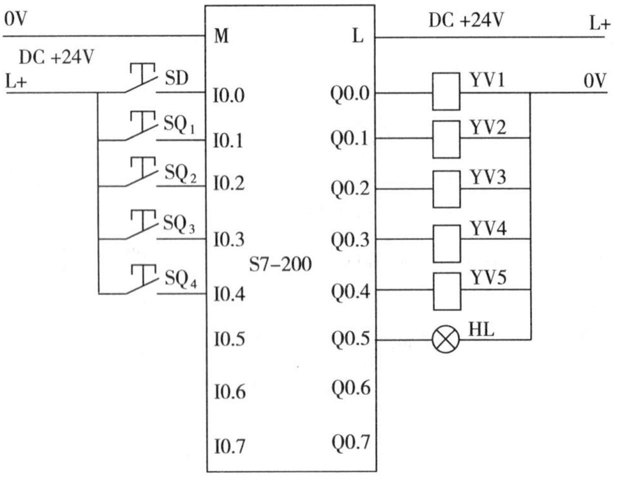

图 4-20　PLC 外部接线图

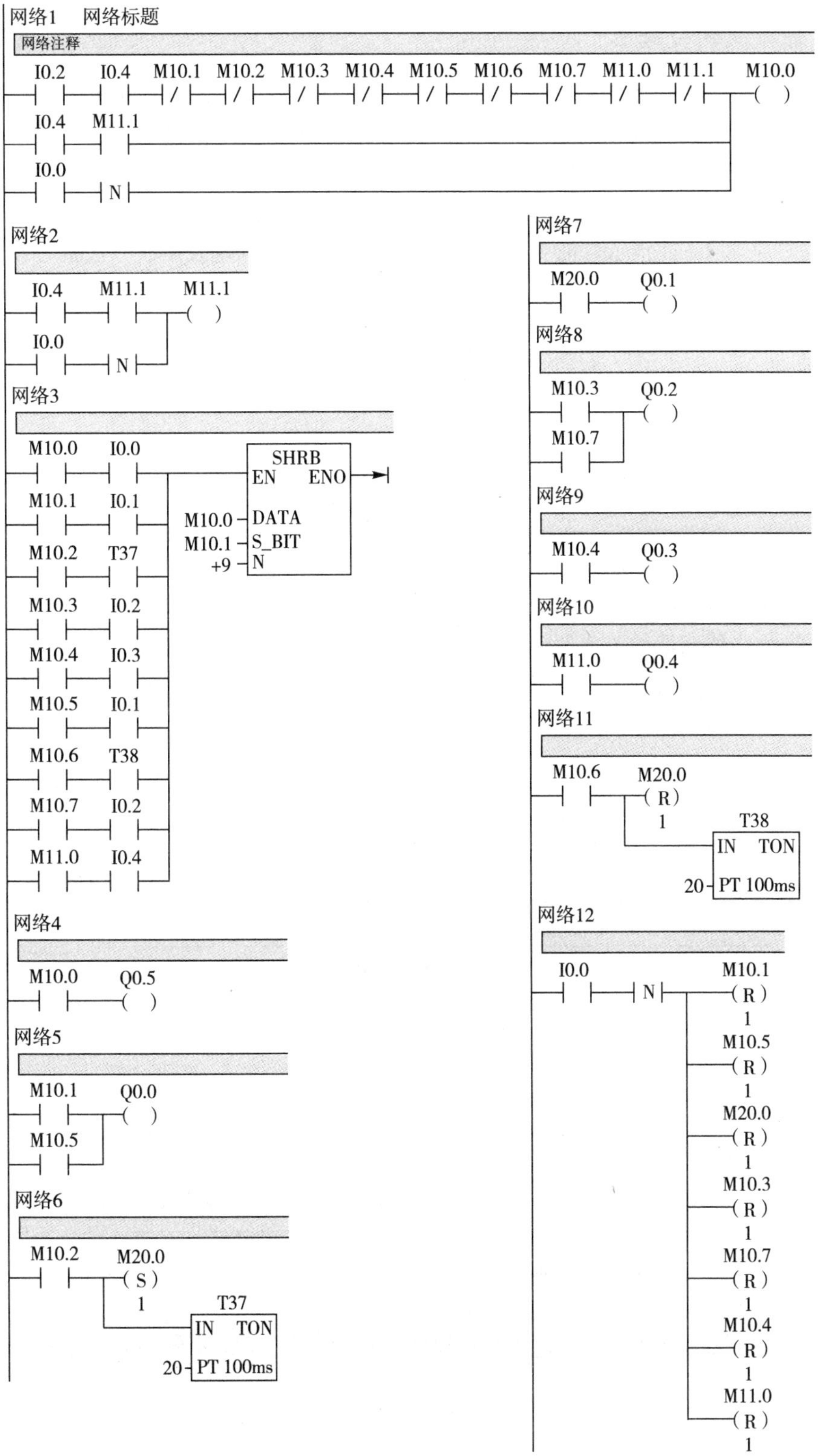

图 4-21 气动机械手参考程序

二、实训步骤与要求

1. 按照I/O分配表和接线图接好线路;打开计算机,将参考程序写好并存盘。

2. 用连接电缆将计算机和PLC连接好,接通PLC的电源,此时模式选择开关置于STOP状态,并将程序下载到PLC。

3. 将PLC置于RUN状态,模拟气动机械手操作,观察并记录气动机械手工作过程以及S7-200 PLC上各LED指示灯的状态,对模拟调试中出现的问题及解决方法进行记录。

4. 按下述控制要求编制控制程序,上机调试并运行。

假设机械手在原位时,手是在抓紧状态。启动后,手动作依次为:先松开,再下降,到位后抓紧,右移,松手,上升,左移,抓紧。再次按下启动按钮,将重复上述动作。

4.3.5 实训报告要求及评分标准

一、实训报告要求

1. 整理实训中观察到的现象和学习体会。
2. 说明气动控制的基本工作原理。
3. 说明位移传感器的工作原理、工作过程以及安装和调试位移传感器时的注意事项。
4. 上网查找有关机械手的资料,进一步熟悉实际生产中机械手的作用及其控制要求。
5. 按要求编制不同工作过程的气动机械手控制程序。

二、评分标准

表 4-6 实训考核评分表

姓名:	班级:	学号:	工位号:	日期:
考核项目	考核内容	配分	考核要求	得分
实训态度	认真听课	10 分	笔记认真	
	勤于思考	10 分	积极正确回答问题	
	善于动手	10 分	积极动手操作	
	团队精神	10 分	合理分工,互相协作	
实训报告	按要求完成报告	50 分	报告规范,内容详实 40 分,正确回答思考题 10 分	
安全文明	安全文明意识	10 分	正确使用设备、工具,无事故发生	
考评教师签名:			总分:	

项目 4.4 自动售货机的 PLC 控制系统设计

4.4.1 实训目的

1. 掌握选择PLC型号的方法。

2. 熟悉 PLC 程序设计常用的方法。

3. 掌握自动售货机的 PLC 控制系统设计方法。

4.4.2 实训所需器材

1. 西门子 S7-200 PLC 1 台。
2. 计算机 1 台、连接电缆 1 根、编程软件 1 套。
3. LA10-1 型按钮 3 只。
4. 指示灯 24V 3 只。
5. 自动售货机模型 1 套或实验板 1 块。
6. 导线若干。

4.4.3 预备知识

一、PLC 型号的选择

目前,国内外众多的生产厂家提供了多种系列、功能各异的 PLC 产品。用户在 PLC 选型时要以满足系统功能需要为前提,不要盲目贪大求全,以免造成资源浪费。全面权衡利弊、合理地选择机型才能达到经济实用的目的。一般机型的选择可从以下几个方面来综合考虑。

1. 对输入/输出点的选择。盲目选择点数多的机型会造成浪费,使系统性价比低。所以要仔细分析待设计的系统,先弄清楚该控制系统所需要的总 I/O 点数,再按实际所需总点数的 10%左右留出备用量,再确定所需 PLC 的点数。备用量的预留主要是考虑到工艺的改进以及生产发展的需要。

另外,还要考虑选用的 PLC 输出点是采用何种接法。PLC 的输出点可分为共点式、分组式和隔离式等接法。隔离式的各组输出点之间可以采用不同的电压种类和电压等级,但这种 PLC 平均每点的价格较高。如果控制系统输出信号之间不需要隔离,从成本的角度考虑,就应优先选择前两种输出方式的 PLC。

2. 对存储容量的选择。对用户存储容量只能进行粗略地估算。在仅控制开关量的系统中,可以用输入总点数的 10 倍加上输出总点数的 5 倍来估算;计数器/定时器按 3～5 字/个估算;有运算处理时,按 5～10 字/量估算;在有模拟量 I/O 的系统中,可以按每一路 I/O 模拟量约需 100 字的存储容量来估算;有通信处理时,按每个接口 200 字以上的数量粗略估算。最后,一般按估算总容量的 25%左右留出备用量。

3. 对 I/O 响应时间的选择。PLC 的 I/O 响应时间包括输入电路延迟、输出电路延迟以及扫描工作方式引起的时间延迟等。对于开关量控制的系统,PLC 和 I/O 响应时间一般都能满足实际工程的要求,可不必考虑 I/O 响应问题。但对于模拟量控制的系统,特别是设计闭环系统,就要考虑这个问题。

4. 根据输出负载的特点选型。根据输出负载的特点,PLC 可分为继电器输出型、晶体管输出型以及晶闸管输出型等。而不同的负载对 PLC 的输出方式有相应的要求。继电器输出型的 PLC 导通压降小,有隔离作用,价格相对较便宜,承受瞬时过电压和过电流的能力较强,其负载电压灵活,且电压等级范围大。所以动作不频繁的交、直流负载可以选择继电器输出型的 PLC;而频繁通断的感性负载,应选择晶体管或晶闸管输出型的 PLC,而不应选用继电器输出型的 PLC。

5.根据是否需要联网通信选型。若 PLC 控制的系统需要联入自动化网络,则 PLC 需要有通信联网功能,即要求 PLC 应具有连接其他设备的相应接口。一般情况下,大、中型机和大部分小型机都具有通信功能。

6.对 PLC 结构形式的选择。PLC 按结构可分为整体式和模块式 2 类。在功能相似的前提下,整体式比模块式价格低。但模块式具有扩展灵活、维修方便、易判断故障点等优点。所以在选择 PLC 的结构形式时,要按实际需要从多方面综合考虑。

二、PLC 程序设计常用的方法

PLC 程序设计常用的方法主要有经验设计法、继电器控制电路转换为梯形图法、逻辑设计法、顺序控制设计法等。

1.经验设计法。经验设计法即在一些典型的控制电路的基础上,根据被控制对象的具体要求,进行选择组合,经过多次模拟调试及修改,有时可能需要增加一些辅助触点和中间编程环节,才能达到控制要求。这种方法没有规律可遵循,设计所用的时间和设计的质量与设计者的经验有很大的关系,所以把这种方法称为“经验设计法”。

经验设计法一般用于较简单的梯形图设计,对于一些复杂的控制电路,不宜采用此法。另外,应用经验设计法时,必须熟记一些典型的控制电路,如启保停、报警、脉冲产生电路等。

2.继电器控制电路转换为梯形图法(翻译法)。继电器控制系统经过长期的使用,已有一套能完成系统要求的控制功能并经过实践验证的控制电路图,而 PLC 控制的梯形图与继电器接触器控制的电路图很相似,因此可以直接将经过验证的继电器接触器控制电路图转换成梯形图。该方法又称为“翻译法”或“移植设计法”。这种方法用于简单的控制系统是方便可行的,但不适用于较复杂的控制电路。

3.逻辑设计法。逻辑设计法是以布尔代数为理论基础,根据生产过程中各工步之间的状态变化,即各检测元件(如行程开关、传感器等)状态的变化,列出各检测元件的状态变化表,确定所需的中间记忆元件,再列出各执行元件的工序表,然后写出检测元件、中间记忆元件和执行元件的逻辑表达式,再转换成 PLC 梯形图。该方法适用于单一的条件控制系统,相当于组合逻辑电路,但在涉及与时间有关的控制系统中,使用该方法就很复杂。

4.顺序控制设计法。顺序控制设计法又称为“功能流程图法”,适用于按照动作先后顺序进行控制的系统。该方法是根据功能流程图,以步为核心,从起始步开始一步一步地设计下去,直至完成。此法的关键是画出功能流程图。首先将被控制对象的工作过程按输出状态的变化分为若干步,并指出工步之间的转换条件和每个工步的控制对象。在进行程序设计时,可以用中间继电器 M 来记忆工步,一步一步地顺序进行,也可以用顺序控制指令来实现。

4.4.4 实训内容

一、任务描述

利用西门子 S7-200 PLC 设计控制要求如下的一台自动售货机,自动售货机如图 4-22

所示。假设该系统中汽水 2 元 1 杯，咖啡 3 元 1 杯。

1. 此售货机可投 1 角、5 角或 1 元硬币。

2. 当投入的硬币总值超过 2 元时，汽水按钮指示灯亮；当投入的硬币总值超过 3 元时，汽水和咖啡按钮指示灯都亮。

3. 当汽水按钮指示灯亮时，按汽水按钮则汽水排出，8s 后自动停止，在这段时间内汽水指示灯闪烁。

4. 当咖啡按钮指示灯亮时，按咖啡按钮则咖啡排出，8s 后自动停止，在这段时间内咖啡指示灯闪烁。

5. 若投入硬币总值超过所购买饮料的价格（汽水 2 元、咖啡 3 元）时，找钱指示灯亮并退出多余的钱。

图 4-22 自动售货机示意图

二、实训步骤与要求

1. 分析自动售货机控制要求，掌握售货机的工作过程及原理。确定系统的输入设备和输出设备。根据实际要求合理选择 PLC，并进行 I/O 地址分配，参考分配见表 4-7。画出 PLC 外部接线图，如图 4-23 所示。

表 4-7 I/O 分配表

输入信号			输出信号		
元件名称	元件符号	输入点编号	元件名称	元件符号	输入点编号
1 角	SB1	I0.0	汽水指示	YV1	Q0.0
5 角	SB2	I0.1	咖啡指示	YV2	Q0.1
1 元	SB3	I0.2	找零指示	YV3	Q0.2
买汽水	SB4	I0.3			
买咖啡	SB5	I0.4			

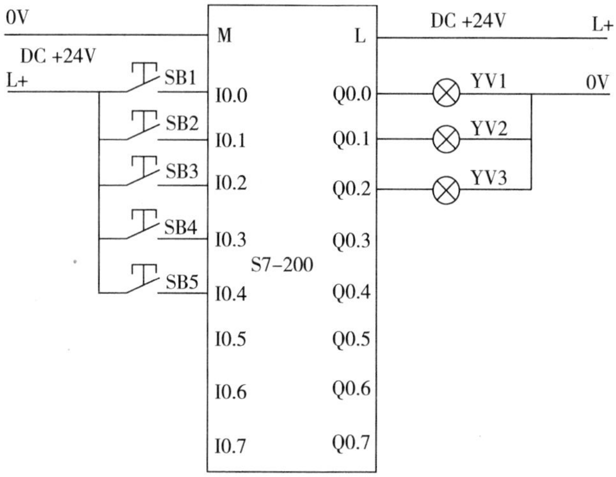

图 4-23　PLC 控制系统外部接线图

2. 根据提供的 I/O 分配表以及外部接线图连接好 PLC,将程序写好并下载到 PLC。

3. 将程序投入运行,利用 I0.0、I0.1、I0.2 三个输入按钮组合使用模拟投入硬币分别为 1 角、5 角、1 元、2 元、3 元、4 元时的自动售货情形。观察 PLC 的运行情况和计算机监控情况。判断是否符合控制要求,若不符合,则需调试程序,直到正确为止。

4.4.5　实训报告要求及评分标准

一、实训报告要求

1. 整理实训中观察到的现象和学习体会。

2. 说明参考程序图 4-24 中是如何实现价格比较、退币操作的。

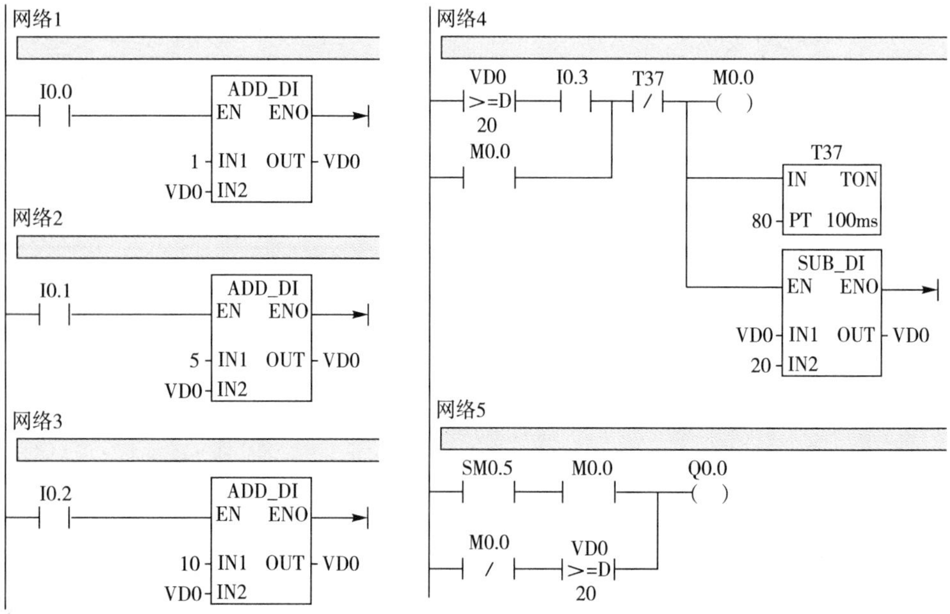

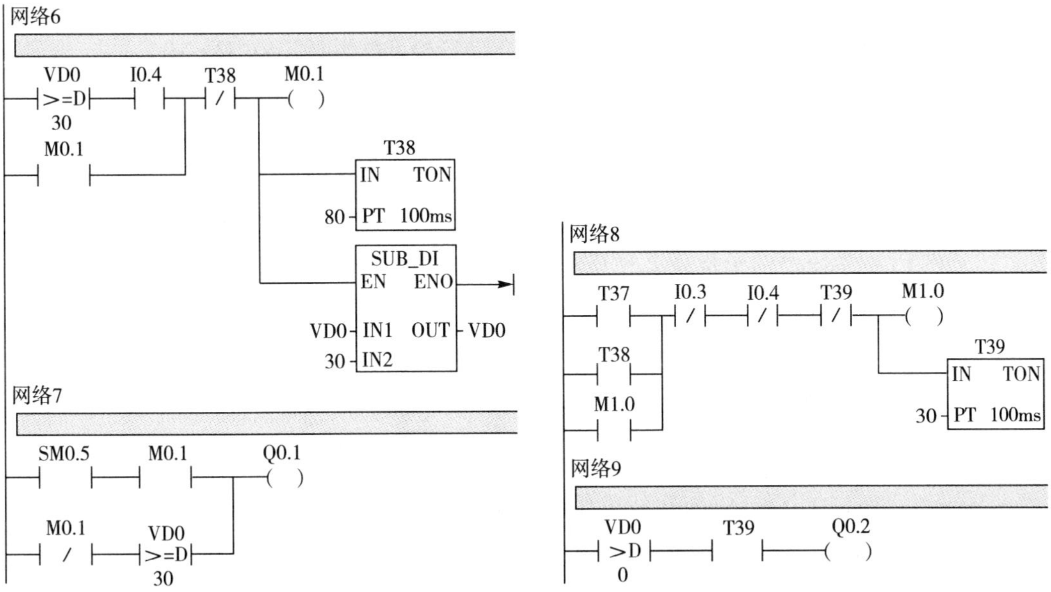

图 4-24 自动售货机 PLC 控制系统的梯形图参考程序

3. 说明 T37、T38 和 T39 三个定时器在程序中各起什么作用。

4. 实际应用的自动售货机中有计币系统。当有顾客买饮料时，投入的硬币经过感应器，感应器记忆投币的个数并传送到检测系统(电子天平)和计币系统中。只有当电子天平测量的重量小于误差值时，才允许计币系统进行计数，计数后的硬币数据存放在数据寄存器中。如果电子天平测量的重量大于误差值时，便认为是假币，即退出系统，等待新顾客。试编写程序并实现该过程。

5. 实际应用的自动售货机中还有比较系统、选择系统、饮料供应系统、退币系统和报警系统等。请查阅相关资料，简述各系统的作用。

二、评分标准

表 4-8 实训考核评分表

姓名：	班级：	学号：	工位号：	日期：
考核项目	考核内容	配分	考核要求	得分
实训态度	认真听课	10 分	笔记认真	
	勤于思考	10 分	积极正确回答问题	
	善于动手	10 分	积极动手操作	
	团队精神	10 分	合理分工，互相协作	
实训报告	按要求完成报告	50 分	报告规范，内容详实 40 分，正确回答思考题 10 分	
安全文明	安全文明意识	10 分	正确使用设备、工具，无事故发生	
考评教师签名：			总分：	

项目4.5 立体车库的PLC控制系统设计

4.5.1 实训目的

1. 了解PLC在安装、使用及维护中需要注意的问题。
2. 了解PLC系统中的干扰种类及其来源。
3. 掌握PLC系统设计中的抗干扰措施。
4. 了解立体车库的工作过程及控制系统的设计。

4.5.2 实训所需器材

1. 西门子S7-200 PLC 1台。
2. 计算机1台、连接电缆1根、编程软件1套。
3. 立体车库模型1套。
4. 导线若干。

4.5.3 预备知识

国际电工委员会(IEC)在公布PLC定义时就指出,PLC是专为工业环境下的应用而设计的。所以说,PLC是一种可靠性较高、抗干扰能力较强的工业生产控制设备,一般不需要采取保护措施,就可以直接在工业环境中使用。但当生产环境恶劣、电磁干扰特别强烈以及安装使用不当时,就有可能造成运算错误,从而造成设备失控和误动作。

要想提高PLC控制系统的可靠性,一方面,在PLC选型时,要选择抗干扰能力强的PLC;另一方面,在设计、安装和使用维护中也要引起高度重视。因此,在使用PLC时应注意以下问题。

一、工作环境

1.温度。一般PLC要求工作环境温度为0～55℃,保存温度为－40～85℃。所以安装PLC时不能放在发热量大的元件上面,并且在PLC四周要留有空间,以利于通风散热。另外,有条件的话,可以在控制柜中安装风扇,通过过滤网把自然风引进柜中,以降低工作环境温度。

在低温工作环境下,可以在控制柜中安装加热器,并选择合适的温度传感器,以便在低温时自动接通电源,在高温时自动切断电源。在控制系统不运行时,可以不关闭PLC模块的电源,靠其自身发热来升温。

2.湿度。为了保证PLC的绝缘性能,工作环境的相对湿度应小于5%(无凝结露)。

3.振动。一般类型的PLC能承受的振动频率为10～55Hz,振幅为0.5mm,加速度为2g,能承受的冲击为10g。超过这些限度时,会引起PLC内部机械结构松动,连接器接触不良,电气部件疲劳损坏。所以,应使PLC远离强烈的振动源,当工作环境中有强烈的振动源时,就必须采取减振措施,如采用减振胶等。

4.空气。PLC的工作环境中不能有腐蚀或易燃的气体、粉尘、导电尘埃、水分、有机溶剂和盐分等，否则，会造成 PLC 误动作、接触不良、绝缘性能变差以及内部短路等故障。对于必须在这种环境下工作时，可将 PLC 安装在封闭性较好的控制室或控制柜中。

5. 电源。PLC 对于电源线带来的干扰具有一定的抵抗能力。在可靠性要求很高或电源干扰特别严重的环境中，可以安装一台带屏蔽层的隔离变压器，以减少设备与地之间的干扰。一般 PLC 都有直流 24V 输出提供给输入端，当输入端使用外接直流电源时，应选用直流稳压电源。因为普通的整流滤波电源易受纹波的影响，容易使 PLC 接收到错误信息。

二、控制系统中的干扰及其来源

影响 PLC 控制系统的干扰源大都产生在电流或电压剧烈变化的部位。其原因主要是电流改变产生磁场，对设备产生电磁辐射。通常电磁干扰按干扰模式不同，分为共模干扰和差模干扰。PLC 系统中干扰的主要来源有：

1. 强电干扰。PLC 系统的正常供电均由电网提供。由于电网覆盖范围广，PLC 系统将受到所有空间电磁干扰产生在线路上的感应电压的影响。尤其是电网内部的变化、大型电力设备启停、交直流传动装置引起的谐波、电网短路暂态冲击等，都通过输电线路传到电源上。

2. 柜内干扰。控制柜内的高压电器、大的电感性负载、杂乱的布线等，都容易对 PLC 造成一定程度的干扰。

3. 来自信号线引入的干扰。这些干扰有 2 种：一是通过变送器供电电源或共用信号仪表的供电电源串入的电网干扰；二是信号线上的外部感应干扰。

4. 来自接地系统混乱时的干扰。正确的接地既能抑制电磁干扰的影响，又能抑制设备向外发出干扰；而错误的接地会引入严重的干扰信号，使 PLC 系统无法正常工作。

5. 来自 PLC 系统内部的干扰。这种干扰主要由系统内部元器件及电路间的相互电磁辐射产生，如逻辑电路相互辐射及其对模拟电路的影响、模拟地与逻辑地的相互影响及元器件间的相互不匹配使用等。

6. 变频器干扰。这种干扰有 2 种：一是变频器启动及运行过程中产生谐波，对电网产生传导干扰，引起电网电压畸变，影响电网的供电质量；二是变频器的输出会产生较强的电磁辐射干扰，影响周边设备的正常工作。

三、主要抗干扰措施

1. 采用性能优良的电源，抑制电网引入的干扰。在 PLC 控制系统中，电源占有极重要的地位。电网干扰串入 PLC 控制系统主要是通过 PLC 系统的供电电源（如 CPU 电源、I/O 电源等）、变送器供电电源和与 PLC 系统具有直接电气连接的仪表供电电源等耦合进入的。现在对于 PLC 系统供电的电源，一般都采用隔离性能较好的电源，以减少对 PLC 系统的干扰。

2. 正确选择电缆和实施分槽走线。不同类型的信号分别由不同电缆传输，信号电缆应按传输信号种类分层敷设，严禁用同一电缆的不同导线同时传送动力电源和信号，如动力线、控制线、PLC 的电源线和 I/O 线应分别配线。将 PLC 的 I/O 线和大功率线分开走线，如必须在同一线槽内，可加隔离板，将干扰降到最低限度。

3. 硬件滤波及软件抗干扰措施。信号在接入计算机前，在信号线与地间并接电容，以减少共模干扰；在信号两极间加装滤波器，可减少差模干扰。

由于电磁干扰的复杂性,要根本消除干扰影响是不可能的,因此在 PLC 控制系统的软件设计和组态时,还应在软件方面进行抗干扰处理,进一步提高系统的可靠性。常用的一些提高软件结构可靠性的措施包括:数字滤波和工频整形采样,可有效消除周期性干扰;定时校正参考点电位,并采用动态零点,可防止电位漂移;采用信息冗余技术,设计相应的软件标志位;采用间接跳转,设置软件保护等。

4. 正确选择接地点,完善接地系统。接地的目的有 2 个:一是为了安全,二是可以抑制干扰。完善的接地系统是 PLC 控制系统抗电磁干扰的重要措施之一。

5. 对变频器干扰的抑制。变频器的干扰处理一般有下面几种方式:加隔离变压器,主要是针对来自电源的传导干扰,可以将绝大部分的传导干扰阻隔在隔离变压器之前;使用滤波器,滤波器具有较强的抗干扰能力,还具有防止将设备本身的干扰传导给电源的能力,有些还兼有尖峰电压吸收功能;使用输出电抗器,在变频器到电动机之间增加交流电抗器,主要是减少变频器输出在能量传输过程中线路产生的电磁辐射,避免影响其他设备正常工作。

4.5.4 实训内容

一、任务描述

设计 3×2 双层机械式立体停车库的 PLC 控制程序。该车库结构示意图如图 4-25 所示。

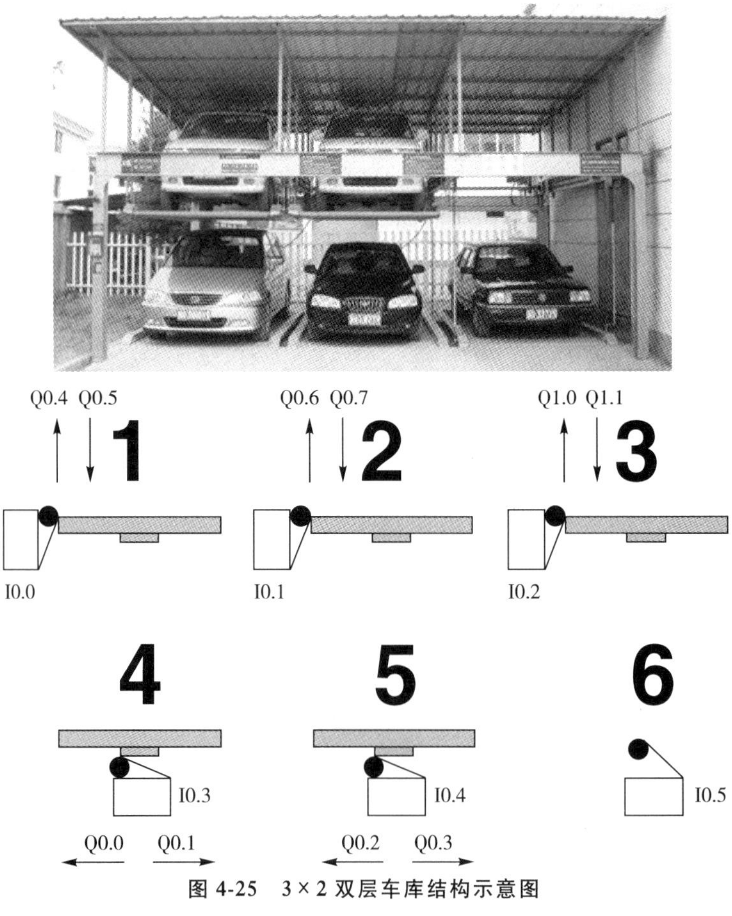

图 4-25　3×2 双层车库结构示意图

控制要求：

1. 双层车库最多可以停放 5 辆汽车。二层可以停放 3 辆，车库编号分别为 1、2、3；一层可以停放 2 辆，车库编号分别为 4、5；其中 6 号车库设计为上下交换时的过渡车库，正常时不能停放汽车。

2. 放车时，一层车库可以直接停放；二层的要手动操作控制面板进行停放。控制面板如图 4-26 所示。

当 3 号车库要放车时，先在控制面板选择 3，再选择↓按钮，3 号托板将自动下降至一层，这时可以停车；停车结束后，再在控制面板选择 3，再选择↑按钮，3 号托板将回到原位。

当 2 号车库要放车时，在控制面板依次选择 5、→、2、↓各按钮，再停车，停车结束后，在控制面板依次选择 2、↑、5、←，使 2 号和 5 号托板回到原位。1 号车库要放车时操作同上，要先使 1 号下面的 4 号空出，再放车，放车结束后再依次操作，使车库回归原位。

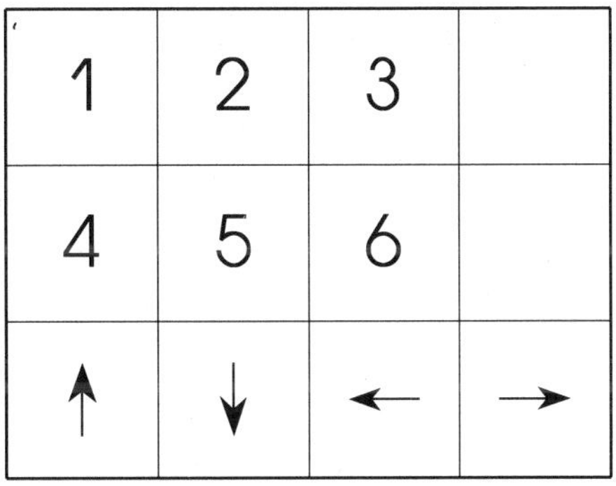

图 4-26 控制面板示意图

3. 取车时，操作为 2 的反操作。表 4-9 为该系统的输入/输出分配表，仅供参考。

表 4-9 I/O 分配表

输入信号			输出信号		
元件名称	元件符号	输入点编号	元件名称	元件符号	输入点编号
1 行程开关		I0.0	托板 4 左移		Q0.0
2 行程开关		I0.1	托板 4 右移		Q0.1
3 行程开关		I0.2	托板 5 左移		Q0.2
4 行程开关		I0.3	托板 5 右移		Q0.3
5 行程开关		I0.4	托板 1 上移		Q0.4
6 行程开关		I0.5	托板 1 下移		Q0.5
1 选择按钮		I0.6	托板 2 上移		Q0.6
2 选择按钮		I0.7	托板 2 下移		Q0.7
3 选择按钮		I1.0	托板 3 上移		Q1.0
4 选择按钮		I1.1	托板 3 下移		Q1.1
5 选择按钮		I1.2			
6 选择按钮		I1.3			
↑按钮		I1.4			
↓按钮		I1.5			
←按钮		I1.6			
→按钮		I1.7			

二、实训步骤与要求

1. 参照表4-9所示的I/O分配表，连接好PLC与外部设备，并画出该系统的外部接线图。打开计算机，根据控制要求，编制相应的梯形图程序。

2. 用连接电缆将计算机和PLC连接好，接通PLC的电源，将程序下载到PLC。然后进行程序模拟调试，直至正确为止，对调试中出现的问题及解决方法进行记录。

3. 假设某小区车库为3×3层，试编制该车库的控制程序。

4.5.5 实训报告要求及评分标准

一、实训报告要求

1. 整理实训中观察到的现象和学习体会。

2. 根据控制要求，在实训报告中要绘制PLC系统的外部接线图。

3. 记录程序设计及调试中出现的各类问题及解决方案。

4. 提供能满足控制要求的PLC程序。

5. 思考并说明为什么在3×2双层车库中设置一个过渡车位6。

6. 提供3×3立体车库的控制程序。

二、评分标准

表4-10 实训考核评分表

姓名：	班级：	学号：	工位号：	日期：
考核项目	考核内容	配分	考核要求	得分
实训态度	认真听课	10分	笔记认真	
	勤于思考	10分	积极正确回答问题	
	善于动手	10分	积极动手操作	
	团队精神	10分	合理分工，互相协作	
实训报告	按要求完成报告	50分	报告规范，内容详实40分，正确回答思考题10分	
安全文明	安全文明意识	10分	正确使用设备、工具，无事故发生	
考评教师签名：			总分：	

项目4.6 基于组态技术的PLC控制应用

4.6.1 实训目的

1. 了解组态软件的概念及其应用情况。

2. 进一步熟悉 PLC 控制系统的设计内容及步骤。

3. 掌握 MCGS 组态软件在简单 PLC 控制系统中的应用。

4.6.2 实训所需器材

1. 西门子 S7-200 PLC 1 台。

2. 计算机 1 台、连接电缆 1 根、编程软件 1 套。

3. MCGS 组态软件 1 套。

4.6.3 预备知识

一、监控组态软件简介

1. 监控组态软件的概念。组态软件是指用于数据采集和过程控制的专用软件，它是在自控系统中处于监控层一级的软件平台和开发环境，能以灵活多样的组态方式（非编程方式）提供良好的开发界面和简洁的使用方法。利用其预先设置的各种软件模块可以非常容易地实现监控的各项功能，并能支持大部分硬件，可以向控制及管理层提供软、硬件的全部接口，从而进行系统集成。

2. 组态软件的发展和现状。美国的 Wonderware 公司在 20 世纪 80 年代末率先推出第一个商品化监控组态软件 Intouch，从此组态软件得到了迅猛的发展。目前比较知名的监控组态软件有 Intouch、Fix、Citech、Wincc、LabView 等。

3. 组态软件的特点。组态软件使用简单，不需用户掌握太多的编程技术（甚至不需要掌握编程技术），就能很好地完成一个复杂工程所要求的组态功能。用组态软件开发的应用程序运行可靠，修改方便，当现场（包括硬件设备或系统结构）或用户需求发生改变时，不需做很多修改就可以方便地完成软件的更新和升级；组态软件还能够提供数据采集设备的驱动程序，提供自动化应用系统所需的组件，具有强大的图形设计工具。

二、MCGS 通用组态软件简介

通用监控系统（Monitor and Control Generated System，MCGS）是一套用于快速构造和生成计算机监控系统的组态软件。它能够在基于 Microsoft 的各种 32 位 Windows 平台上运行，通过对现场数据的采集处理，以动画显示、报警处理、流程控制、实时曲线、历史曲线和报表输出等多种方式向用户提供解决实际工程问题的方案。它充分利用了 Windows 图形功能，具有界面友好、通用性强、易学易用的特点，在自动化领域有着广泛的应用。

1. MCGS 系统的组成。MCGS 系统包括组态环境和运行环境 2 个部分。用户的所有组态配置过程都在组态环境中进行。组态环境相当于一套完整的工具软件，它帮助用户设计和构造自己的应用系统。用户组态生成的结果是一个数据库文件，称为“组态结果数据库”。

运行环境是一个独立的运行系统，它按照组态结果数据库中用户指定的方式进行各种处理，完成用户组态设计的目标和功能。运行环境本身没有任何意义，必须与组态结果数据库一起作为一个整体，才能构成用户应用系统。一旦组态工作完成，运行环境和组态结果数据库就可以离开组态环境而独立运行在监控计算机上。

由 MCGS 生成的用户应用系统的结构如图 4-27 所示，由主控窗口、设备窗口、用户窗口、实时数据库和运行策略5个部分构成。

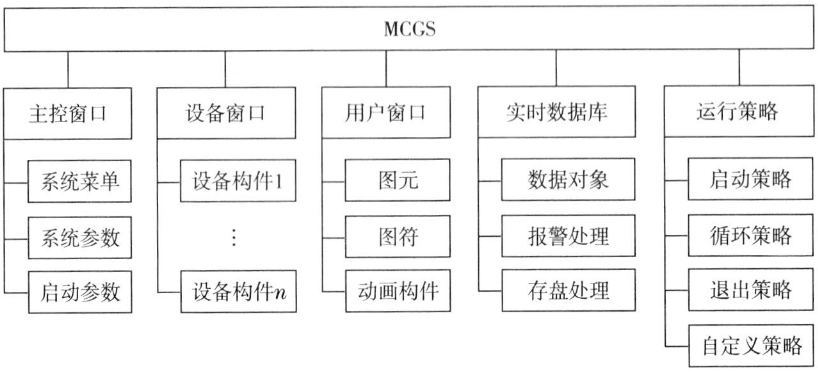

图 4-27　MCGS 用户应用系统

2. MCGS 系统的运行方式。MCGS 系统中文件 McgsSet. exe 对应于 MCGS 系统的组态环境,文件 McgsRun. exe 对应于 MCGS 系统的运行环境。此外,系统还提供了几个组态完好的样例工程文件,用于演示系统的基本功能。

MCGS 系统安装完成后,在用户指定的安装目录(或系统缺省目录 D:\MCGS)下创建3个子目录:Program、Samples 和 Work。组态环境和运行环境对应的2个执行文件以及 MCGS 中用到的设备驱动、动画构件及策略构件存放在目录 Program 中,样例工程文件存放在 Samples 目录下,Work 目录则是用户的缺省工作目录。

分别运行可执行程序 McgsSet. exe 和 McgsRun. exe,就能进入 MCGS 的组态环境和运行环境。安装完毕后,运行环境能自动加载并运行样例工程。用户可根据需要创建和运行自己的新工程。

3. MCGS 组态过程。使用 MCGS 完成一个实际的应用系统,首先必须在 MCGS 的组态环境下进行应用系统的组态生成工作,然后将应用系统放在 MCGS 的运行环境下运行。

构造一个应用系统大致包括以下几个步骤:工程整体规划、工程建立、构造实时数据库、组态用户窗口、组态主控窗口、组态设备窗口、组态运行策略、组态结果检查、工程测试、新工程的提交等。

上述组态过程只是一般性的描述,其先后顺序并不是固定不变的,例如先设计系统菜单、再生成图形界面、最后构造实时数据库也是可行的。在实际应用过程中,可以根据需要灵活运用。

4.6.4　实训内容

一、任务描述

设计一种化工原料混合装置。其中 SL1、SL2、SL3 为3个液位传感器,当液面淹没时其触点接通,原料 A、B 两种液体的流入和混合原料流出分别由电磁阀 YV1、YV2、YV3 控制,M 为搅拌电机。具体控制要求如下:按下启动按钮,装置开始按以下规定动作工作。首先打开混合原料排出的控制阀门,延时10s后关闭(防止搅拌容器内有残液)。然后控制原料 A 的阀门打开,原料 A 开始流入搅拌容器。当液面到达 SL2 时,SL2 触点接通,系统关闭原料

A 的阀门,同时打开原料 B 阀门。当液体到达 SL1 时,SL1 触点接通,系统关闭液体 B 阀门,此时搅拌电机 M 工作,60s 后搅拌停止,同时混合原料排出阀门打开,开始排放混合原料。当液面下降到 SL3 时,SL3 触点断开,再经过 10s 以后,搅拌容器排空,这时关闭混合原料阀门,为下一周期操作做好准备。

二、实训步骤与要求

1. 分析控制要求。确定系统的输入设备和输出设备,并进行 I/O 地址分配,参考分配见表 4-11。

表 4-11 I/O 分配表

输入信号			输出信号		
元件名称	元件符号	输入点编号	元件名称	元件符号	输入点编号
液位传感器 1	SL1	I0.0	原料 A 阀门	YV1	Q0.0
液位传感器 2	SL2	I0.1	原料 B 阀门	YV2	Q0.1
液位传感器 3	SL3	I0.2	混合原料 C 阀门	YV3	Q0.2
启动按钮		I0.3	搅拌电机	M	Q0.3
停止按钮		I0.4			

2. 根据提供的 I/O 分配表画出该系统外部接线图,并连接好 PLC,按控制要求编好程序并下载到 PLC 中,模拟调试至正确为止。

3. 根据要求,启动 MCGS 设计化工原料混合系统的人机界面。在开始菜单中选择或双击桌面"组态环境"图标,进入 MCGS 组态环境。先后单击"用户窗口"、"新建窗口"后,在用户窗口中新建一个"窗口 0"并选中。单击"窗口属性"按钮,进入窗口属性设置界面,如图 4-28 所示。将"窗口名称"的内容改为"化工原料混合",按"确认"按钮确认。单击"动画组态"按钮,进入画面编辑窗口,在此窗口中利用工具箱提供的绘图工具,完成化工原料混合的画面设计,如图 4-29 所示。

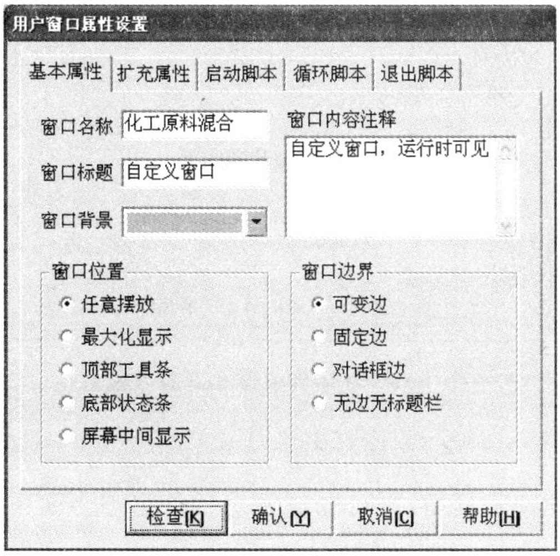

图 4-28 用户窗口属性设置

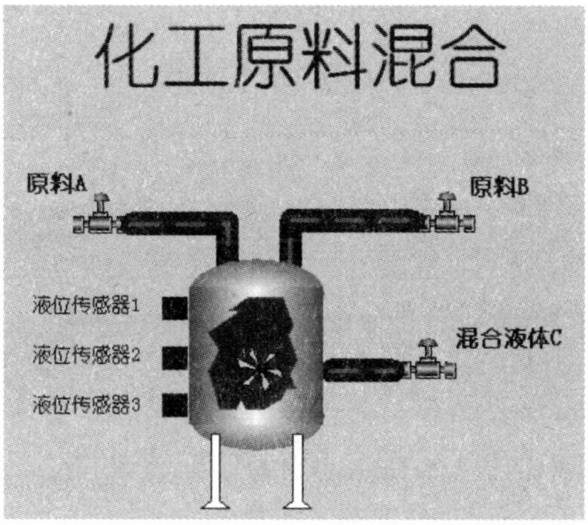

图 4-29 化工原料混合组态效果图

4.进行画面中构件的属性设置。化工原料自动混合的动作过程如下:系统启动后排放混合原料的阀门打开,延时10s后自动关闭。此时A原料阀门打开,注入A原料。当液面上升到SL2时,关闭A阀门;同时B原料阀门打开,注入B原料。当液面到达SL3时,关闭B阀门并开始搅拌,60s后停止。停止搅拌后混合原料排出阀门打开,开始排放混合原料,当液面下降到SL3时,开始计时,10s后自动关闭阀门,并重复上述过程。

根据PLC控制系统的I/O分配表,对化工原料混合画面中的各个相关构件进行属性设置。先在实时数据库中定义数据变量,如图4-30所示。在图4-29画面中可以看出,需要定义的数据变量有控制原料A、原料B和混合原料C的3个阀门和相应的流动块,SL1、SL2和SL3三个液位传感器以及搅拌指示。其中原料A流动块构件属性设置如图4-31所示,原料A阀门单元属性设置如图4-32所示,液体传感器SL3的属性设置如图4-33所示,其他构件的属性设置请参考图4-31、图4-32、图4-33自行设置。

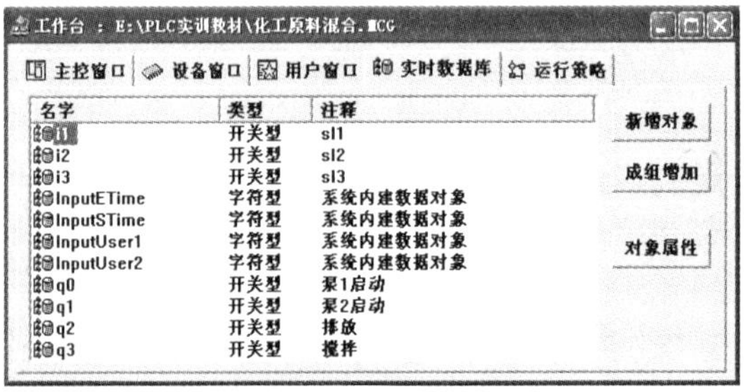

图4-30 变量定义窗口

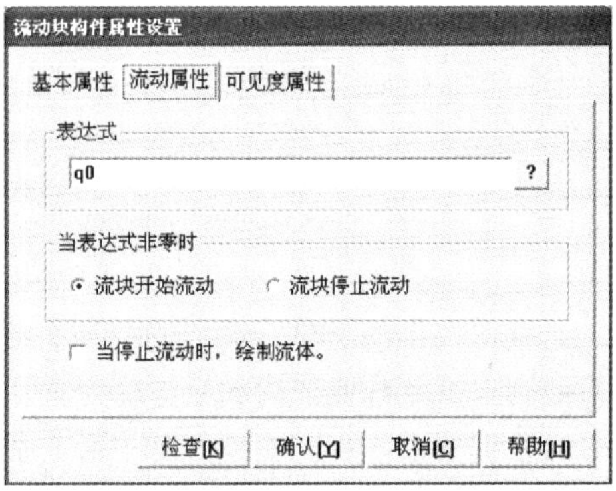

图4-31 原料A流动块构件属性设置

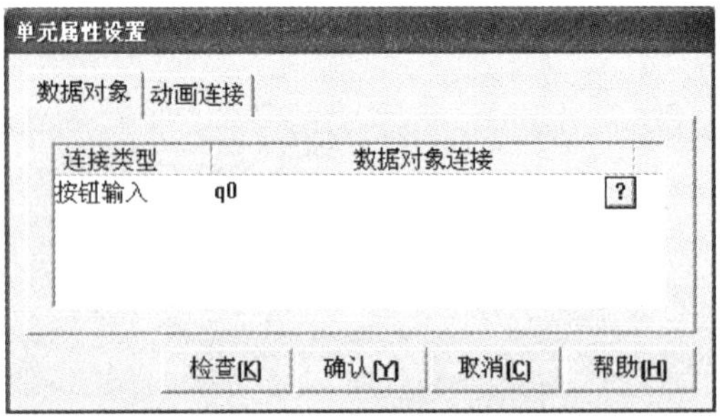

图4-32 原料A阀门单元属性设置

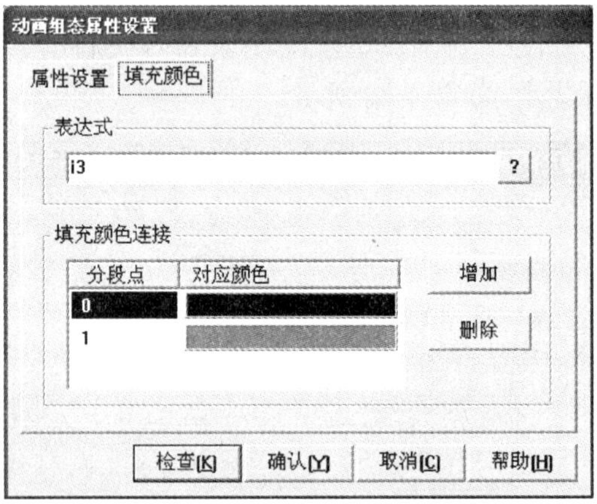

图4-33 液体传感器SL3属性设置

5.设备窗口属性设置。在组态工作界面中,单击“设备窗口”选项,出现设备窗口图标,并双击进入设备组态窗口。在该窗口中使用设备工具箱,即可完成系统设备组态。设备组态窗口如图4-34所示。

在设备组态完成后,双击“通用串口父设备0”,进入“通用串口设备属性编辑”对话框,根据设备通讯要求和连接情况，相应地完成对话框中各项参数的设置。通用串口父设备属性编辑窗口如图 4-35 所示。

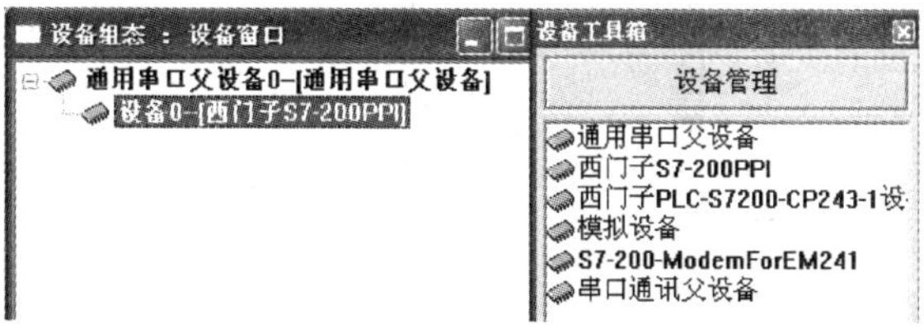

图 4-34　设备组态窗口

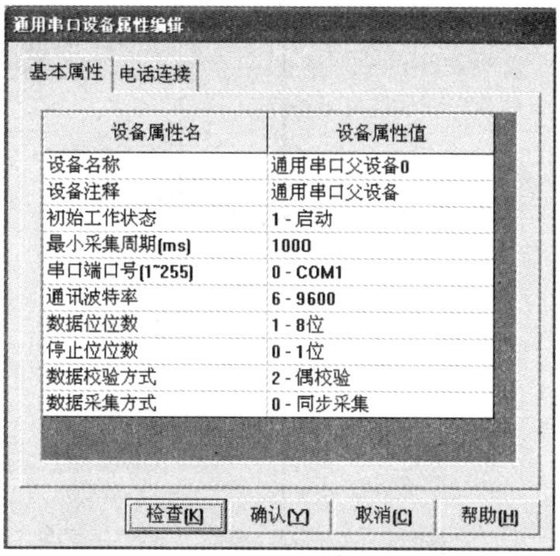

图 4-35　通用串口父设备属性编辑窗口

常见 PLC 的默认通信参数：西门子 S7-200 PLC 波特率为 9600bps，8 位数据位，1 位停止位，偶校验。松下 FP1 系列 PLC 波特率为 19200bps，8 位数据位，1 位停止位，奇校验。富士 NB 系列 PLC 波特率为 19200bps，8 位数据位，1 位停止位，奇校验。和利时 PLC 波特率为 9600bps，8 位数据位，1 位停止位，偶校验。

返回设备组态窗口，双击"设备 0-[西门子 S7-200PPI]"进入"设备属性设置"对话框，此窗口中有"基本属性"、"通道连接"、"设备调试"和"数据处理"4 个选项。在化工原料混合控制中，"数据处理"一项不涉及。其余三项设置分别如图 4-36、图 4-37、图 4-38 所示。需要注意的是，在"设备调试"选项中，如果"通讯状态标志"一栏中显示"0"，则表示通讯正常，若显示"－1"，则表示通讯不正常。

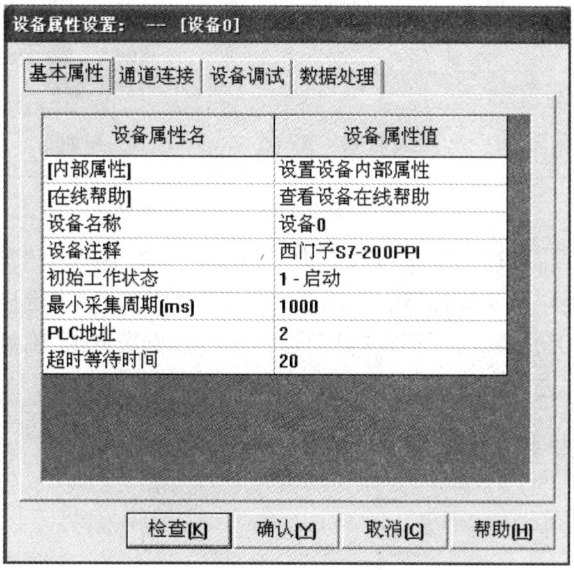

图 4-36　设备属性之基本属性设置

图 4-37　设备属性之通道连接设置

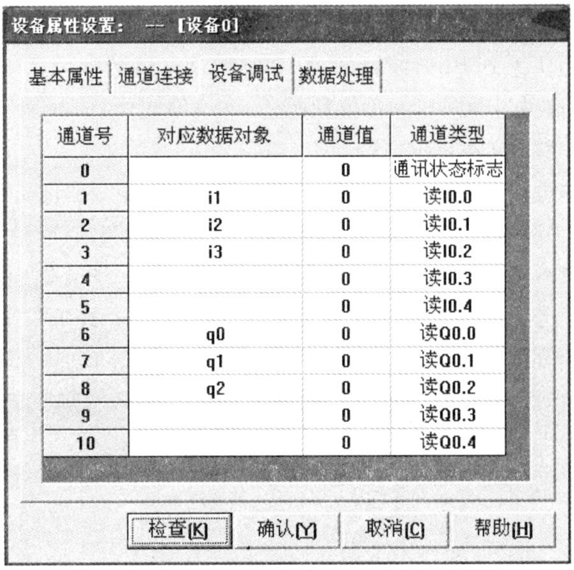

图 4-38　设备属性之设备调试窗口

返回到工作台界面，选择主控窗口并单击“系统属性”按钮，出现“主控窗口属性设置”对话框。在该窗口中选择“启动属性”选项，然后在“用户窗口列表”中选中“化工原料混合”，点击“增加”按钮，则“化工原料混合”移入“自动运行窗口”，再次点击“确认”按钮即可。

单击主菜单中的“进入运行环境”按钮，即可进入监控运行界面。

4.6.5　实训报告要求及评分标准

一、实训报告要求

1. 按照任务要求，参照表 4-11 画出 PLC 外部接线图，并写出相应程序。

2. 根据实训中观察到的现象，分析组态软件在 PLC 控制系统中的作用。
3. 简述 MCGS 组态软件在组态时的具体步骤。
4. 从本章前面几个 PLC 系统中任选一个项目，利用 MCGS 进行组态设计。
5. 上网查找相关资料，简述组态软件的发展趋势。

二、评分标准

表 4-12 实训考核评分表

姓名：	班级：	学号：	工位号：	日期：

考核项目	考核内容	配分	考核要求	得分
实训态度	认真听课	10 分	笔记认真	
	勤于思考	10 分	积极正确回答问题	
	善于动手	10 分	积极动手操作	
	团队精神	10 分	合理分工，互相协作	
实训报告	按要求完成报告	50 分	报告规范，内容详实 40 分，正确回答思考题 10 分	
安全文明	安全文明意识	10 分	正确使用设备、工具，无事故发生	
考评教师签名：			总分：	

项目 4.7 机床拖动系统的变频改造

4.7.1 实训目的

1. 了解变频器的基础知识。
2. 学会变频器的应用。
3. 学会将机床拖动系统改造成为变频系统的方法。
4. 掌握系统的搭建、调试等方法。

4.7.2 实训所需器材

1. 西门子 S7-200 PLC 1 台，万用表 1 块。
2. 计算机 1 台、连接电缆 1 根、编程软件 1 套。
3. MM420 变频器 1 台，按钮、接触器等若干。
4. 电工工具 1 套。
5. 导线若干。

或 PLC 实验实训装置。

4.7.3 预备知识

变频器 MM420 系列(MicroMaster 440)是德国西门子公司开发的广泛应用于工业场合的多功能标准变频器。它采用高性能的矢量控制技术，具有低速高转矩输出和良好的动态特性,同时具备超强的过载能力,以满足多种应用场合。MM420 是用于控制三相交流电动机速度的变频器系列。该系列有多种型号,从单相电源电压、额定功率 120W,到三相电源电压、额定功率 11kW 可供用户选用。

一、变频器面板操作修改设置参数的方法

利用变频器的操作面板和相关参数设置,即可实现对变频器的某些基本操作如正反转、点动等运行。MM420 在缺省设置时,用 BOP 控制电动机的功能是被禁止的。如果要用 BOP 进行控制,参数 P0700 应设置为 1,参数 P1000 也应设置为 1。用基本操作面板(BOP)可以修改任何一个参数。修改参数的数值时,BOP 有时会显示"busy",表明变频器正忙于处理优先级更高的任务。下面就以设置 P1000=1 的过程为例,来介绍通过基本操作面板(BOP)修改设置参数的流程,见表 4-13。

表 4-13 基本操作面板(BOP)修改设置参数流程

操作步骤		BOP 显示结果
1	按 P 键,访问参数	r0000
2	按 ▲ 键,直到显示 P1000	P1000
3	按 P 键,直到显示 in000,即 P1000 的第 0 组值	in000
4	按 P 键,显示当前值 2	2
5	按 ▼ 键,达到所要求的值 1	1
6	按 P 键,存储当前设置	P1000
7	按 Fn 键,显示 r0000	r0000
8	按 P 键,显示频率	5000

二、变频器运行操作

此时 P0700=1,P1000=1。

1. 变频器启动。在变频器的前操作面板上按运行键 I,变频器将驱动电动机升速,并运行在由 P1040 所设定的 20Hz 频率对应的 560r/min 的转速上。

2. 正反转及加减速运行。电动机的转速(运行频率)及旋转方向可直接通过按前操作面板上的增加键/减少键(▲/▼)来改变。

3. 点动运行。按下变频器前操作面板上的点动键 Jog,则变频器驱动电动机升速,并运行在由 P1058 所设置的正向点动 10Hz 频率值上。当松开变频器前操作面板上的点动键时,则变频器将驱动电动机降速至零。这时,如果按下变频器前操作面板上的换向键,再重复上述的点动运行操作,电动机可在变频器的驱动下反向点动运行。

4. 电动机停车。在变频器的前操作面板上按停止键 O,则变频器将驱动电动机降速至零。

三、MM420 变频器的数字输入端口

MM420 变频器有 3 个数字输入端口(DIN1～DIN3),即端口“5”、“6”、“7”,每一个数字输入端口功能很多,用户可根据需要进行设置。参数号 P0701～P0703 为端口数字输入 1 功能至数字输入 3 功能,每一个数字输入功能设置参数值范围均为 0～99,出厂默认值均为 1。以下列出其中几个常用的参数值,各数值的具体含义见表 4-14。

表 4-14 MM420 数字输入端口功能设置表

参数值	功能说明	参数值	功能说明
0	禁止数字输入	12	反转
1	ON/OFF1(接通正转、停车命令 1)	13	MOP 升速(增加频率)
2	ON/OFF1(接通反转、停车命令 1)	14	MOP 降速(减少频率)
3	OFF2(停车命令 2),按惯性自由停车	15	固定频率设定值(直接选择)
4	OFF3(停车命令 3),按斜坡函数曲线快速降速	16	固定频率设定值(直接选择+ON 命令)
9	故障确认	17	固定频率设定值(二进制编码选择+ON 命令)
10	正向点动	25	直流注入制动
11	反向点动		

四、MM420 变频器的多段速控制功能及参数设置

多段速功能,也称作“固定频率”,就是在设置参数 P1000=3 的条件下,用开关量端子选择固定频率的组合,实现电机多段速度运行。

MM420 变频器的 3 个数字输入端口(DIN1～DIN3)通过 P0701～P0703 设置实现多频段控制,此时 P0701～P0703=17。每一频段的频率分别由 P1001～P1007 参数设置,最多可实现 7 频段控制,各个固定频率的数值选择见表 4-15。在多频段控制中,电动机的转速方向是由 P1001～P1007 参数所设置的频率正负决定的。3 个数字输入端口中哪一个作为电动机运行、停止控制,哪些作为多段频率控制,是可以由用户任意确定的。一旦确定了某一数字输入端口的控制功能,其内部的参数设置值必须与端口的控制功能相对应。

表 4-15 7 段固定频率选择对应表

频率设定	DIN3	DIN2	DIN1	频率设定	DIN3	DIN2	DIN1
P1OO1	0	0	1	P1OO5	1	0	1
P1OO2	0	1	0	P1OO6	1	1	0
P1OO3	0	1	1	P1OO7	1	1	1
P1OO4	1	0	0				

4.7.4 实训内容

一、任务描述

某变频组合机床工作过程如图 4-39 所示。要求以 3 种速度运行,按下启动按钮,启动

夹紧装置将工件夹紧，夹紧后钻头快进运行，以50Hz的频率快速运行。到达限位开关X2处，机床以30Hz频率进行工进运行。到达限位开关X3处，机床以10Hz频率快退。

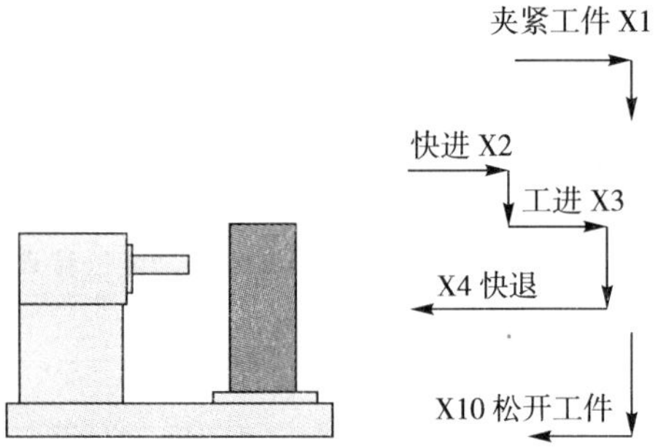

图4-39　变频组合机床工作过程

分析项目要求可知，机床钻头分为以50Hz频率快速运行，以30Hz频率进行工进运行和以10Hz频率进行快退运行。因此，系统要求MM420型变频器输出3段固有频率，分别为10Hz、30Hz和50Hz。西门子MM420型变频器共有7段固有频率，通过外部接线端子的控制可以使变频器运行在不同的速度上，外部端子的控制可以通过S7-200 PLC来进行控制。

因此，定义DIN1(5)为固有频率端子、DIN2(6)为固有频率端子、DIN3(7)为变频器正转信号端子，P0701＝17，P0702＝17，P0703＝1。3段固有频率状态见表4-16。

表4-16　3段固有频率状态表

固有频率	(端子5)	(端子6)	(端子7)	参数值	频率(Hz)
1	1	0	1	P1001	10
2	0	1	1	P1002	30
3	1	1	1	P1003	50

二、实训步骤与要求

1. 变频器的参数设置。西门子变频器MM420系列根据3段固定频率的需要和机床运行的特征参数设置如下。

(1)恢复变频器工厂缺省值。设定P0010＝30，P0970＝1。按下Ⓟ键，开始复位，复位过程大约需要3min，结果可使变频器的参数恢复到工厂默认值。

(2)设置电动机参数。按照表4-17进行电动机参数的设置。设置完成后，设P0010＝0，变频器当前处于准备状态，可正常运行。

表4-17　电动机参数设置

参数号	出厂值	设置值	说明	备注
P0003	1	1	设用户访问级为标准级	设置值以电动机具体参数为主
P0010	0	1	快速调试	
P0304	230	380	电动机额定电压(V)	
P0305	3.25	0.95	电动机额定电流(A)	
P0307	0.75	0.37	电动机额定功率(kW)	
P0308	0	0.8	电动机额定功率(COS₵)	
P0310	50	50	电动机额定频率(Hz)	
P0311	0	1430	电动机额定转速(r/min)	

(3)设置变频器3段固定频率控制参数，见表4-18。

表 4-18 变频器3段固定频率控制参数设置

参数号	出厂值	设置值	说明
P0003	1	2	设用户访问级为扩展级
P0004	0	7	命令和数字 I/O
P0700	2	2	命令源选择由端子排输入
P0701	1	17	选择固定频率
P0702	1	17	选择固定频率
P0703	1	1	ON 接通正转，OFF 停止
P0004	2	10	设定值通道和斜坡函数发生器
P1000	2	3	选择固定频率设定值
P1001	0	10	选择固定频率 10(Hz)
P1002	5	30	选择固定频率 30(Hz)
P1003	10	50	选择固定频率 50(Hz)

2. PLC I/O 分配表及外部接线图。根据项目输入输出点数需求，选取 S7-200 CPU224 PLC 进行控制，其输入输出点的分配见表4-19，PLC 输出端与变频器控制端子接线图如图4-40所示。

表 4-19 I/O 分配表

输入			输出		
符号	PLC 地址	作用	符号	PLC 地址	作用
SB0	I0.0	启动/停止	5(DIN1)	Q0.0	3段固定频率信号
SQ1	I0.1	夹紧限位开关 X1	6(DIN2)	Q0.1	3段固定频率信号
SQ2	I0.2	快进限位开关 X2	7(DIN3)	Q0.2	变频器启动信号
SQ2	I0.3	工进限位开关 X3		Q0.3	夹紧
SQ4	I0.4	快退限位开关 X4			
SQ5	I0.5	松快限位 X5			

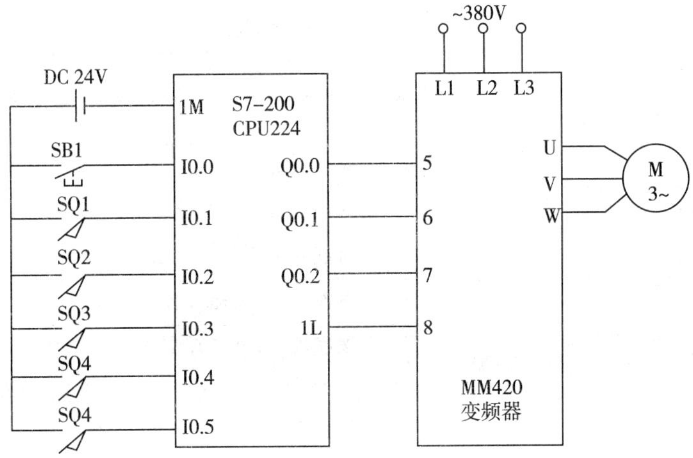

图 4-40 PLC 与变频器外部接线图

3. PLC 控制程序顺序功能图如图 4-41 所示。

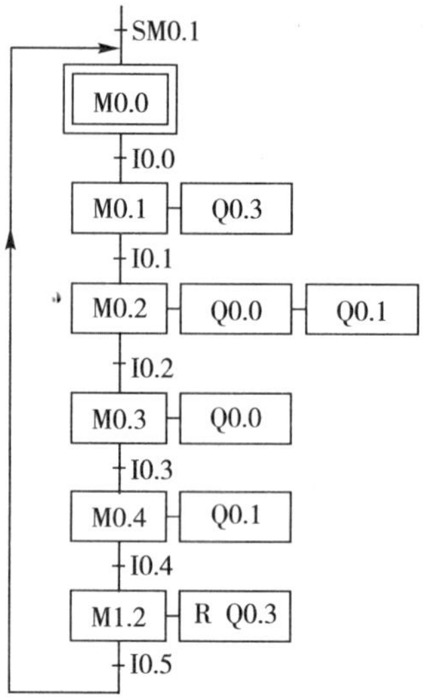

图 4-41 顺序功能图

4.7.5 实训报告要求及评分标准

一、实训报告要求

1. 按照任务要求,参照表 4-19 中的 I/O 分配,画出 PLC 外部接线图,参考图 4-41 的顺序功能图,写出相应控制程序。

2. 调试程序,记录实训中观察到的现象,谈谈变频器在 PLC 控制系统中的作用。

3. 简述变频操作的基本过程。

4. 上网查找相关资料,了解变频器的相关知识。

二、评分标准

表 4-20 实训考核评分表

姓名:	班级:	学号:	工位号:	日期:

考核项目	考核内容	配分	考核要求	得分
实训态度	认真听课	10 分	笔记认真	
	勤于思考	10 分	积极正确回答问题	
	善于动手	10 分	积极动手操作	
	团队精神	10 分	合理分工,互相协作	
实训报告	按要求完成报告	50 分	报告规范,内容详实 40 分,正确回答思考题 10 分	
安全文明	安全文明意识	10 分	正确使用设备、工具,无事故发生	
考评教师签名:			总分:	

项目 4.8 水箱水位控制

4.8.1 实训目的

1. 了解开环控制系统和闭环控制系统的区别。
2. 熟悉 PID 调节的原理和算法。
3. 熟练掌握 PID 回路指令及其应用。
4. 了解 PLC 在闭环控制系统中的应用。

4.8.2 实训器材

1. 西门子 S7-200 PLC 1 台。
2. 计算机 1 台、连接电缆 1 根、编程软件 1 套。
3. 导线若干。

4.8.3 预备知识

一、控制系统的两种基本组成形式

自动控制系统一般由控制器(控制装置)和被控对象组成,分为开环控制和闭环控制 2 种控制方式。

1. 开环控制系统。开环控制是一种最简单的控制形式,其特点是:在控制器与被控对象之间只有正向控制作用,没有反馈控制作用,如图 4-42 所示。开环控制系统既不需要对输出量进行测量,也不需要将其反馈到系统的输入端与输入量进行比较。

对于每一个给定的输入量,都有一个固定的输出量与之对应。这种系统的精度取决于元器件的精度和特性调整的精度,不能抑制内、外扰引起的误差。

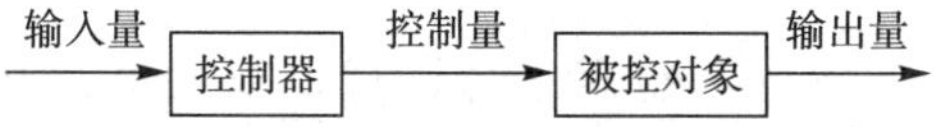

图 4-42 开环控制系统结构图

2. 闭环控制系统。在控制器与被控对象之间不仅有正向控制作用的控制系统,而且有反馈控制作用的控制系统,称为“闭环控制系统”。其特点是:系统输出量对控制作用有直接影响。

闭环控制系统也称为“反馈控制系统”。所谓“反馈”,是指将检测出来的输出量送回到系统的输入端,并与输入量比较的过程。闭环控制的实质就是利用负反馈,使系统具有自动修正被控制量(输出量)偏离参考给定量(输入量)的控制功能。闭环控制系统结构图如图 4-43所示。

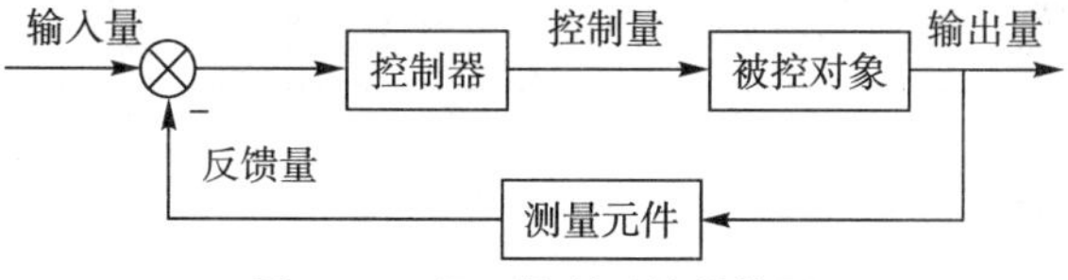

图 4-43 闭环控制系统结构图

这种系统可以抑制内、外扰引起的误差，达到自动控制的目的，并能够提高系统控制精度。

二、PID 算法

闭环控制中传统的调节采用比例、积分和微分 3 种调节方式，即 PID 调节。其作用是改善控制系统的品质，使系统的偏差在预定范围内，并能实现系统在稳定状态方面具有良好的效果。

假设一个 PID 回路的输出 M 是时间 t 的函数，即

$$M(t) = K_c * e + K_c\int_0^t e\mathrm{d}t + M_0 + K_c * \frac{\mathrm{d}e}{\mathrm{d}t}$$

上式为 PID 调节原理，其中各量均是连续量。第一项为比例，中间两项为积分，最后一项为微分。其中 M 是回路输出，K_c 是回路的总增益，e 是回路偏差，即给定值与被控制量的差值。PID 调节方程式要想在计算机中实现，必须周期性地采样并进行离散化。那么上式可改写为如下公式，其中各参数格式见表 4-21。

$$M_n = K_c(SP_n - PV_n) + K_c(\frac{T_s}{T_i})(SP_n - PV_n) + MX + K_c(\frac{T_d}{T_s})(PV_{n-1} - PV_n)$$

表 4-21　PID 指令的回路表

偏移地址	参数	数据格式	I/O 类型	描　述
0	过程变量(PV_n)	双字，实数	I	过程变量，0.0～1.0
4	设定值(SP_n)	双字，实数	I	给定值，0.0～1.0
8	输出值(M_n)	双字，实数	I/O	输出值，0.0～1.0
12	增益(K_c)	双字，实数	I	增益为可正可负的比例常数
16	采样时间(T_s)	双字，实数	I	正数，单位为秒
20	积分时间(T_i)	双字，实数	I	正数，单位为分
24	微分时间(T_d)	双字，实数	I	正数，单位为分
28	积分项前值(MX)	双字，实数	I/O	积分项前值 0.0～1.0
32	过程变量前值(PV_{n-1})	双字，实数	I/O	最近一次 PID 变量值

三、PID 回路指令

该指令利用回路表中的输入和组态信息进行 PID 运算。其表达形式和操作数见表 4-22。其中 TABLE 是起始地址，为 VB 指定的字节型数据；LOOP 是回路号，程序中最多可以使用 8 个 PID 指令，分别使用回路号为 0～7 的整数。注意，同一程序中不能有相同回路号的多条 PID 指令。

表 4-22　PID 回路指令的表达形式和操作数

指令形式	操作数
PID　TABLE，LOOP 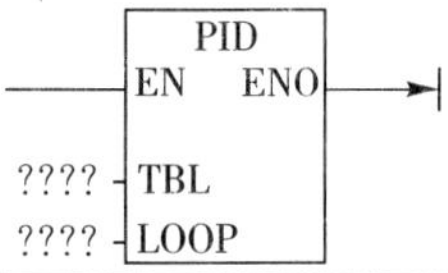 	TABLE：VB LOOP：0 到 7 的整数

四、PID 回路类型的选择

在大部分的控制系统中，并不是都用到比例、积分和微分，往往只用到其中的一项或两

项。这时，我们可以通过对参数的设置来关闭不需要的控制项。例如：把比例增益 K_c 设为 0，可以关闭比例项；把积分时间 T_i 设为无穷大，积分项的作用可以忽略不计；把微分时间 T_d 设为 0，可以关闭微分项。

在实际工作中，PI 调节方式使用的较多。

五、PID 回路输入和输出量的标准化

1. 回路输入的转化和标准化。每一个 PID 回路都有一个给定值(SP)和一个过程变量(PV)共 2 个输入量。它们的大小、单位在不同的系统中是不一样的，所以在运算之前，要把 16 位整数值的输入量转化成标准的浮点型实数。转化的过程分 2 步：

第一步，转化成实数，程序如下：

```
XORD AC0,AC0        //对 AC0 进行清零操作
ITD AIW0,AC0        //把整数转化成双整数；假设通道为 AIW0
DTR AC0,AC0         //把 32 位双整数转化成实数
```

第二步，将实数按公式 $R_{norm}=[(R_{raw}/\text{Span})+\text{Offset}]$ 标准化成 0.0～1.0 之间的无量纲数。R_{norm} 为标准化后的无量纲数；R_{raw} 为未标准化的双整数；Offset 为调整值，单极性为 0.0，双极性为 0.5；Span 为值域大小，即可能的最大值减去可能的最小值，一般单极性为 32000，双极性为 64000。标准化程序如下：

```
/R 64000.0,AC0      //对 AC0 的值进行标准化，假设是双极性时
+R 0.5,AC0          //加双极性时 Offset 调整值
MOVR AC0,VD100      //标准化后的值存放在 TABLE 中(TABLE 表地址假设为 VB100)
```

2. 回路输出转化为 16 位的整数值。回路输出值应转化为 16 位的整数，用来驱动模拟量的负载，实现对模拟量的控制。这一过程实际上是回路输入转化和标准化的逆过程。也分为 2 步：

第一步，按公式 $R_{scal}=(M_n-\text{Offset})\text{Span}$ 转化成实数，M_n 为标准化无量纲的回路输出；R_{scal} 为按工程量标定的实数格式的回路输出；Offset 为调整值，单极性为 0.0，双极性为 0.5；Span 为值域大小，即可能的最大值减去可能的最小值，一般单极性为 32000，双极性为 64000。程序如下：

```
MOVR VD108,AC0      //回路输出存入 AC0(TABLE 表地址假设为 VB108)
-R 0.5,AC0          //减去 Offset 调整值(只有双极性时有此指令)
*R 64000.0,AC0      //转化成工程量标定的实数
```

第二步，按工程量标定的实数格式的回路输出转化成 16 位的整数格式，程序如下：

```
TRUNC AC0,AC0       //取整数
DTI AC0,AC0         //32 位转化为 16 位
MOVW AC0,AQW0       //送给模拟量输出通道 AQW0
```

4.8.4 实训内容

一、任务描述

一水箱有一条进水管和一条出水管，出水管的出水量以变化的速度流出。现要求控制出水管阀门的开度，使水箱保持 50% 的水位。系统使用比例、积分和微分(PID)调节，假设

下列控制参数为：K_c为 0.6，T_s为 0.4s，T_i为 35min，T_d为 15min。

本系统的给定值是水箱 50%的水位，过程变量是来自水箱内液位传感器的测量采样，输出是出水管阀门的开度，可以在 0～100%之间变化。

我们可以将给定值预先直接输入到回路表中，过程变量是来自液位传感器的单极性模拟量，回路输出值也是一个单极性的模拟量，这两个模拟量的范围为 0.0～1.0。

参考程序如图 4-44 所示。

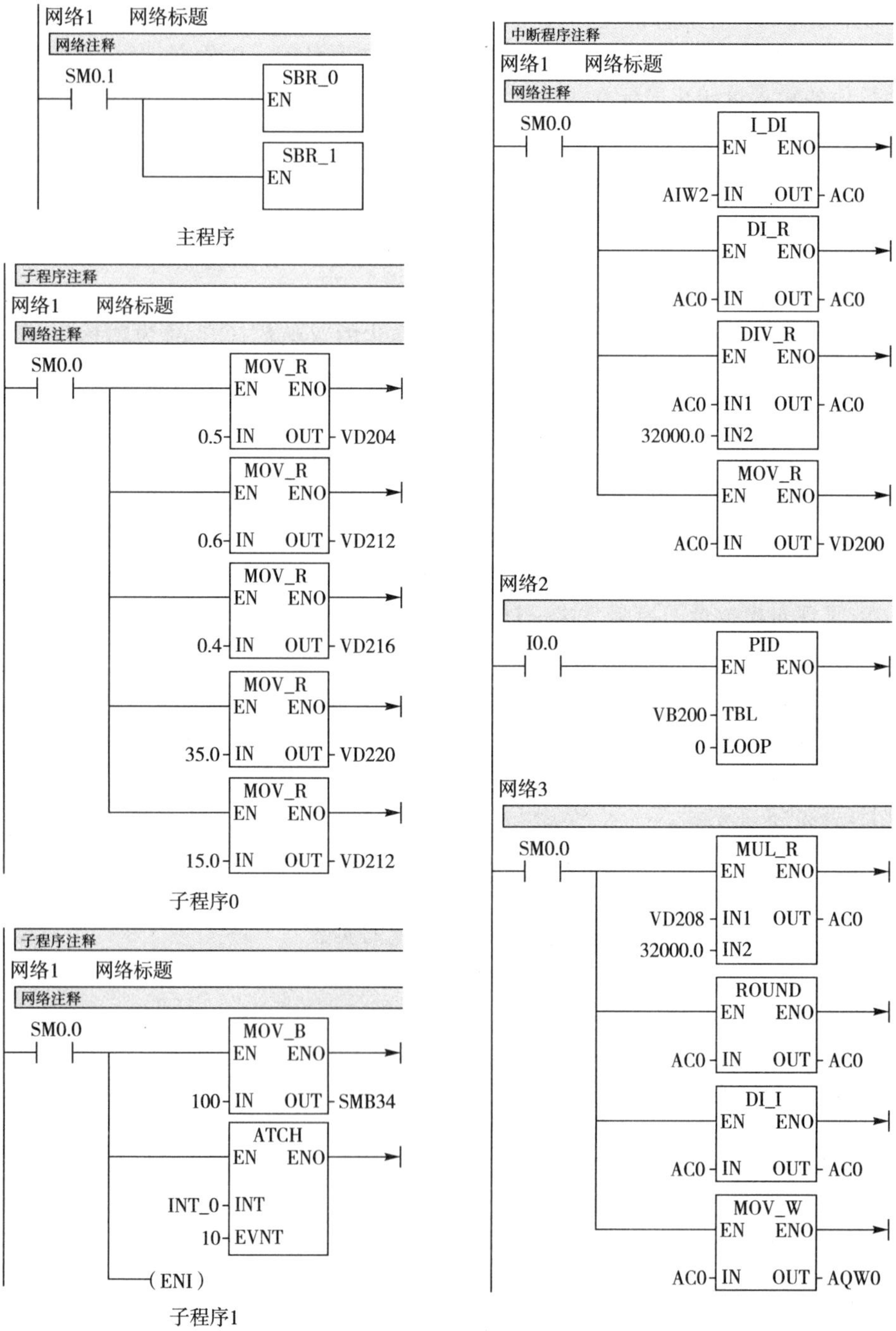

图 4-44 参考程序

二、实训步骤与要求

1. 分析该水箱水位控制系统的工作过程和原理，合理选择 PLC 类型。

2. 打开计算机和编程软件，按照任务要求，设计 PLC 梯形图程序。

3. 连接好计算机和 PLC，将程序下载至 PLC，进行模拟调试。利用编程软件的监控功能观察程序运行情况。

4.8.5 实训报告要求及评分标准

一、实训报告要求

1. 整理实训中观察到的现象和学习体会。

2. 说明 PID 指令的作用。

3. 图 4-44 所示的参考程序中 I0.0 起什么作用？当 I0.0 分别为 0 和 1 时，系统分别为什么状态？

4. 图 4-44 所示的参考程序中，模拟量输入通道和模拟量输出通道分别是多少？

5. 简述 PID 回路输入和输出量标准化的作用以及标准化步骤。

6. 图 4-44 所示的参考程序是使用比例、积分、微分（PID）调节的，能否只用其中的两项进行调节？若可以的话，请对参考程序进行相应修改。

二、评分标准

表 4-23 实训考核评分表

姓名：	班级：	学号：	工位号：	日期：
考核项目	考核内容	配分	考核要求	得分
实训态度	认真听课	10 分	笔记认真	
	勤于思考	10 分	积极正确回答问题	
	善于动手	10 分	积极动手操作	
	团队精神	10 分	合理分工，互相协作	
实训报告	按要求完成报告	50 分	报告规范，内容详实 40 分，正确回答思考题 10 分	
安全文明	安全文明意识	10 分	正确使用设备、工具，无事故发生	
考评教师签名：			总分：	

第5章 PLC的综合实训

学习目标

□ 认识 YL-335B 自动化生产线的结构及功能。
□ 学会自动化生产线的安装与调试的基本方法。
□ 能够根据自动化生产线的控制要求编写控制程序。
□ 能够根据自动化生产线的工作流程正确判断和处理故障。

项目5.1 供料单元实训

5.1.1 实训目的

1. 认识供料单元，熟悉供料单元的功能及工作流程。
2. 认识供料单元各机械部件、连接气动回路和电气控制回路，并进行器件和设备的调试。
3. 能够根据控制要求编写和调试 PLC 控制程序。
4. 能够根据故障现象进行供料单元故障排除。

5.1.2 实训所需器材

1. S7-200 CPU224 PLC 1 台；触摸屏 1 台。
2. 计算机 1 台、连接电缆 1 根、编程软件 1 套。
3. 24V DC 开关电源 1 台，控制台与设备连接电缆 1 根。
4. 供料单元组件 1 套，电磁阀组 1 套，端子排 1 套。
5. 内六角扳手 1 套，钟表起子 1 套，一字起子和十字起子 1 套，扳手 1 把，压线钳 1 把。
6. 导线、插针若干。

5.1.3 预备知识

一、供料单元结构和功能

供料单元的主要结构组成为：工件装料管、工件推出装置、支撑架、阀组、端子排组件、PLC、急停按钮和启动/停止按钮、走线槽、底板等。其中,机械部分结构组成如图 5-1 所示。其中,管形料仓和工件推出装置用于储存工件原料,并在需要时将料仓中最下层的工件推出到出料台上。该装置主要由管形料仓、推料气缸、顶料气缸、磁感应接近开关、漫射式光电传感器等组成。

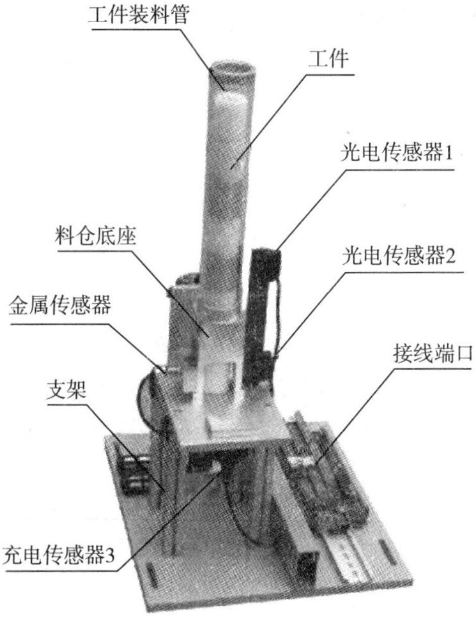

(a) 正视图

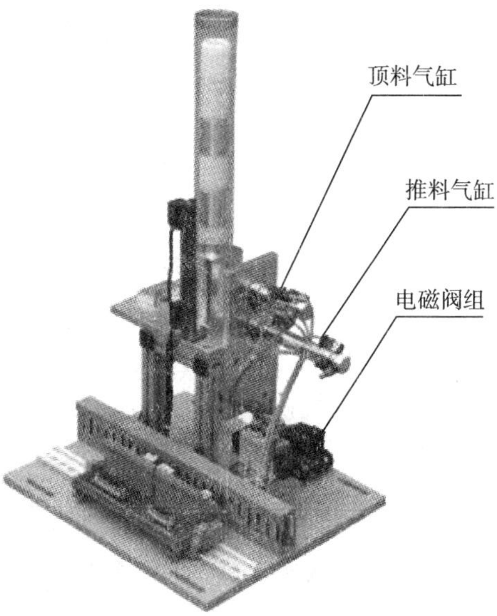

(b) 侧视图

图 5-1 YL-335B 供料单元示意图

供料单元的工作过程是:工件垂直叠放在料仓中,推料缸处于料仓的底层,并且其活塞杆可从料仓的底部通过。当活塞杆在退回位置时,它与最下层工件处于同一水平位置,而夹紧气缸则与次下层工件处于同一水平位置。在需要将工件推出到物料台上时,首先使夹紧气缸的活塞杆推出,压住次下层工件;然后使推料气缸活塞杆推出,从而把最下层工件推到物料台上。在推料气缸返回并从料仓底部抽出后,再使夹紧气缸返回,松开次下层工件。这样,料仓中的工件在重力的作用下,就自动向下移动一个工件位置,为下一次推出工件做好准备。

在底座和管形料仓第 4 层工件位置,分别安装一个漫射式光电开关。它们的功能是检测料仓中有无储料或储料是否足够。若该部分机构内没有工件,则处于底层和第 4 层位置的 2 个漫射式光电接近开关均处于常态;若仅在底层有 3 个工件,则底层处光电接近开关动作,而第 4 层光电接近开关处于常态,表明工件已经快用完了。这样,料仓中有无储料或储料是否足够,就可用这 2 个光电接近开关的信号状态反映出来。

推料缸把工件推出到出料台上。出料台面开有小孔,出料台下面设有一个圆柱形漫射式光电接近开关,工作时向上发出光线,从而透过小孔检测是否有工件存在,以便向系统提供本单元出料台有无工件的信号。在输送单元的控制程序中,就可以利用该信号状态来判断是否需要驱动机械手装置来抓取此工件。

二、气动系统组成

1. 双作用气缸。双作用气缸是指活塞的往复运动均由压缩空气来推动。图 5-2 所示是标准双作用直线气缸的半剖面图。图中气缸的两个端盖上都设有进排气通口,从无杆侧端盖气口进气时,推动活塞向前运动;反之,从杆侧端盖气口进气时,推动活塞向后运动。

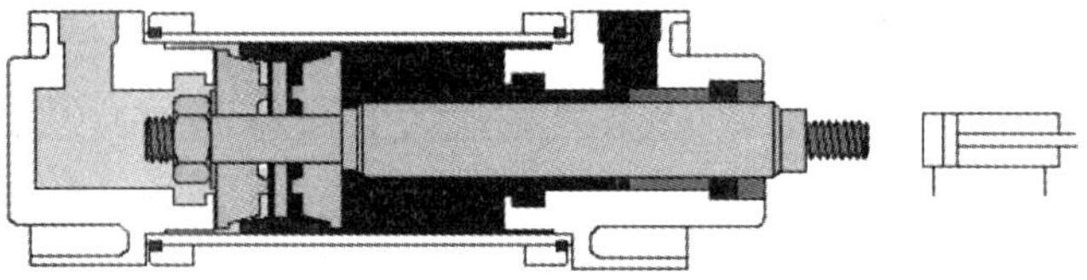

图 5-2　双作用气缸示意图

2.单向节流阀。为了使气缸的动作平稳可靠,应对气缸的运动速度加以控制,常用的方法是使用单向节流阀来实现。单向节流阀是由单向阀和节流阀并联而成的流量控制阀,常用于控制气缸的运动速度,所以也称为“速度控制阀”。

图 5-3 给出了在双作用气缸装上两个单向节流阀的连接示意图,这种连接方式称为“排气节流方式”。即当压缩空气从 A 端进气、从 B 端排气时,单向节流阀 A 的单向阀开启,向气缸无杆腔快速充气;由于单向节流阀 B 的单向阀关闭,有杆腔的气体只能经节流阀排气,调节节流阀 B 的开度,便可改变气缸伸出时的运动速度。反之,调节节流阀 A 的开度则可改变气缸缩回时的运动速度。这种控制方式的活塞运行稳定,因此它是最常用的方式。

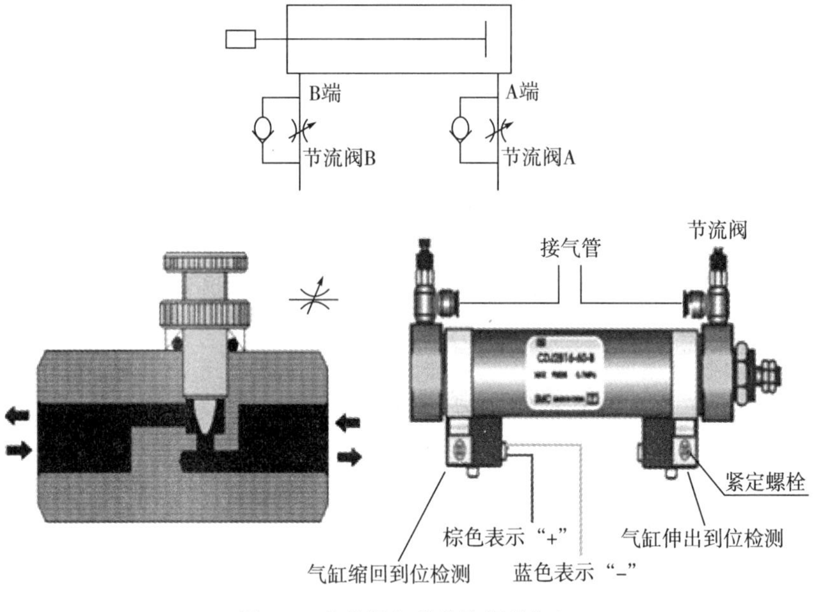

图 5-3　节流阀和带节流阀的气缸

3.单电控电磁换向阀、电磁阀组。供料单元顶料或推料气缸的活塞运动是依靠以下过程来实现的:从气缸一端进气,从另一端排气,再反过来,从排气的一端进气,从另一端排气。气体流动方向的改变则由能改变气体流动方向或通断的控制阀即方向控制阀加以控制。在自动控制中,方向控制阀常采用电磁控制方式实现方向控制,称为“电磁换向阀”。

在 YL-335B 自动化生产线中,所有工作单元的执行气缸都是双作用气缸,因此控制它们工作的电磁阀需要有 2 个工作口和 2 个排气口以及 1 个供气口,故使用的电磁阀均为二位五通电磁阀。

供料单元用了两个二位五通单电控电磁阀。这 2 个电磁阀带有手动换向和加锁钮，有锁定（LOCK）和开启（PUSH）两个位置。用小螺丝刀把加锁钮旋到 K LOCK 位置时，手控开关向下凹进去，不能进行手控操作。在 H PUSH 位置时，可用工具向下按，信号为“1”，等同于该侧的电磁信号为“1”；常态时，手控开关的信号为“0”。在进行设备调试时，可以使用手控开关对阀进行控制，从而实现对相应气路的控制，以改变推料缸等执行机构的控制，达到调试的目的。

2 个电磁阀是集中安装在汇流板上的。汇流板中 2 个排气口末端均连接了消声器，消声器的作用是减少压缩空气在向大气排放时的噪声。这种将多个阀与消声器、汇流板等集中在一起构成的一组控制阀的集成称为“阀组”，而每个阀的功能是彼此独立的。阀组的结构如图 5-4 所示。

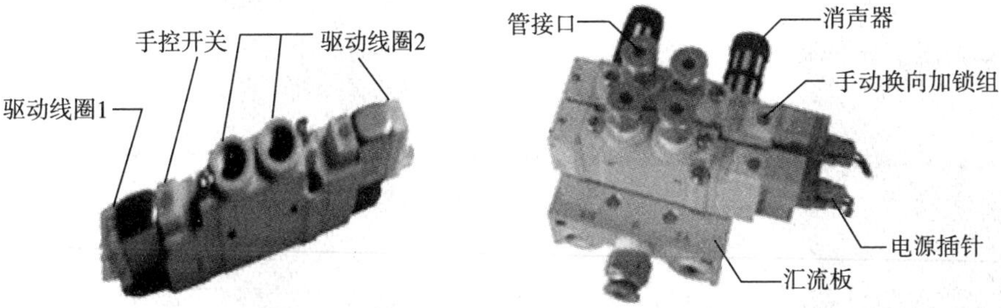

图 5-4　电磁阀组

4. 气动控制回路。气动控制回路是本工作单元的执行机构，该执行机构的控制逻辑控制功能是由 PLC 实现的。气动控制回路的工作原理如图 5-5 所示。图中 1A 和 2A 分别为推料气缸和顶料气缸。1B1 和 1B2 为安装在推料缸的 2 个极限工作位置的磁感应接近开关，2B1 和 2B2 为安装在推料缸的 2 个极限工作位置的磁感应接近开关。1Y1 和 2Y1 分别为控制推料缸和顶料缸的电磁阀的电磁控制端。通常这 2 个气缸的初始位置均设定在缩回状态。

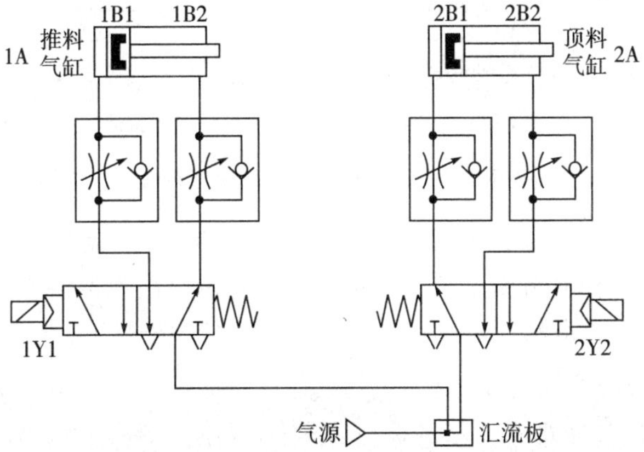

图 5-5　供料单元气动控制回路工作原理图

三、光电式接近开关与按钮指示灯模块

1. 光电式接近开关。供料单元中，用来检测工件是否充足或工件有无的漫射式光电接近开关选用 OMRON 公司的 E3Z-L61 型放大器内置型光电开关（细小光束型，NPN 型晶体管集电极开路输出）。该光电开关的外形和顶端面上的调节旋钮和显示灯如图 5-6 所示。

图中动作选择开关的功能是选择受光动作(Light) 或遮光动作 (Drag)模式。即当此开关按顺时针方向充分旋转时(L 侧),则进入检测-ON 模式;当此开关按逆时针方向充分旋转时(D 侧),则进入检测-OFF 模式。

距离设定旋钮是 5 回转调节器,调整距离时注意逐步轻微旋转,否则若充分旋转,距离调节器会空转。调整的方法是,首先按逆时针方向将距离调节器充分旋到最小检测距离(E3Z-L61 约 20mm),然后根据要求距离放置检测物体,按顺时针方向逐步旋转距离调节器,找到传感器进入检测条件的点;拉开检测物体距离,按顺时针方向进一步旋转距离调节器,找到传感器再次进入检测状态,一旦进入,向后旋转距离调节器直到传感器回到非检测状态的点。两点之间的中点为稳定检测物体的最佳位置。

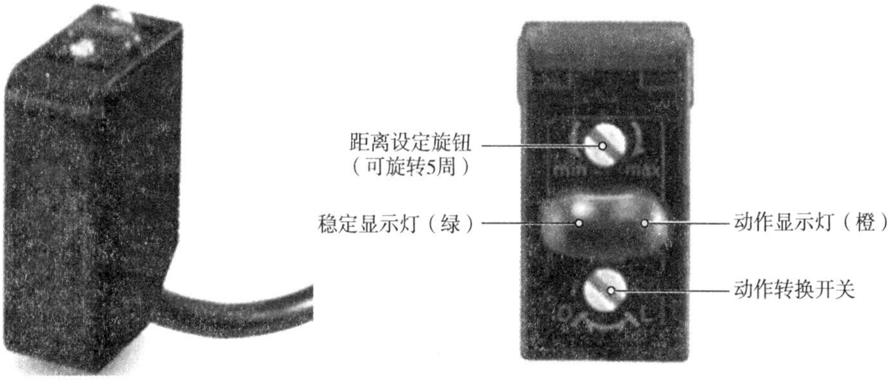

（a）E3Z-L型光电开关外形　　（b）调节旋钮和显示灯

图 5-6　E3Z-L 光电开关的外形和调节旋钮、显示灯

部分接近开关的图形符号如图 5-7 所示。图中(a)、(b)、(c)3 种情况均使用 NPN 型三极管集电极开路输出。如果是使用 PNP 型的,则正负极性应反过来。

（a）通用图形符号　（b）电感式接近开关　（c）光电式接近开关　（d）磁性开关

图 5-7　部分接近开关的图形符号

2. 按钮指示灯模块。当工作单元自成一个独立的系统时,其设备运行的主令信号以及运行过程中的状态显示信号来源于该工作单元按钮指示灯模块或触摸屏。按钮指示灯模块如图 5-8 所示。模块上的指示灯和按钮的端脚全部引到端子排上。

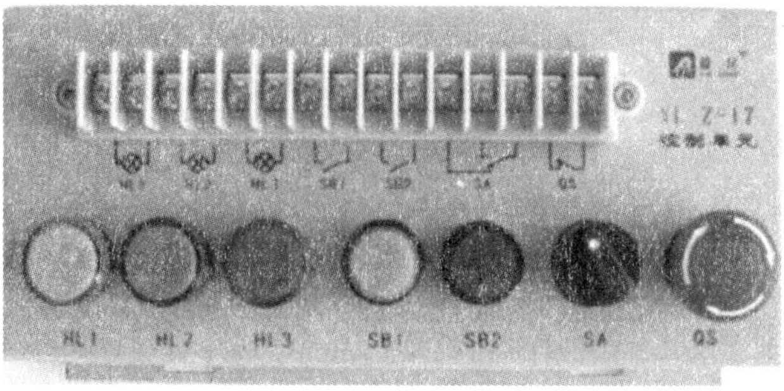

图 5-8　按钮指示灯模块

模块盒上器件包括：

(1)指示灯(24V DC)：黄色(HL1)、绿色(HL2)、红色(HL3)各1个。

(2)主令器件：绿色常开按钮SB1 1个、红色常开按钮SB2 1个、选择开关SA(一对转换触点)、急停按钮QS(一个常闭触点)。

5.1.4 实训内容

一、任务描述

本项目只考虑供料单元作为独立设备运行时的情况，单元工作的主令信号和工作状态显示信号来自PLC旁边的按钮/指示灯模块。并且，按钮/指示灯模块上的工作方式选择开关SA应置于“单站方式”位置。具体的控制要求为：

1.设备上电和气源接通后，若工作单元的2个气缸均处于缩回位置，且料仓内有足够的待加工工件，则“正常工作”指示灯HL1常亮，表示设备已准备好。否则，该指示灯以1Hz频率闪烁。

2.若设备准备好，按下启动按钮，工作单元启动“设备运行”指示灯HL2常亮。启动后，若出料台上没有工件，则应把工件推到出料台上。出料台上的工件被人工取出后，若没有停止信号，则进行下一次推出工件操作。

3.若在运行中按下停止按钮，则在完成本工作周期任务后，各工作单元停止工作，HL2指示灯熄灭。

4.若在运行中料仓内工件不足，则工作单元继续工作，但“正常工作”指示灯HL1以1Hz的频率闪烁，“设备运行”指示灯HL2保持常亮。若料仓内没有工件，则HL1指示灯和HL2指示灯均以2Hz频率闪烁。否则工作站在完成本周期任务后停止。除非向料仓补充足够的工件，否则工作站不能再启动。

要求完成如下工作任务：

1.规划PLC的I/O分配及接线端子分配。

2.进行系统安装接线。

3.按控制要求编制PLC程序。

4.进行调试与运行。

二、实训步骤与要求

根据工作单元装置的I/O信号分配(表5-1)和工作任务的要求，供料单元PLC选用S7-224 AC/DC/RLY主单元，共14点输入和10点继电器输出。PLC的I/O信号分配如表5-1所示，外部接线图如图5-9所示。

1. 供料单元的 I/O 分配表。

表 5-1　供料单元的 I/O 分配表

输入信号				输出信号			
序号	输入点	信号名称	信号来源	序号	输出点	信号名称	信号来源
1	I0.0	顶料气缸伸出到位	装置侧	1	Q0.0	顶料电磁阀	装置侧
2	I0.1	顶料气缸缩回到位		2	Q0.1	推料电磁阀	
3	I0.2	推料气缸伸出到位		3	Q0.2		
4	I0.3	推料气缸缩回到位		4	Q0.3		
5	I0.4	出料台物料检测		5	Q0.4		
6	I0.5	供料不足检测		6	Q0.5		
7	I0.6	缺料检测		7	Q0.6		
8	I0.7	金属工件检测		8	Q0.7		
9	I1.0			9	Q1.0	正常工作指示	按钮/指示灯模块
10	I1.1			10	Q1.1	运行指示	
11	I1.2	停止按钮	按钮/指示灯模块				
12	I1.3	启动按钮					
13	I1.4						
14	I1.5	工作方式选择					

2. 供料单元的 PLC 外部接线图及接线如图 5-9 所示。

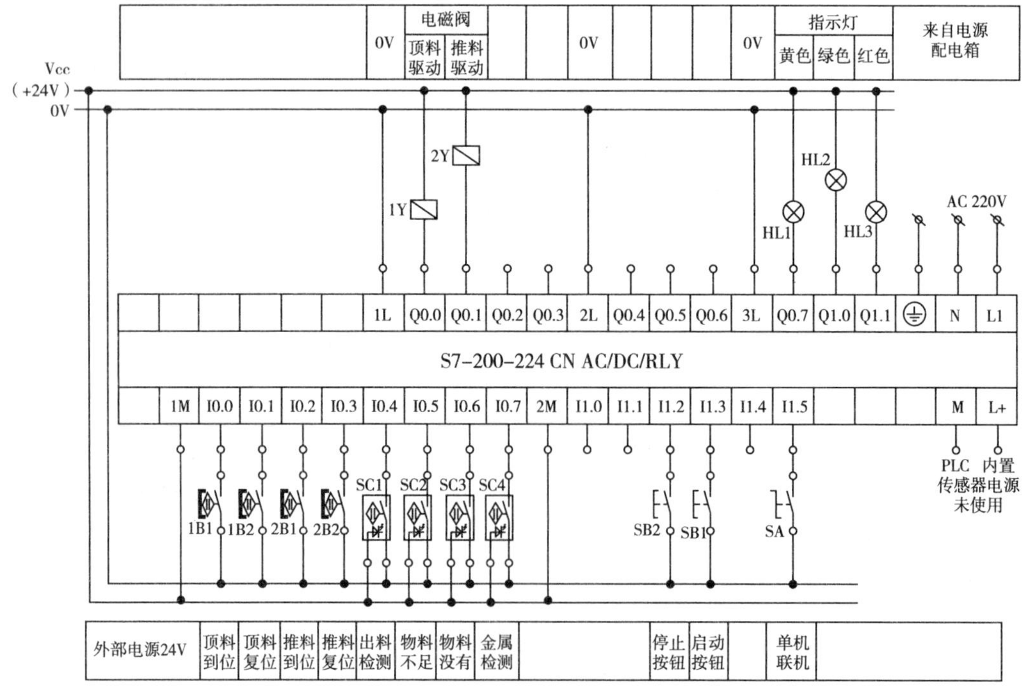

图 5-9　供料单元 PLC 外部接线图

3.供料单元单站控制的编程思路。按下述分析，可画出如图 5-10 所示的系统主程序梯形图。

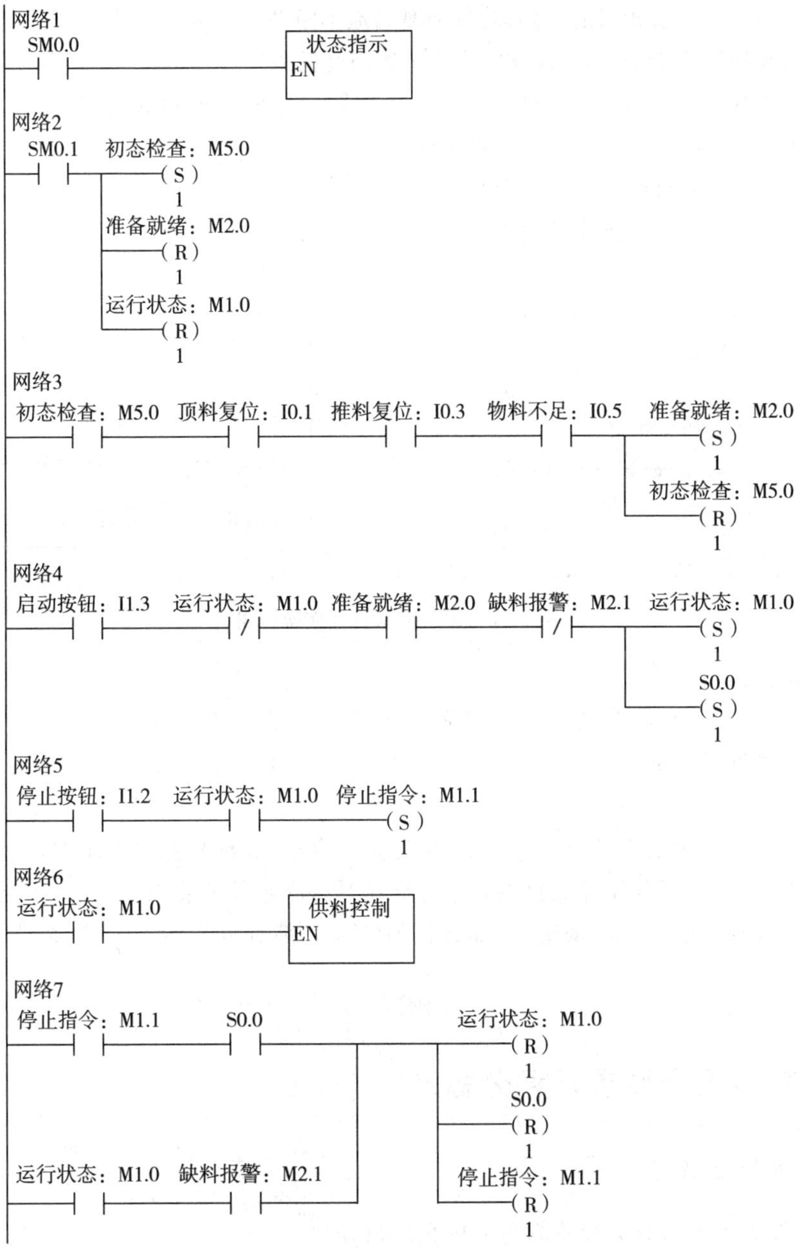

图 5-10 主程序梯形图

(1)程序结构有 2 个子程序，一个是系统状态显示，另一个是供料控制。主程序在每一扫描周期都调用系统状态显示子程序，仅当在运行状态已经建立时才可能调用供料控制子程序。

(2)PLC 上电后，应首先进入初始状态检查阶段，确认系统已经准备就绪后，才允许投入运行，这样可及时发现存在的问题，避免出现事故。例如，若两个气缸在上电和气源接入时不在初始位置,这是气路连接错误的缘故,显然在这种情况下不允许系统投入运行。

(3)供料单元运行的主要过程是供料控制,它是一个步进顺序控制过程。

(4)如果没有停止要求,顺控过程将周而复始地不断循环。常见的顺序控制系统正常停止的要求是:接收到停止指令后,系统在完成本工作周期任务(即返回到初始步)后才停止下来。

(5)当料仓中最后一个工件被推出后,将发生缺料报警。推料气缸复位到位,亦即完成本工作周期任务即返回到初始步后停止工作。

供料控制子程序的步进顺序流程如图 5-11 所示。图中初始步 S0.0 在主程序中,当系统准备就绪且接收到启动脉冲时被置位。

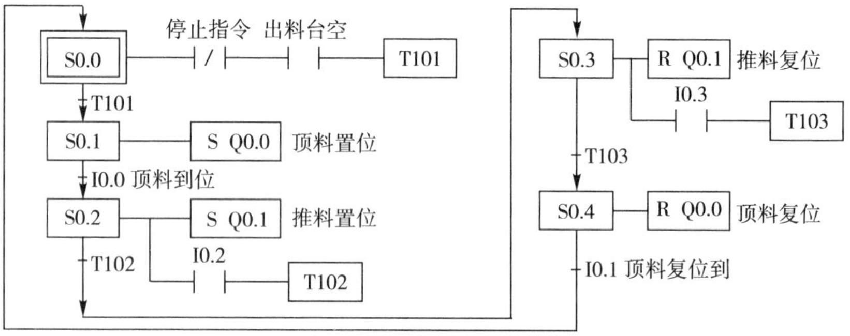

图 5-11 供料控制子程序流程图

4. 调试与运行。

(1)调整气动部分,检查气路是否正确、气压是否合理、气缸的动作速度是否合理。

(2)检查磁性开关的安装位置是否到位、磁性开关工作是否正常。

(3)检查 I/O 接线是否正确。

(4)检查光电传感器安装是否合理、灵敏度是否合适,保证检测的可靠性。

(5)放入工件,运行程序并观察供料单元动作是否满足任务要求。

(6)调试各种可能出现的情况,比如在任何情况下都有可能加入工件,系统都要能可靠工作。

(7)优化程序。

5.1.5 实训报告要求及评分标准

一、实训报告要求

1. 根据控制工艺流程完成供料单元的程序设计。

2. 记录调试过程中的疑难问题及解决方法。

3. 如果要实现单循环、手动单步、全自动控制,该如何修改程序?如何用触摸屏监控供料单元供料状态、供料数量以及种类?

4. 完成供料单元程序设计及调试任务,并编写实训报告。

二、评分标准

表 5-2 实训考核评分表

姓名：	班级：	学号：	工位号：	日期：

考核项目	考核内容	配分	考核要求	得分
工作计划与图纸	工作计划	5 分	工作计划合理	
	材料清单	5 分	清单完整	
	气路图	5 分	符号规范，原理正确	
	电路图	5 分	符号规范，原理正确	
电路连接	电路连接正确性及工艺	20 分	端子连接、插针压线不牢或超过 2 根导线，每处扣 1 分； 端子连接处没有线号，每处扣 0.5 分； 电路接线没有绑扎带或接线凌乱，扣 2 分	
气路连接	气路连接正确性，调节合理及工艺	20 分	气路连接未完成或有错，每处扣 2 分，气路连接有漏气现象，每处扣 1 分； 气缸节流阀调整不当，每处扣 1 分，气管没有绑扎或气路连接凌乱，扣 2 分	
测试与功能	按任务描述测试	30 分	启动/停止方式不按控制要求，扣 1 分；运行测试不满足要求，每处扣 0.5 分，工件送料测试，推出位置有明显偏差，每处扣 0.5 分	
职业素养与安全文明	职业习惯，安全文明意识	10 分	现场操作安全保护符合安全操作规程；工具摆放、包装物品、导线线头等处理符合职业岗位的要求；团队合作有分工有合作，配合紧密；遵守纪律，尊重教师，爱惜设备和器材，保持工位的整洁	
考评教师签名：			总分：	

项目 5.2 分拣单元实训

5.2.1 实训目的

1. 认识分拣单元，熟悉分拣单元的功能及工作流程。

2. 认识分拣单元各机械部件、连接气动回路和电气控制回路，并进行器件和设备的调试。

3. 掌握编码器、光纤式光电开关以及变频器的使用方法。

4. 能够根据控制要求编写和调试 PLC 控制程序。

5. 能够根据故障现象进行分拣单元故障排除。

5.2.2 实训所需器材

1. S7-200 CPU224XP PLC 1 台;触摸屏 1 台;MM420 变频器 1 台。
2. 计算机 1 台、连接电缆 1 根、编程软件 1 套。
3. 24V DC 开关电源 1 台,控制台与设备连接电缆 1 根。
4. 分拣单元组件 1 套,电磁阀组 1 套,端子排 1 套。
5. 内六角扳手 1 套,钟表起子 1 套,一字起子和十字起子 1 套,扳手 1 把,压线钳 1 把。
6. 导线、插针若干。

5.2.3 预备知识

一、分拣单元结构和功能

分拣单元主要结构组成为:传送和分拣机构、传动带驱动机构、变频器模块、电磁阀组、接线端口、PLC 模块、按钮/指示灯模块及底板等。其中机械部分的装配总成如图 5-12 所示。

分拣单元具有将上一单元送来的已加工、装配的工件进行分拣,使不同颜色的工件从不同的料槽分流的功能。当输送站送来工件放到传送带上并被入料口光电传感器检测到时,即启动变频器,工件开始送入分拣区进行分拣。

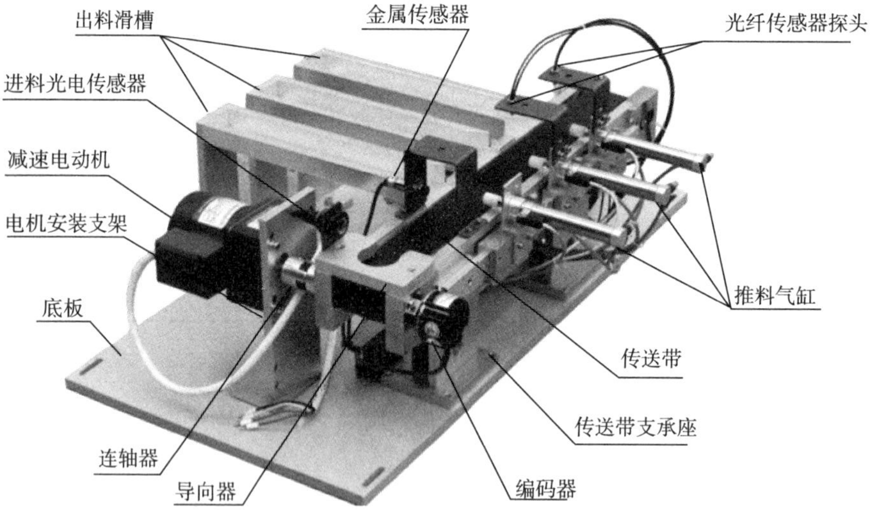

图 5-12 分拣单元的机械结构总成

二、气动控制回路

分拣单元的电磁阀组使用了 3 个二位五通带手控开关的单电控电磁阀,它们安装在汇流板上。这 3 个阀分别对金属、白料和黑料推动气缸的气路进行控制,以改变各自的动作状态。

本单元气动控制回路的工作原理如图 5-13 所示。图中 1A、2A 和 3A 分别为分拣一气缸、分拣二气缸和分拣三气缸。1B1、2B1 和 3B1 分别为安装在各分拣气缸的前极限工作位置的磁性开关。1Y1、2Y1 和 3Y1 分别为控制 3 个分拣气缸电磁阀的电磁控制端。

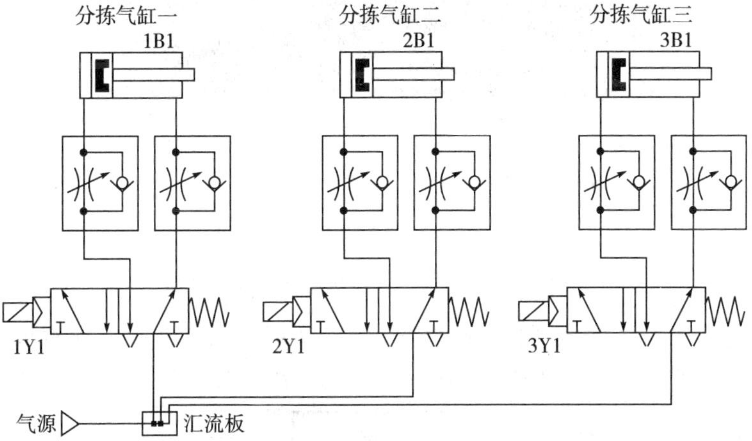

图 5-13　分拣单元气动控制回路工作原理图

三、光纤式光电开关

光纤式光电开关由光纤检测头和光纤放大器 2 部分组成。放大器和光纤检测头是 2 个分离的部分。光纤检测头的尾端部分分成 2 条光纤，使用时分别插入放大器的 2 个光纤孔。光纤式光电开关组件及安装示意图如图 5-14 所示。

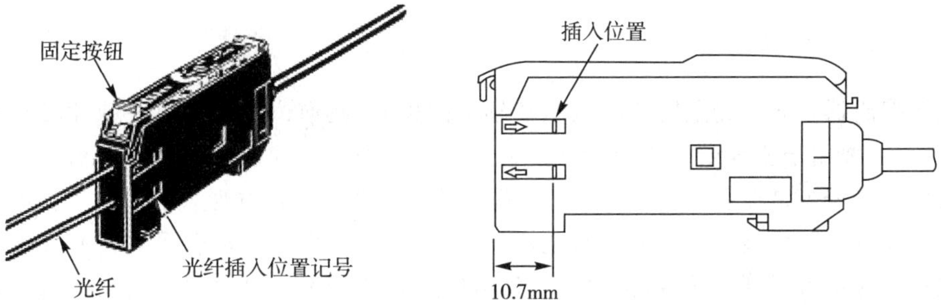

图 5-14　光纤式光电开关组件及安装示意图

光纤式光电开关具有下述优点：抗电磁干扰，可工作于恶劣环境，传输距离远，使用寿命长。此外，由于光纤头具有较小的体积，所以可以安装在空间很小的地方。

光纤式光电开关的放大器的灵敏度调节范围较大。当光纤式光电开关灵敏度调节范围较小时，对于反射性较差的黑色物体，光电探测器无法接收到反射信号；而反射性较好的白色物体，光电探测器就可以接收到反射信号。反之，若调高光纤式光电开关灵敏度，则即使对反射性较差的黑色物体，光电探测器也可以接收到反射信号。图 5-15 给出了放大器单元的俯视图，调节其中部的 8 旋转灵敏度高速旋钮就能进行放大器灵敏度调节（顺时针旋转，灵敏度增大）。调节时，会看到“入光量显示灯”发光的变化。当探测器检测到物料时，“动作显示灯”会亮,提示检测到物料。

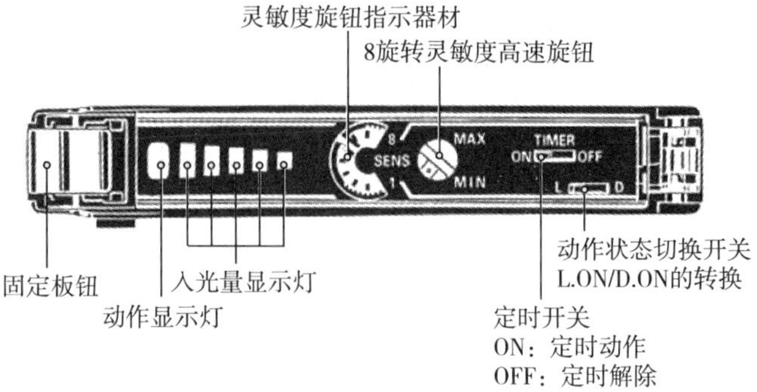

图 5-15　光纤式光电开关放大器单元的俯视图

E3Z-NA11 型光纤式光电开关电路框图如图 5-16 所示,接线时应注意根据导线颜色判断电源极性和信号输出线,切勿把信号输出线直接连接到电源+24V 端。

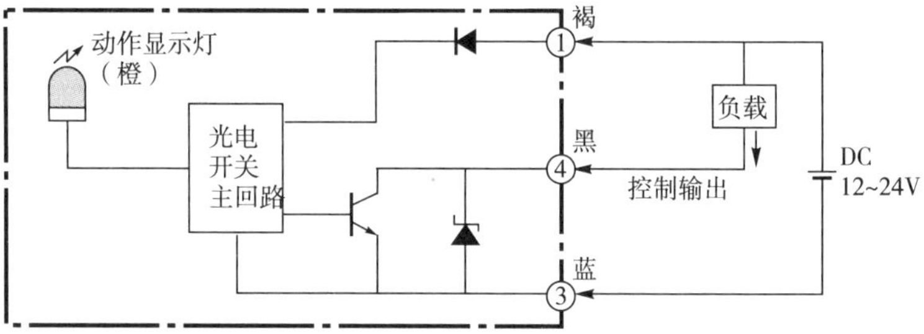

图 5-16　E3X-NA11 型光纤式光电开关电路框图

四、旋转编码器

旋转编码器是通过光电转换将输出至轴上的机械、几何位移量转换成脉冲或数字信号的传感器,主要用于速度或位置(角度)的检测。典型的旋转编码器是由光栅盘和光电检测装置组成。光栅盘是在一定直径的圆板上等分地开通若干个长方形狭缝。由于光电码盘与电动机同轴,电动机旋转时,光栅盘与电动机同速旋转,经发光二极管等电子元件组成的检测装置检测输出若干脉冲信号,其原理示意图如图 5-17 所示。通过计算旋转编码器每秒输出脉冲的个数就能反映当前电动机的转速。

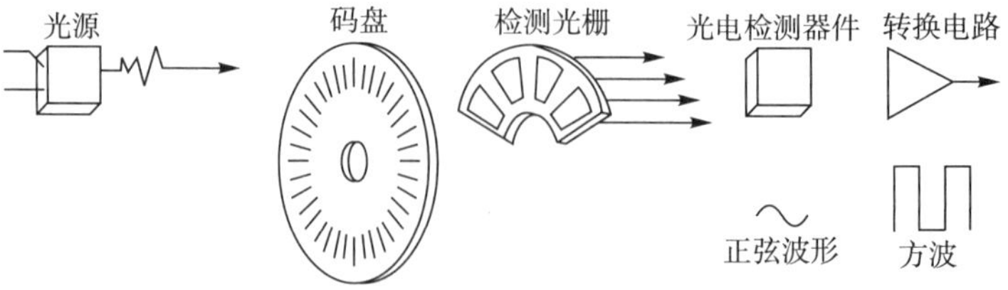

图 5-17　旋转编码器原理示意图

一般来说,根据旋转编码器产生脉冲方式的不同,可以分为增量式、绝对式以及复合式三大类。YL-335B 自动化生产线上采用的是增量式旋转编码器。

增量式光电编码器输出 A、B 两相互差 90°电度角的脉冲信号(即所谓的“两组正交输出信号”),从而可以方便地判断出旋转方向。同时还有用作参考零位的 Z 相标志(指示)脉冲信号,码盘每旋转 1 周,只发出 1 个标志信号。标志脉冲通常用来指示机械位置或对积累量清零,其输出波形如图 5-18 所示。

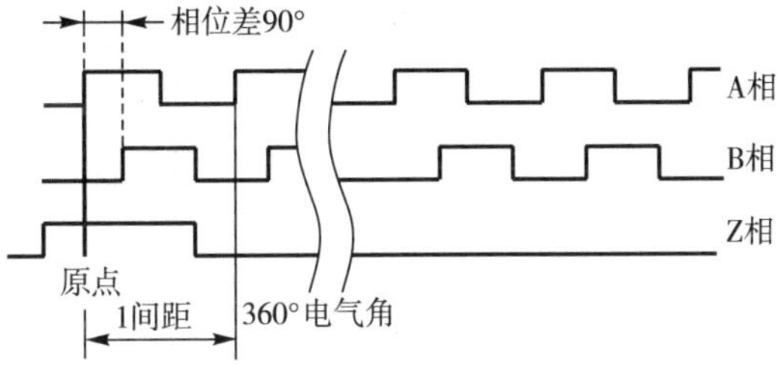

图 5-18 增量式编码器输出脉冲示意图

YL-335B 分拣单元使用了这种具有 A、B 两相 90°相位差的通用型旋转编码器,用于计算工件在传送带上的位置。编码器直接连接到传送带主动轴上。该旋转编码器的三相脉冲采用 NPN 型集电极开路输出,分辨率为 500 线,工作电源为 DC12~24V。本工作单元没有使用 Z 相脉冲,A、B 两相输出端直接连接到 PLC(S7-224XP AC/DC/RLY 主单元)的高速计数器输入端。

计算工件在传送带上的位置时,需确定每 2 个脉冲之间的距离,即脉冲当量。分拣单元主动轴的直径为 $d=43$mm,则减速电机每旋转 1 周,皮带上工件移动距离 $L=\pi \cdot d=3.14\times 43=136.35$mm,故脉冲当量 $\mu=L/500\approx 0.273$mm。

五、S7-200 PLC 高速计数器编程

高速计数器的编程方法有 2 种,一是采用梯形图或语句表进行正常编程,二是通过 STEP 7-Micro/WIN 编程软件进行向导式编程。不论采用哪一种方法,都要先根据计数输入信号的形式与要求确定计数模式;然后选择计数器编号,确定输入地址。

分拣单元所配置的 PLC 是 S7-224XP AC/DC/RLY 主单元,集成有 6 点的高速计数器,编号为 HSC0~HSC5,每一编号的计数器均分配有固定地址的输入端。同时,高速计数器可以被配置为 12 种模式中的任意一种。如表 5-3 所示。

表 5-3 S7-200 PLC 的 HSC0~HSC5 输入地址和计数模式

模式	中断描述	输入点			
	HSC0	I0.0	I0.1	I0.2	
	HSC1	I0.6	I0.7	I1.0	I1.1
	HSC2	I1.2	I1.3	I1.4	I1.5
	HSC3	I0.1			
	HSC4	I0.3	I0.4	I0.5	
	HSC5	I0.4			
0	带有内部方向控制的单相计数器	时钟			
1		时钟		复位	
2		时钟		复位	启动

续表

模式	中断描述	输入点			
3	带有外部方向控制的单相计数器	时钟	方向		
4		时钟	方向	复位	
5		时钟	方向	复位	启动
6	带有增减计数时钟的双相计数器	增时钟	减时钟		
7		增时钟	减时钟	复位	
8		增时钟	减时钟	复位	启动
9	A/B 相正交计数器	时钟 A	时钟 B		
10		时钟 A	时钟 B	复位	
11		时钟 A	时钟 B	复位	启动

根据分拣单元旋转编码器输出的脉冲信号形式（A/B 相正交脉冲，Z 相脉冲不使用，无外部复位和启动信号），由表 5-3 容易确定，所采用的计数模式为模式 9，选用的计数器为 HSC0，A 相脉冲从 I0.0 输入，B 相脉冲从 I0.1 输入，计数倍频设定为 4 倍频。分拣单元高速计数器编程要求较简单，不考虑中断子程序、预置值等。

使用向导式编程很容易自动生成符号地址为“HSC_INIT”的子程序。其程序如图 5-19 所示。在主程序块中使用 SM0.1（上电首次扫描 ON）调用此子程序，即完成高速计数器定义并启动计数器。

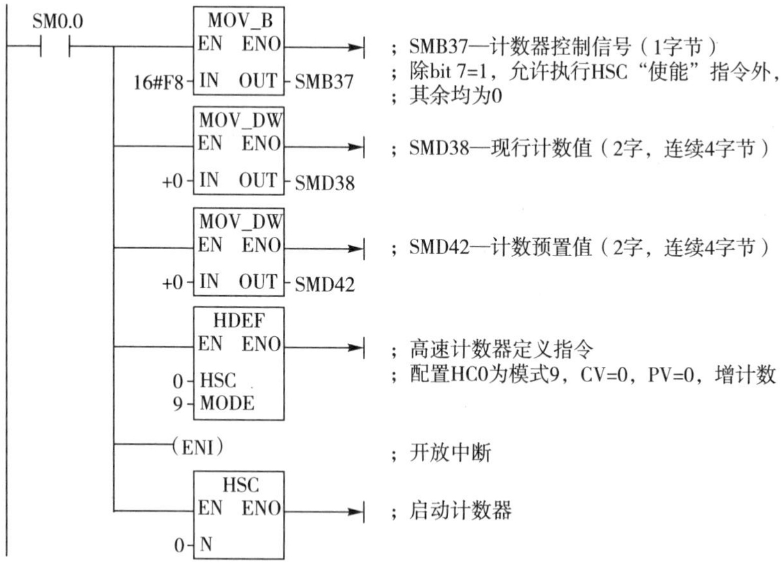

图 5-19　子程序 HSC_INIT 清单

5.2.4 实训内容

一、任务描述

1. 设备的工作目标是完成对白色芯金属工件、白色芯塑料工件和黑色芯的金属或塑料工件进行分拣。为了在分拣时准确地推出工件，要求使用旋转编码器作定位检测。并且工件材料和芯体颜色属性应在推料气缸前的适应位置被检测出来。

2. 设备上电和气源接通后，若工作单元的 3 个气缸均处于缩回位置，则"正常工作"指示灯 HL1 常亮，表示设备准备好。否则，该指示灯以 1Hz 频率闪烁。

3. 若设备准备好，按下启动按钮，系统启动，"设备运行"指示灯 HL2 常亮。当在传送带入料口人工放下已装配的工件时，变频器即启动，驱动传动电动机以 30Hz 的频率把工件带往分拣区。

4. 如果工件为白色芯金属件，则该工件对到达 1 号滑槽中间，传送带停止，工件对被推到 1 号槽中；如果工件为白色芯塑料，则该工件对到达 2 号滑槽中间，传送带停止，工件对被推到 2 号槽中；如果工件为黑色芯，则该工件对到达 3 号滑槽中间，传送带停止，工件对被推到 3 号槽中。工件被推出滑槽后，该工作单元的一个工作周期结束。仅当工件被推出滑槽后，才能再次向传送带下料。

5. 如果在运行期间按下停止按钮，该工作单元在本工作周期结束后停止运行。

要求完成如下工作任务：

(1)规划 PLC 的 I/O 分配及接线端子分配。

(2)进行系统安装接线。

(3)进行脉冲当量测试。

(4)按控制要求编制 PLC 程序。

(5)进行调试与运行。

二、实训步骤与要求

1. 分拣单元的 I/O 分配。分拣单元 PLC 选用 S7-224 XP AC/DC/RLY 主单元，共 14 点输入和 10 点继电器输出。选用 S7-224 XP 主单元的原因是，当变频器的频率设定值由 HMI 指定时，该频率设定值是一个随机数，需要由 PLC 通过 D/A 变换方式向变频器输入模拟量的频率指令，以实现电机速度连续调整。S7-224 XP 主单元集成有 2 路模拟量输入，1 路模拟量输出，有 2 个RS-485通信口。

本项目工作任务仅要求以 30Hz 的固定频率驱动电动机运转，只需用固定频率方式控制变频器即可。本任务中，选用 MM420 的端子"5"(DIN1)作电机启动和频率控制，PLC 的 I/O信号分配表见表 5-4。

为了实现固定频率输出，变频器的参数应设置如下：

(1)命令源 P0700＝2(外部 I/O)，选择频率设定的信号源参数 P1000＝3(固定频率)。

(2)DIN1 功能参数 P0701＝16(直接选择 ＋ ON 命令)，P1001＝30Hz。

(3)斜坡上升时间参数 P1120 设定为 1s，斜坡下降时间参数 P1121 设定为 0.2s。

表 5-4 分拣单元的 I/O 分配表

输入信号				输出信号			
序号	输入点	信号名称	信号来源	序号	输出点	信号名称	信号来源
1	I0.0	旋转编码器 B 相	装置侧	1	Q0.0	电机启停	
2	I0.1	旋转编码器 A 相		2	Q0.1		
3	I0.2	光纤传感器 1		3	Q0.2		
4	I0.3	光纤传感器 2		4	Q0.3		
5	I0.4	进料口工件检测		5	Q0.4	槽 1 驱动	
6	I0.5	电感式传感器		6	Q0.5	槽 2 驱动	
7	I0.6			7	Q0.6	槽 3 驱动	
8	I0.7	推杆 1 推出到位		8	Q0.7	HL1	按钮/指示灯模块
9	I1.0	推杆 2 推出到位		9	Q1.0	HL2	
10	I1.1	推杆 3 推出到位		10	Q1.1	HL3	
11	I1.2	启动按钮	按钮/指示灯模块				
12	I1.3	停止按钮					
13	I1.4						
14	I1.5	单站/全线					

2.分拣单元的 PLC 外部接线图如图 5-20 所示。

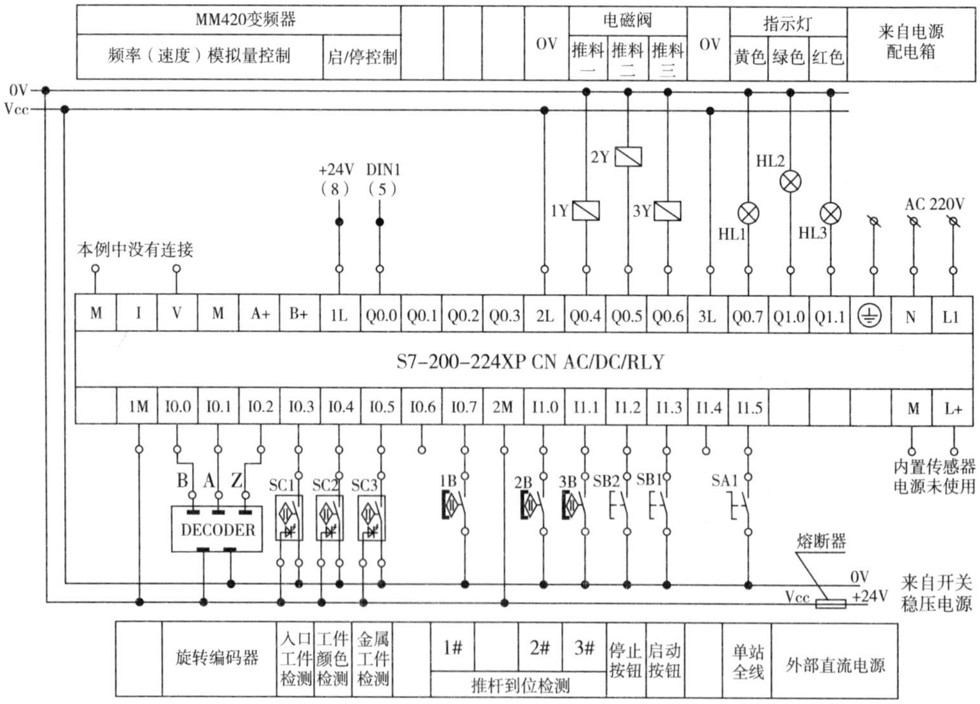

图 5-20 分拣单元 PLC 外部接线图

3. 分拣单元脉冲当量测试步骤。

(1)分拣单元安装调试时，必须仔细调整电动机与主动轴联轴的同心度和传送皮带的张紧度。调节张紧度的2个调节螺栓时应平衡调节，避免皮带运行时跑偏。传送带张紧度以电动机在输入频率为1Hz时能顺利启动、低于1Hz时难以启动为宜。测试时，可把变频器设置为在BOP操作板进行操作(启动/停止和频率调节)的运行模式，即设定参数P0700=1(使能BOP操作板上的启动/停止按钮)，P1000=1(使能电动电位计的设定值)。

(2)安装调整结束后，变频器参数设置为：P0700=2(指定命令源为“由端子排输入”)，P0701=16(确定数字输入DIN1为“直接选择 + ON”命令)，P1000=3(频率设定值的选择为固定频率)，P1001=30Hz(DIN1的频率设定值)。

(3)在PC机上用STEP 7-Micro/WIN编程软件编写PLC程序，主程序如图5-21所示，编译后传送到PLC。

(4)运行PLC程序，并置于监控方式。在传送带进料口中心处放下工件后，按启动按钮启动运行。工件被传送一段较长的距离后，按下停止按钮停止运行。观察STEP 7-Micro/WIN软件监控界面上VD0的读数，将此值填写到表5-5的“高速计数脉冲数”一栏中。然后在传送带上测量工件移动的距离，把测量值填写到表中“工件移动距离”一栏中；计算“高速计数脉冲数/4”的值，填写到“编码器脉冲数”一栏中，则脉冲当量 μ 计算值=工件移动距离/编码器脉冲数，填写到相应栏目中。

(5)重新把工件放到进料口中心处，按下启动按钮即进行第二次测试。进行三次测试后，求出脉冲当量 μ 平均值为：$\mu=(\mu_1+\mu_2+\mu_3)/3$。

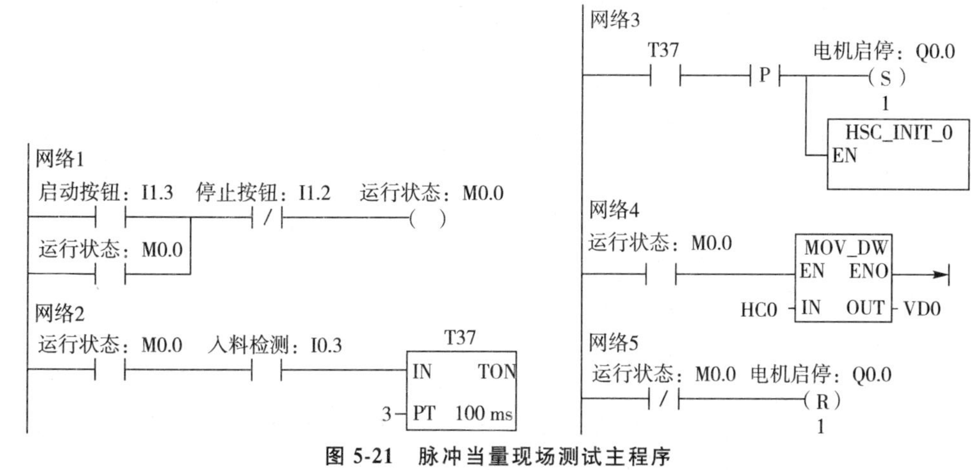

图 5-21 脉冲当量现场测试主程序

表 5-5 脉冲当量现场测试数据表

序号内容	工件移动距离(测量值)	高速计数脉冲数(测试值)	编码器脉冲数(计算值)	脉冲当量 μ(计算值)
第一次				
第二次				
第三次				

4. 分拣单元控制的编程。

(1)分拣单元的主要工作过程是分拣控制，可编写一个子程序供主程序调用，工作状态显示的要求比较简单，可直接在主程序中编写。

(2)主程序的流程与供料单元类似。但由于用高速计数器编程,必须在上电第一个扫描周期调用 HSC_INIT 子程序,以定义使能高速计数器。主程序的编制请读者自行完成。

(3)分拣控制子程序也是一个步进顺控程序,控制流程如图 5-22 所示,编程思路如下。

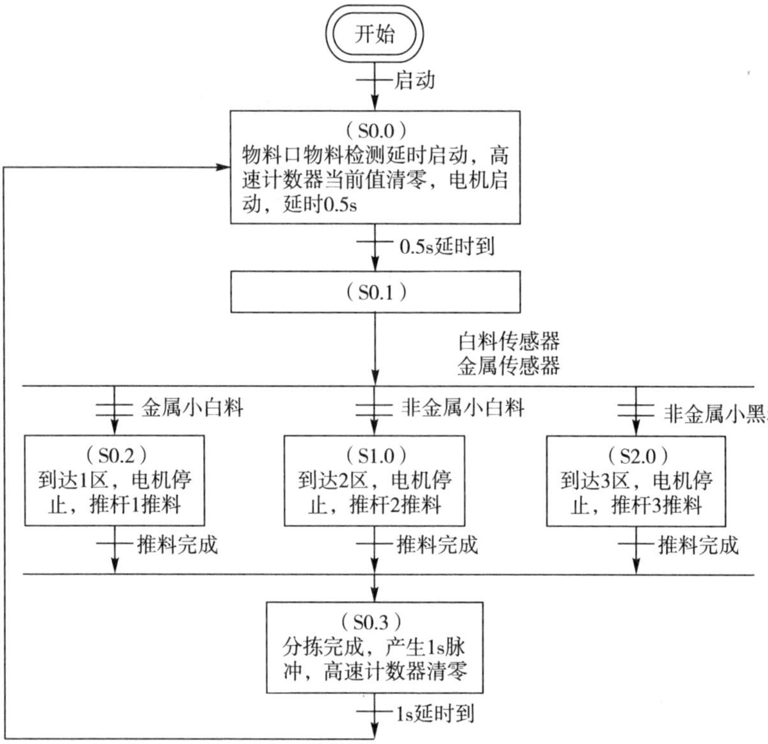

图 5-22 分拣单元分拣控制流程

①当检测到待分拣工件下料到进料口后,将 HC0 当前值清零,以固定频率启动变频器,驱动电机运转。梯形图如图 5-23 所示。

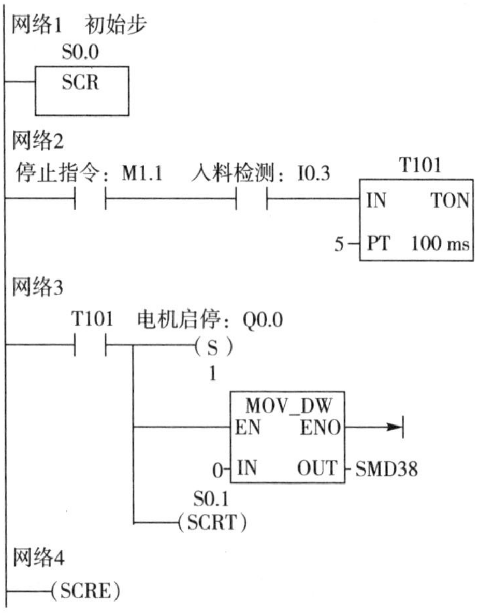

图 5-23 分拣控制子程序初始步梯形图

②当工件经过安装传感器支架上的光纤式光电开关和电感式传感器时，根据 2 个传感器动作与否，判别工件的属性，决定程序的流向。HC0 当前值与传感器位置值的比较可采用触点比较指令实现。完成上述功能的梯形图如图 5-24 所示。

③根据工件属性和分拣任务要求，在相应的推料气缸位置把工件推出。推料气缸返回后，步进顺控子程序返回初始步。这部分程序的编制也请读者自行完成。

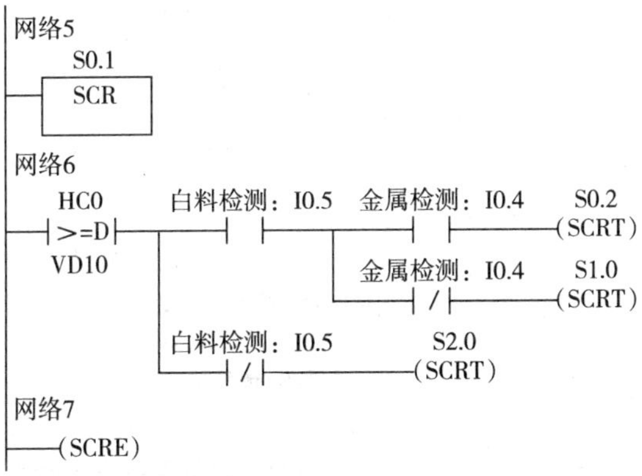

图 5-24 在传感器位置判别工件属性的梯形图

5. 调试与运行。

(1)调整气动部分，检查气路是否正确、气压是否合理、气缸的动作速度是否合理。

(2)检查磁性开关的安装位置是否到位。

(3)检查 I/O 接线是否正确。

(4)检查光电传感器、电感式传感器安装是否合理、灵敏度是否合适，保证检测的可靠性。

(5)根据运行要求设置变频器参数。

(6)放入各种组合的工件对，调试运行程序并观察分拣单元动作是否满足任务要求。

(7)优化程序。

5.2.5 实训报告要求及评分标准

一、实训报告要求

1. 根据控制工艺流程完成分拣单元的程序设计。

2. 记录调试过程中的疑难问题及解决方法。

3. 如果通过 PLC 的模拟量输出来设定变频器的输出频率，该如何实现？如果用触摸屏监控分拣单元分拣状态，并设定变频器运行频率和统计各槽工件数量，该如何修改程序？

4. 优化分拣单元程序设计及调试任务，并编写实训报告。

二、评分标准

表 5-6　实训考核评分表

姓名：	班级：	学号：	工位号：	日期：
考核项目	考核内容	配分	考核要求	得分
工作计划与图纸	工作计划	5 分	工作计划合理	
	材料清单	5 分	清单完整	
	气路图	5 分	符号规范，原理正确	
	电路图	5 分	符号规范，原理正确	
电路连接	电路连接正确性及工艺	20 分	端子连接，插针压线不牢或超过 2 根导线，每处扣 1 分；端子连接处没有线号，每处扣 0.5 分；电路接线没有绑扎带或接线凌乱，扣 2 分	
气路连接	气路连接正确性、调节合理及工艺	20 分	气路连接未完成或有错，每处扣 2 分，气路连接有漏气现象，每处扣 1 分；气缸节流阀调整不当，每处扣 1 分，气管没有绑扎或气路连接凌乱，扣 2 分	
测试与功能	按任务描述测试	30 分	启动/停止方式不按控制要求，扣 1 分；运行测试不满足要求，每处扣 0.5 分，工件送料测试，推出位置有明显偏差，每处扣 0.5 分	
职业素养与安全文明	职业习惯，安全文明意识	10 分	现场操作安全保护符合安全操作规程；工具摆放、包装物品、导线线头等处理符合职业岗位的要求；团队合作有分工有合作，配合紧密；遵守纪律，尊重教师，爱惜设备和器材，保持工位的整洁	
考评教师签名：			总分：	

项目 5.3　输送单元实训

5.3.1　实训目的

1. 认识输送单元，熟悉输送单元的功能及工作流程。

2. 认识输送单元各机械部件、连接气动回路和电气控制回路，并进行器件和设备的调试。

3. 掌握伺服驱动器的使用方法。

4. 能够根据控制要求编写和调试 PLC 控制程序。

5. 能够根据故障现象进行分输送单元故障排除。

5.3.2 实训所需器材

1. S7-200 CPU226 DC/DC/DC PLC 1 台；触摸屏 1 台；松下伺服驱动器 1 台。

2. 计算机 1 台、连接电缆 1 根、编程软件 1 套。

3. 24V DC 开关电源 1 台，控制台与设备连接电缆 1 根。

4. 输送单元组件 1 套，电磁阀组 1 套，端子排 1 套。

5. 内六角扳手 1 套，钟表起子 1 套，一字起子和十字起子 1 套，扳手 1 把，压线钳 1 把。

6. 导线、插针若干。

5.3.3 预备知识

一、输送单元结构和功能

输送单元是自动线中最为重要同时也是承担任务最繁重的工作单元。输送单元由抓取机械手装置、伺服传动组件、拖链装置、PLC 模块和接线端口以及按钮/指示灯模块等部件组成。图 5-25 所示是安装在工作台面上的输送单元装置侧部分。

输送单元主要功能是：驱动其抓取机械手装置精确定位到指定单元的物料台，在物料台上抓取工件，把抓取到的工件输送到指定地点然后放下的功能。

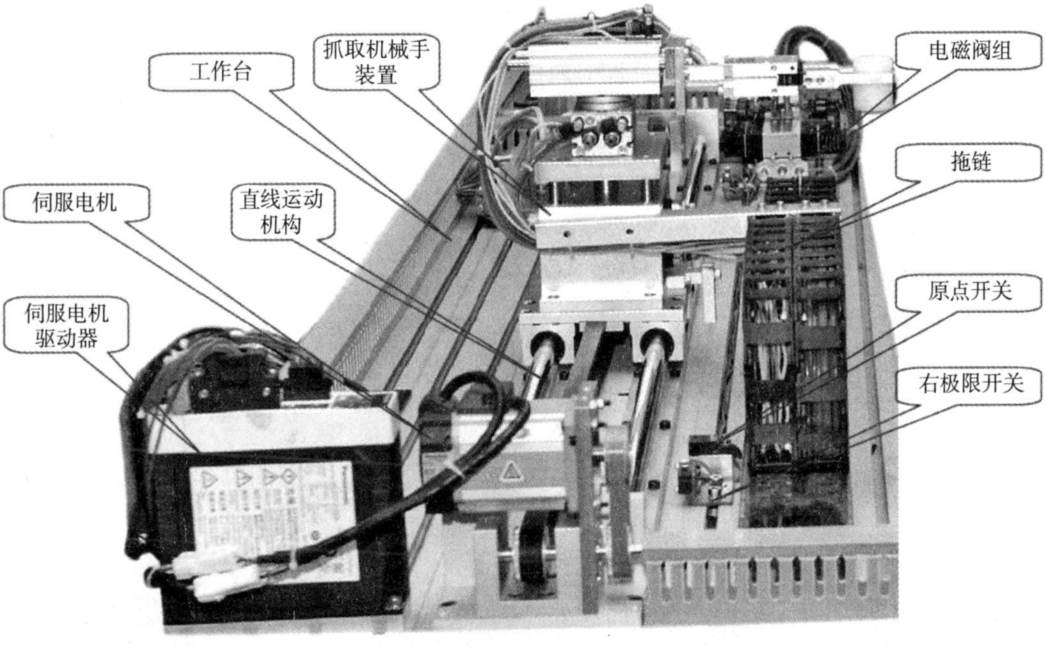

图 5-25 输送单元的机械结构

1. 抓取机械手装置。抓取机械手装置是一个能实现四自由度运动（即升降、伸缩、气动手指夹紧/松开和沿垂直轴旋转的四维运动）的工作单元，该装置整体安装在伺服传动组件的滑动溜板上，在传动组件带动下整体做直线往复运动，定位到其他各工作单元的物料台，然后完成抓取和放下工件的动作。该装置实物如图 5-26 所示。

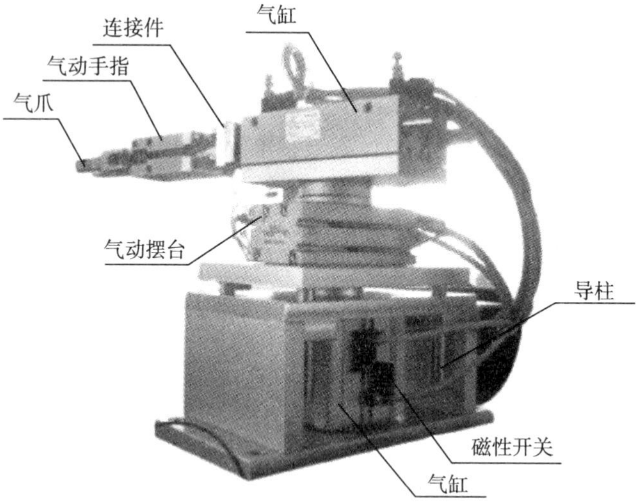

图 5-26　抓取机械手装置

2. 伺服传动组件。伺服传动组件如图 5-27 所示，由直线导轨底板、伺服电机及伺服放大器、同步轮、同步带、直线导轨、滑动溜板、拖链和原点接近开关、左极限开关、右极限开关等组成。

伺服电机由伺服电机放大器驱动，通过同步轮和同步带带动滑动溜板沿直线导轨做往复直线运动，从而带动固定在滑动溜板上的抓取机械手装置做往复直线运动。同步轮齿距为 5mm，共 12 个齿，即旋转一周搬运机械手位移 60mm。

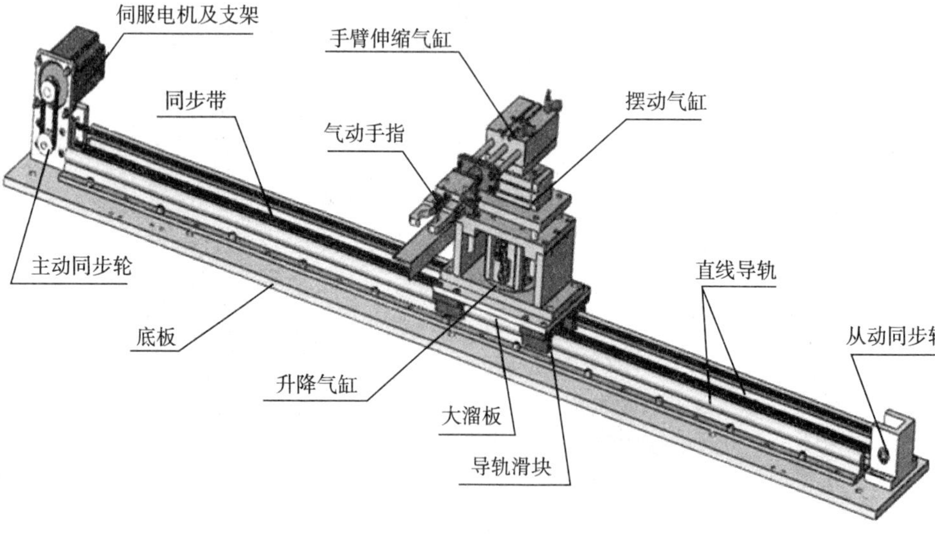

图 5-27　伺服传动组件

原点接近开关和左、右极限开关安装在直线导轨底板上，如图 5-28 所示。原点接近开关是一个无触点的电感式接近传感器，用来提供直线运动的起始点信号。左、右极限开关均是有触点的微动开关，用来提供越程故障时的保护信号。当滑动溜板在运动中越过左或右极限位置时，极限开关会动作，从而向系统发出越程故障信号。

图 5-28 原点开关和右极限开关

二、气动控制回路

输送单元的抓取机械手装置上的气动手爪用于在各个工作站物料台上抓取/放下工件，由一个二位五通双向电控阀控制。伸缩气缸用于驱动手臂伸出/缩回，由一个二位五通单向电控阀控制。回转气缸用于驱动手臂正反向 90°旋转，由一个二位五通单向电控阀控制。提升气缸用于驱动整个机械手提升与下降，由一个二位五通单向电控阀控制。输送单元的抓取机械手装置上的所有气缸连接的气管沿拖链敷设，插接到电磁阀组上，其气动控制回路如图 5-29 所示。

注意：双电控电磁阀的 2 个电控信号不能同时为"1"，即在控制过程中不允许 2 个线圈同时得电，否则，可能会造成电磁线圈烧毁。当然，在这种情况下阀芯的位置是不确定的。

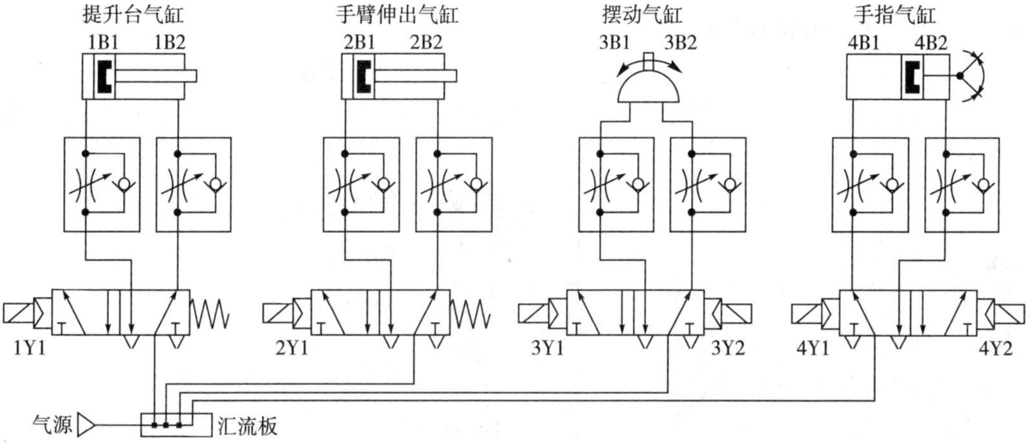

图 5-29 分拣单元气动控制回路工作原理图

三、伺服电机及伺服放大器

1. 伺服系统基本概念。伺服系统大多数采用永磁交流伺服系统，其中包括永磁同步交流伺服电动机和全数字交流永磁同步伺服驱动器 2 部分。

交流伺服电机的工作原理：伺服电机内部的转子是永磁铁，驱动器控制的 U/V/W 三相电形成电磁场，转子在此磁场的作用下转动，同时电机自带的编码器反馈信号给驱动器，驱动器根据反馈值与目标值进行比较，调整转子转动的角度。伺服电机的精度决定于编码器的精度(线数)。

交流永磁同步伺服驱动器主要由伺服控制单元、功率驱动单元、通讯接口单元、伺服电动机及相应的反馈检测器件组成，其中伺服控制单元包括位置控制器、速度控制器、转矩和电流控制器等。结构组成如图 5-30 所示。

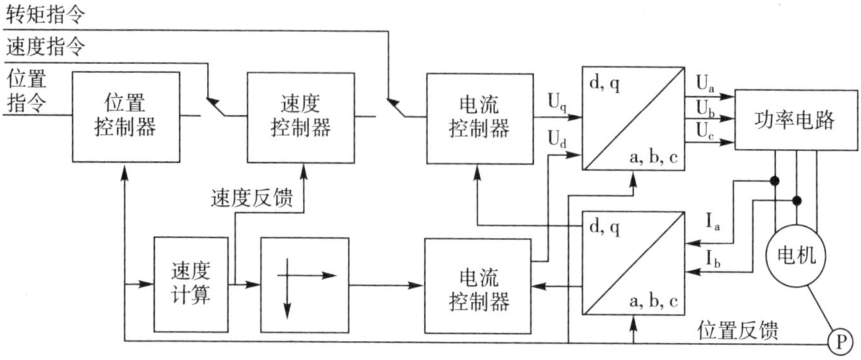

图 5-30　伺服控制系统结构

2. 松下 MINAS A5 伺服电机和驱动器。在 YL-335B 的输送单元上，采用松下 MHMD022G1U 永磁同步交流伺服电机及 MADHT1507E 全数字交流永磁同步伺服驱动装置作为运输机械手的运动控制装置。

MHMD022G1U 的含义：MHMD 表示电机类型为大惯量，02 表示电机的额定功率为 200W，2 表示电压规格为 200V，G 表示编码器为增量式编码器，脉冲数为 20 位，分辨率为 1048576，输出信号线数为 5 根线。

MADDT1507E 的含义：MADDT 表示松下 A5 系列 A 型驱动器，T1 表示大瞬时输出电流为 10A，5 表示电源电压规格为单相/三相 200V，07 表示电流监测器额定电流为 7.5A。驱动器的外观和面板如图 5-31 所示。

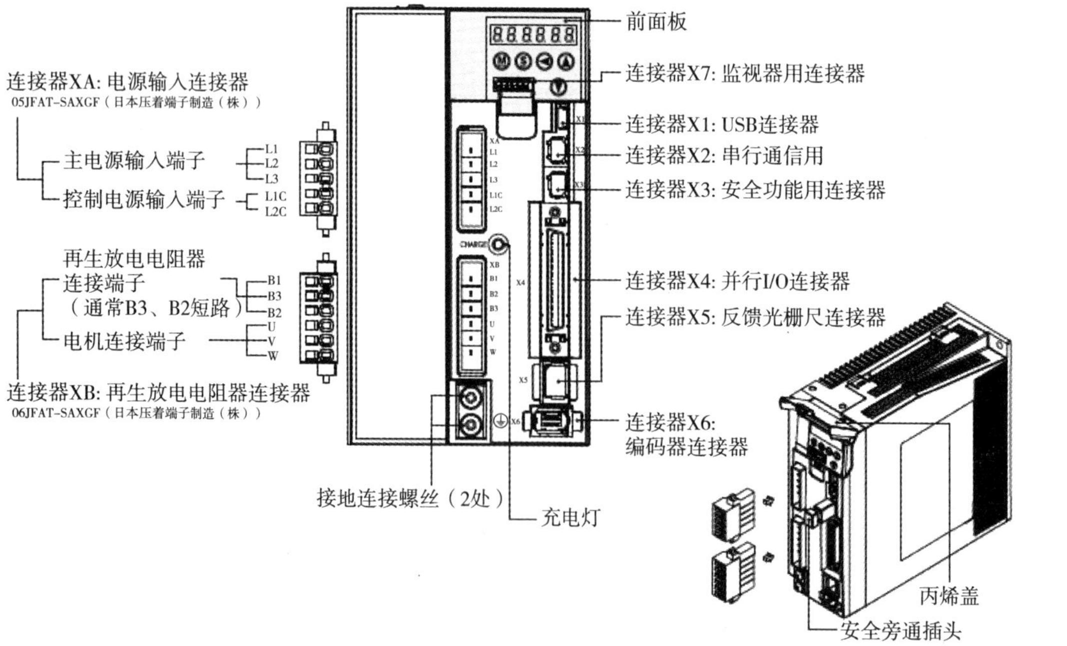

图 5-31　驱动器的外观和面板

3. 伺服驱动器接线。MADDT1507E 伺服驱动器面板上有多个接线端口，各端口的名称及用途介绍如下。

(1)XA：电源输入接口。AC 220V 电源连接到 L1、L3 主电源端子，同时连接到控制电源端子 L1C、L2C 上。

(2)XB：电机接口和外置再生放电电阻器接口。U、V、W 端子用于连接电机。必须注意，电源电压务必按照驱动器铭牌上的指示，电机接线端子(U、V、W)不可以接地或短路，交流伺服电机的旋转方向不像感应电动机那样可以通过交换三相相序来改变，必须保证驱动器上的 U、V、W、E 接线端子与电机主回路接线端子按规定的次序一一对应，否则可能造成驱动器的损坏。电机的接线端子和驱动器的接地端子以及滤波器的接地端子必须保证可靠地连接到同一个接地点上。机身也必须接地。B1、B2、B3 端子是外接放电电阻，YL-335B 没有使用外接放电电阻。

(3)X6：连接到电机编码器信号接口。连接电缆应选用带有屏蔽层的双绞电缆，屏蔽层应接到电机侧的接地端子上，并且应确保将编码器电缆屏蔽层连接到插头的外壳(FG)上。

(4)X4：I/O 控制信号端口，其部分引脚信号定义与选择的控制模式有关，不同模式下的接线请参考《松下 A5 系列伺服电机手册》。YL-335B 输送单元中，伺服电机用于定位控制，选用位置控制模式，所采用的是简化接线方式，如图 5-32 所示。

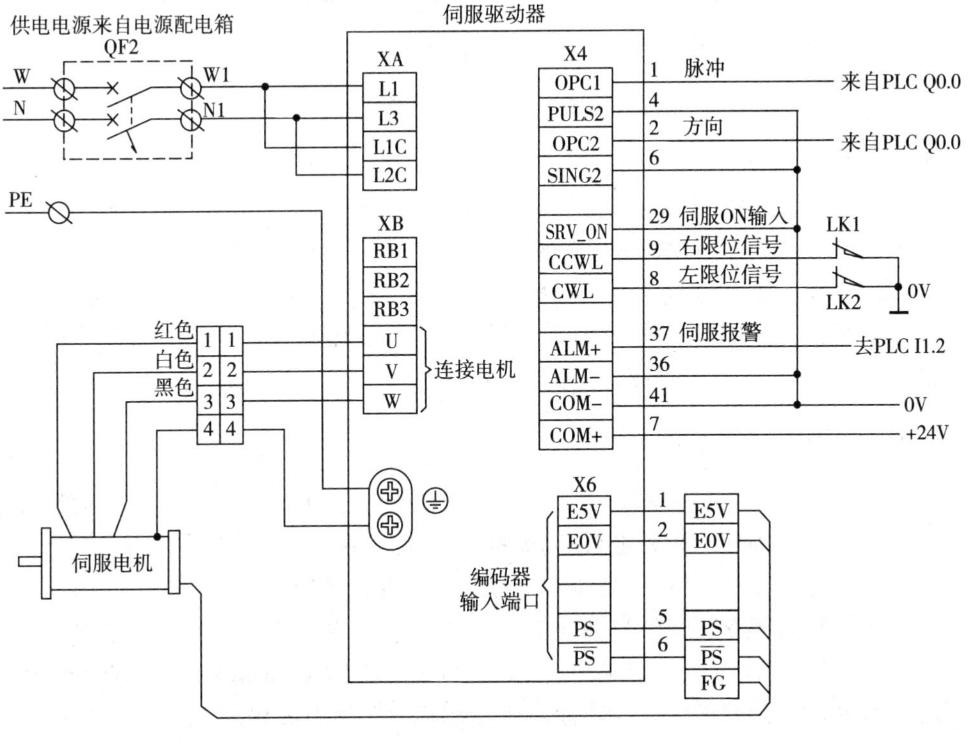

图 5-32　伺服驱动器电气接线图

4. 伺服驱动器的参数设置与调整。松下的伺服驱动器有 7 种控制运行方式，即位置控制、速度控制、转矩控制、位置/速度控制、位置/转矩、速度/转矩和全闭环控制。位置方式就是输入脉冲串来使电机定位运行，电机转速与脉冲串频率相关，电机转动的角度与脉冲个数相关;速度方式有2种,一是通过输入直流－10V至＋10V指令电压调速,二是选用驱动器内设置的内部速度来调速;转矩方式是通过输入直流－10V至＋10V指令电压调节电机的输出转矩,在这种方式下运行必须进行速度限制,有如下2种方法,一是设置驱动器内的参数来限制,二是输入模拟量电压限速。

MADDT1507E伺服驱动器的参数共有218个,即Pr000～Pr639。可以在驱动器的面板上对这些参数进行设置。各个按钮的说明如图5-33所示。

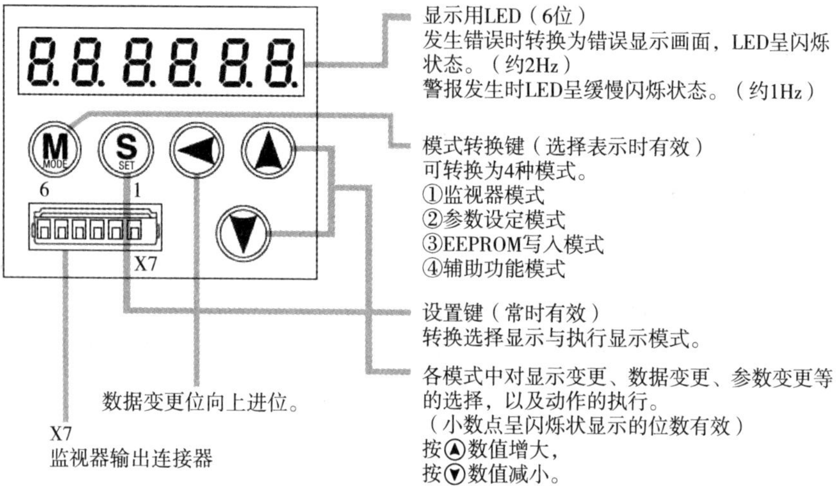

图5-33 驱动器参数设置面板

面板参数设置操作说明:

(1)参数设置,先按“Set”键,再按“Mode”键,选择到“Pr000”后,按向上、向下或向左的方向键选择通用参数的项目,按“Set”键进入。然后按向上、向下或向左的方向键调整参数,调整完后,按“S”键返回。选择其他项再调整。

(2)参数保存,按“M”键选择到“EE-SET”后,按“Set”键确认,出现“EEP-”,然后按向上键3s,出现“FINISH”或“reset”,然后重新上电即保存。

四、S7-200 PLC位控编程

当组态输出一个PTO操作时,生成一个50%占空比脉冲串,用于步进电机或伺服电机的速度和位置的开环控制。内置PTO功能提供了脉冲串输出,脉冲周期和数量可由用户控制。但应用程序必须通过PLC内置I/O提供方向和限位控制。

S7-200有2个内置PTO/PWM发生器,用以建立高速脉冲串(PTO)或脉宽调节(PWM)信号波形。一个发生器指定给数字输出点Q0.0,另一个发生器指定给数字输出点Q0.1。

为了简化用户应用程序中位控功能的使用,STEP 7-Micro/WIN提供的位控向导可以帮助用户在很短的时间内全部完成PWM、PTO或位控模块的组态。向导可以生成位置指令,用户可以用这些指令在其应用程序中为速度和位置提供动态控制。

1.位控基本信息。借助位控向导组态PTO输出时,需要用户提供一些基本信息,下面逐项进行介绍。

(1)最大速度(MAX_SPEED)和启动/停止速度(SS_SPEED)。如图5-34所示,最大速度(MAX_SPEED)是允许操作速度的最大值,它应在电机力矩能力的范围内。驱动负载所需的力矩由摩擦力、惯性以及加速/减速时间决定。启动/停止(SS_SPEED)的数值应满足电机在低速时驱动负载的能力,如果SS_SPEED的数值过低,电机和负载在运动的开始和结束时可能会摇摆或颤动。如果SS_SPEED的数值过高,电机会在启动时丢失脉冲,并且负载在试图停止时会使电机超速。通常,SS_SPEED值是MAX_SPEED值的5%~15%。

(2)加速和减速时间。如图5-34所示,加速时间ACCEL_TIME是电机从SS_SPEED速度加速到MAX_SPEED速度所需要的时间。减速时间DECEL_TIME是电机从MAX_SPEED速度减速到SS_SPEED速度所需要的时间。

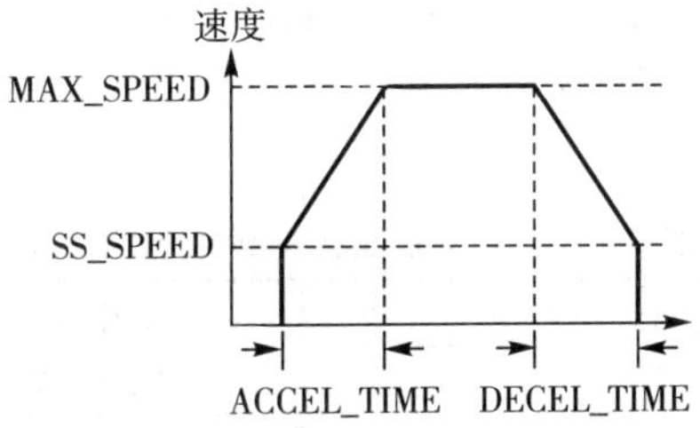

图5-34 最大速度和启动/停止速度、加速和减速时间示意图

加速时间和减速时间的缺省设置都是1000ms。通常,电机可在小于1000ms的时间内工作。这两个值设定时要以毫秒为单位。电机的加速和失速时间通常要经过测试来确定。开始时,应输入一个较大的值。逐渐减少这个时间值直至电机开始失速,从而优化应用中的这些设置。

(3)移动包络。一个包络是一个预先定义的移动描述,它包括一个或多个速度,影响着从起点到终点的移动。一个包络由多段组成,每段包含一个达到目标速度的加速/减速过程和以目标速度匀速运行的一串固定数量的脉冲。

位控向导提供移动包络定义界面,应用程序所需的每一个移动包络均可在这里定义。PTO最大支持100个包络。定义一个包络包括如下几点:选择操作模式;为包络的各步定义指标;为包络定义一个符号名。

选择包络的操作模式:PTO支持相对位置和单一速度的连续转动2种模式,如图5-35所示。相对位置模式是指运动的终点位置是从起点侧开始计算的脉冲数量。单速连续转动则不需要提供终点位置,PTO一直持续输出脉冲,直至有其他命令发出,例如到达原点要求停发脉冲。

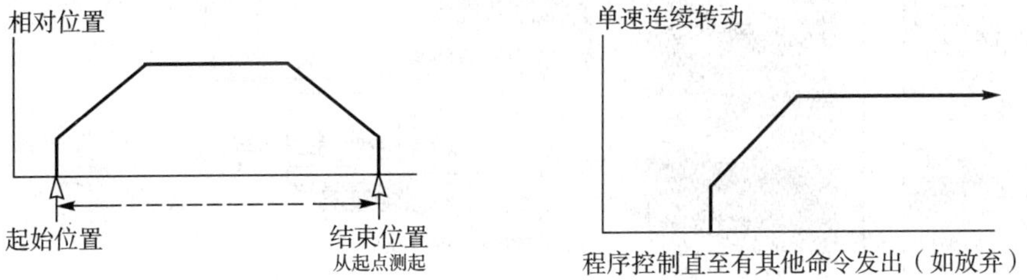

图5-35 一个包络的操作模式

包络中的步:一个步是工件运动的一个固定距离,包括加速和减速时间内的距离。PTO每一包络最大允许29个步。每一步包括目标速度和结束位置或脉冲数目等几个指标。如

图 5-36 所示为一步、两步、三步和四步包络。注意：一步包络只有一个常速段，两步包络有两个常速段，以此类推。步的数目与包络中常速段的数目一致。

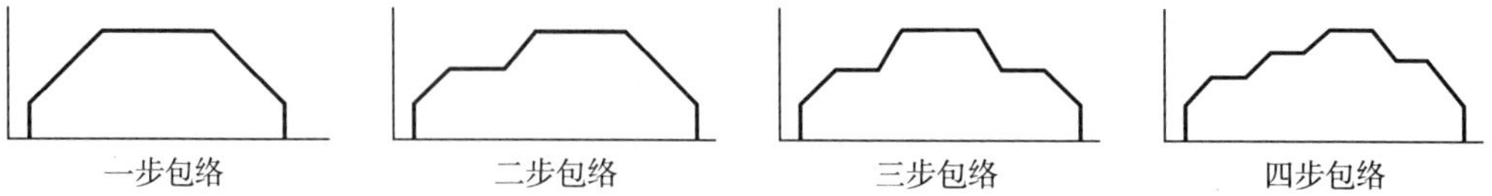

图 5-36　包络的步数示意图

2. 使用位控向导编程步骤。STEP 7-Micro/WIN 软件的位控向导能自动处理 PTO 脉冲的单段管线和多段管线、脉宽调制、SM 位置配置和创建包络表。下面以在工作任务中建立包络为例，阐述使用位控向导编程的方法和步骤。表 5-7 是这个例子中实现伺服电机运行所需的运动包络。

表 5-7　伺服电机运行的运动包络

运动包络	站点	脉冲量	移动方向
0	低速回零	单速返回	DIR
1	供料站→加工站 430mm	43000	
2	加工站→装配站 350mm	35000	
3	装配站→分拣站 260mm	26000	
4	分拣站→高速回零前 900mm	90000	DIR
5	供料站→装配站 780mm	78000	
6	供料站→分拣站 1040mm	104000	

使用位控向导编程的步骤如下：

(1)设置 PTO 操作。在 STEP 7-Micro/WIN 软件命令菜单中选择“工具”→“位置控制向导”，即开始引导位置控制配置。在向导弹出的第一个界面，选择配置 S7-200 PLC 内置 PTO/PWM 操作。在第二个界面中选择“QO. 0”作脉冲输出。接下来的第三个界面如图 5-37所示，选择“线性脉冲输出(PTO)”，并点选使用高速计数器 HSC0(模式 12)对 PTO 生成的脉冲自动计数的功能。单击“下一步”即开始组态内置 PTO 操作。

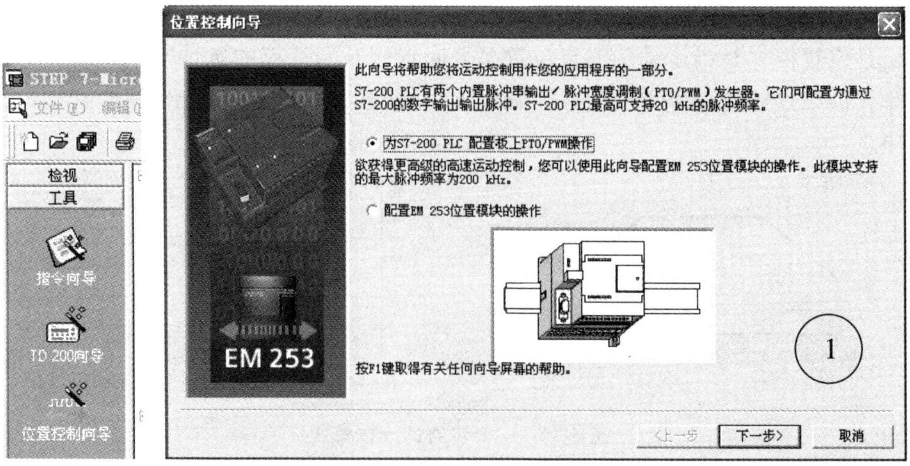

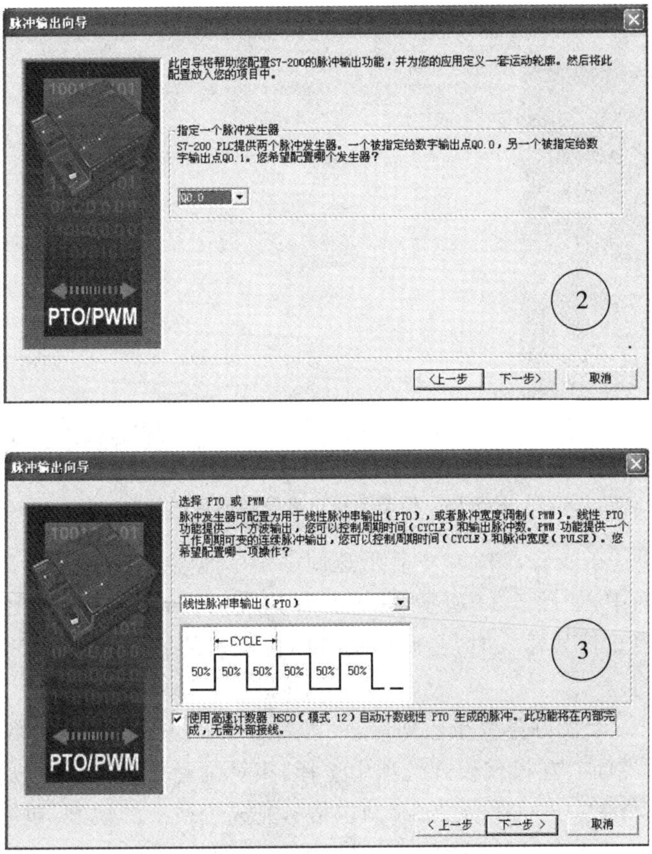

图 5-37　组态内置 PTO 操作选择界面

(2)设置电机参数。接下来的 2 个界面要求设定电机速度参数，包括前面所述的最高电机速度 MAX_SPEED 和电机启动/停止速度 SS_SPEED，以及加速时间 ACCEL_TIME 和减速时间 DECEL_TIME。在对应的编辑框中输入相应的数值。如图 5-38 所示，在本项目中输入最高电机速度“90000”，把电机启动/停止速度设定为“600”，加速时间 ACCEL_TIME 和减速时间 DECEL_TIME 分别为 1000(ms)和 200(ms)。完成给位控向导提供基本信息的工作。单击“下一步”，开始配置运动包络界面。

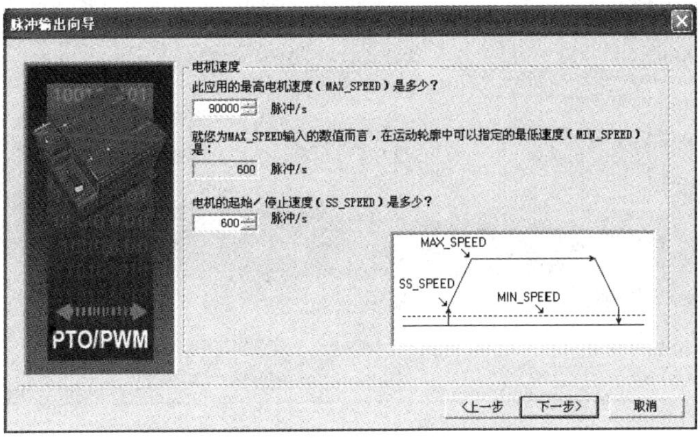

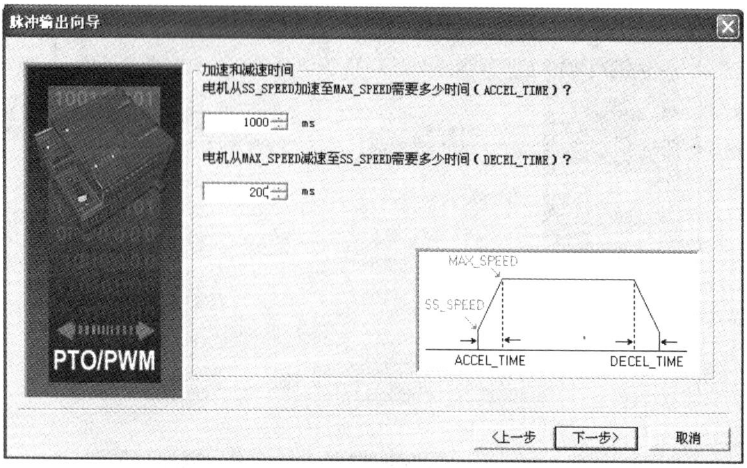

图 5-38 组态电机速度及加减速时间

(3)绘制包络 0。在表 5-7 中,第一行低速回零是单速连续运行模式,选择这种操作模式后,在所出现的界面中,如图 5-39 所示,写入目标速度“10000”。界面中还有一个包络停止操作选项,是指当停止信号输入时,再向运动方向按设定的脉冲数走完并停止,在本系统不使用。

(4)绘制包络 1。绘制好第 0 个包络后,可以单击图 5-39 中的“新包络”,出现图 5-40 所示的配置运动包络界面。在操作模式选项中选择“相对位置控制”,填写包络“0”中数据目标速度“60000”,结束位置“43000”,点击“绘制包络”,完成包络 1 的绘制,包络的符号名默认定义为 Profile0_0。这样从供料站到加工站的运动包络设置就完成了。注意,这个包络只有 1 步。

现在可以设置下一个包络, 点击“新包络”,按上述方法对表 5-7 中其他运动包络进行设置。

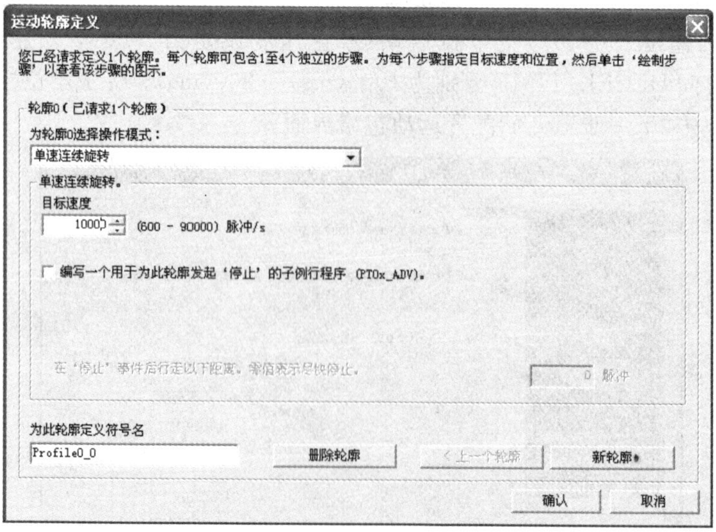

图 5-39 设置第 0 个包络

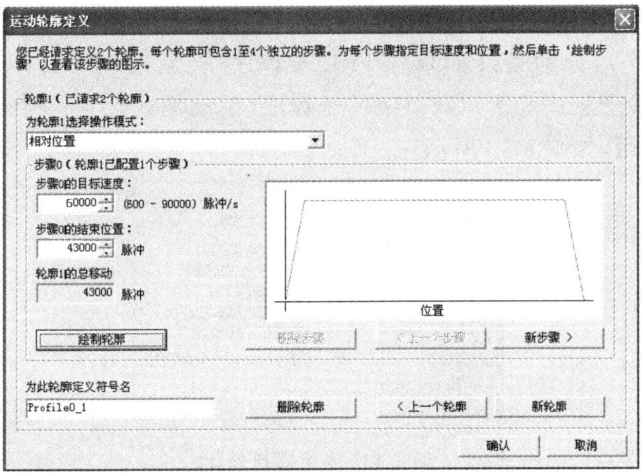

图 5-40　配置运动包络界面

(5)指定包络地址和生成项目组件。如图 5-41 所示，运动包络全部编写完成后单击“确认”，向导会要求为运动包络指定 V 存储区地址，可默认系统给定的地址，也可自行键入一个合适的地址，如图 5-41 所示。图 5-41 是指定 V 存储区首地址为 VB400 时的界面，向导会自动计算地址的范围。然后单击“下一步”，出现如图 5-42 所示图框，单击图中的“完成”按钮。

图 5-41　为运动包络指定 V 存储区地址

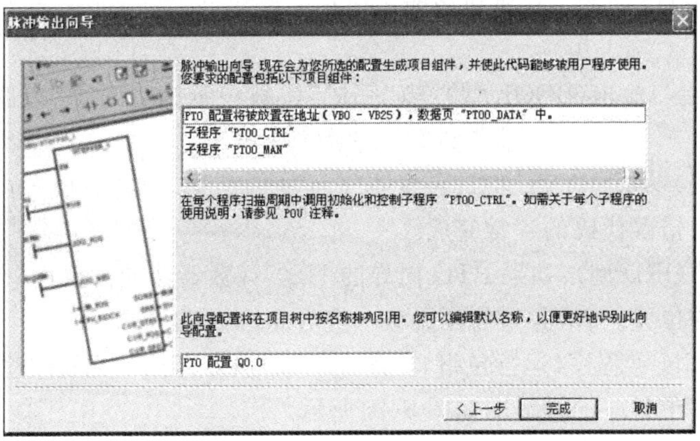

图 5-42　生成项目组件提示

3. 使用位控向导生成的项目组件。运动包络组态完成后,向导会为所选的配置生成四个项目组件(子程序),分别是:PTOx_CTRL 子程序(控制)、PTOx_RUN 子程序(运行包络)、PTOx_LDPOS 子程序和 PTOx_MAN 子程序(手动模式)。一个由向导产生的子程序就可以在程序中调用,如图 5-43 所示。

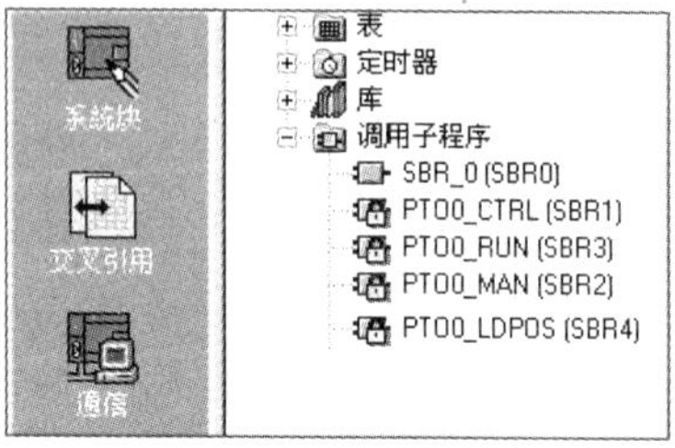

图 5-43 4 个项目组件

它们的功能分述如下。

(1)PTOx_CTRL 子程序(控制)。启用和初始化 PTO 输出。在用户程序中只使用一次,并且要确定在每次扫描时得到执行。即始终使用 SM0.0 作为 EN 的输入,如图 5-44 所示。

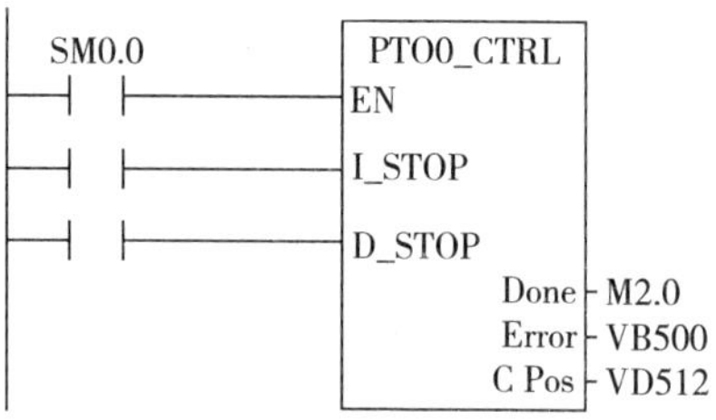

图 5-44 运行 PTOx_CTRL 子程序

①输入参数。

➢ I_STOP(立即停止)输入(BOOL 型):当此输入为低时,PTO 功能会正常工作。当此输入变为高时,PTO 立即终止脉冲的发出。

➢ D_STOP(减速停止)输入(BOOL 型):当此输入为低时,PTO 功能会正常工作。当此输入变为高时,PTO 会产生将电机减速至停止的脉冲串。

②输出参数。

➢ Done(“完成”)输出(BOOL 型):当“完成”位被设置为高时,它表明上一个指令也已执行。

➢ Error(错误)参数(BYTE 型):包含本子程序的结果。当“完成”位为高时,错误字节会报告无错误或有错误代码的正常完成。

➢ C_Pos(DWORD 型):如果 PTO 向导的 HSC 计数器功能已启用,此参数包含以脉冲数表示的模块当前位置。否则,当前位置将一直为 0。

(2)PTOx_RUN 子程序(运行包络)。命令 PLC 执行存储于配置/包络表的指定包络运动操作。运行这一子程序的梯形图如图 5-45 所示。

①输入参数。

➢ EN 位:子程序的使能位。在“完成”(Done)位发出子程序执行已经完成的信号前,应使 EN 位保持开启。

➢ START 参数(BOOL 型):包络执行的启动信号。对于在 START 参数已开启,且 PTO 当前不活动时的每次扫描,此子程序会激活 PTO。为了确保仅发送一个命令,一般用上升沿以脉冲方式开启 START 参数。

➢ Abort(终止)命令(BOOL 型):命令为 ON 时,位控模块停止当前包络,并减速至电机停止。

➢ Profile(包络)(BYTE 型):输入为此运动包络指定的编号或符号名。

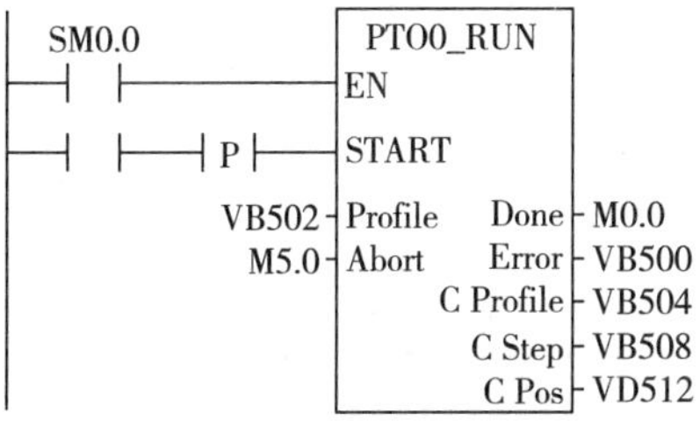

图 5-45 运行 PTOx_RUN 子程序

②输出参数。

➢ Done(完成)(BOOL 型):本子程序执行完成时,输出 ON。

➢ Error(错误)(BYTE 型):输出本子程序执行的结果的错误信息。无错误时输出 0。

➢ C_Profile(BYTE 型):输出位控模块当前执行的包络。

➢ C_Step(BYTE 型):输出目前正在执行的包络步骤。

➢ C_Pos(DINT 型):如果 PTO 向导的 HSC 计数器功能已启用,则此参数包含以脉冲数作为模块的当前位置。否则,当前位置将一直为 0。

(3)PTOx_LDPOS 子程序(装载位置)。可改变 PTO 脉冲计数器的当前位置值为一个新值。可用该指令为任何一个运动命令建立一个新的零位置。图 5-46 是一个使用 PTO0_LDPOS 指令实现返回原点完成后清零功能的梯形图。

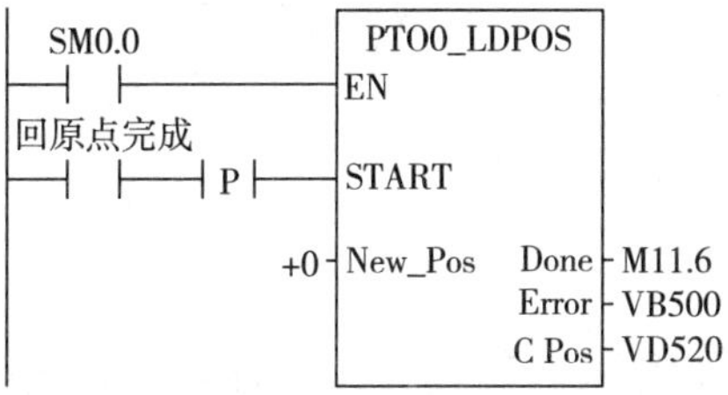

图 5-46 用 PTO0_LDPOS 指令实现返回原点后清零

①输入参数。

➢ EN 位:子程序的使能位。在"完成"(Done)位发出子程序执行已经完成的信号前,应使 EN 位保持开启。

➢ START(BOOL 型):装载启动。接通此参数,装载一个新的位置值到 PTO 脉冲计数器。在每一循环周期,只要 START 参数接通且 PTO 当前不忙,则该指令装载一个新的位置给 PTO 脉冲计数器。若要保证该命令只发一次,则使用边沿检测指令以脉冲触发 START 参数接通。

➤ New_Pos 参数（DINT 型）：输入一个新的值替代 C_Pos 报告的当前位置值。位置值用脉冲数表示。

②输出参数。

➤ Done（完成）（BOOL 型）：模块完成该指令时，参数为 Done ON。

➤ Error（错误）（BYTE 型）：输出本子程序执行的结果的错误信息。无错误时输出 0。

➤ C_Pos（DINT 型）：此参数包含以脉冲数作为模块的当前位置。

4. PTOx_MAN 子程序（手动模式）。将 PTO 输出置于手动模式。执行这一子程序时，允许电机启动、停止和按不同的速度运行。但当 PTOx_MAN 子程序已启用时，除 PTOx_CTRL 外，其他任何 PTO 子程序都无法执行。运行这一子程序的梯形图如图 5-47 所示。

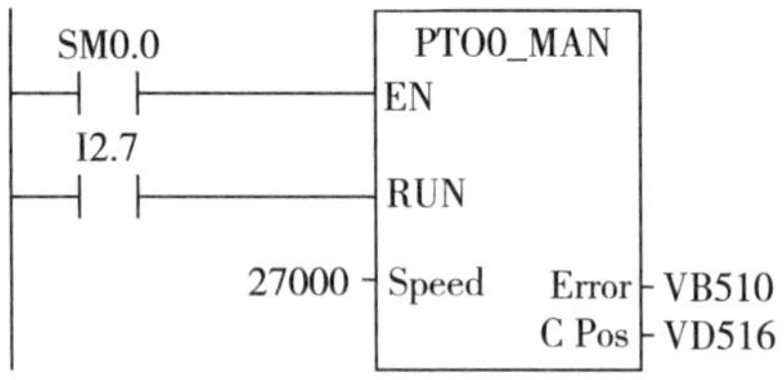

图 5-47　运行 PTOx_MAN 子程序

RUN（运行/停止）参数：命令 PTO 加速至指定速度（Speed 速度参数），从而允许在电机运行中更改 Speed 参数的数值。停用 RUN 参数命令 PTO，减速至电机停止。

当 RUN 已启用时，Speed 参数可确定速度。速度是一个用每秒脉冲数计算的 DINT（双整数）值。可以在电机运行中更改此参数。

Error（错误）参数：输出本子程序的执行结果的错误信息，无错误时输出 0。

如果 PTO 向导的 HSC 计数器功能已启用，C_Pos 参数包含用脉冲数目表示的模块，否则此数值始终为零。

由上述 4 个子程序的梯形图可以看出，为了调用这些子程序，编程时应预置一个数据存储区，用于存储子程序执行时间参数，存储区所存储的信息可根据程序的需要调用。

5.3.4　实训内容

一、任务描述

输送单元单站运行的目标是测试设备传送工件的功能。要求其他各工作单元已经就位，并且在供料单元的出料台上放置了工件。具体测试要求如下。

1. 通电后设备状态及指示。输送单元在通电后，按下复位按钮 SB1，执行复位操作，使抓取机械手装置回到原点位置。在复位过程中，“正常工作”指示灯 HL1 以 1Hz 的频率闪烁。当抓取机械手装置回到原点位置，且输送单元各个气缸满足初始位置的要求时，复位完成，“正常工作”指示灯 HL1 常亮。按下启动按钮 SB2，设备启动，“设备运行”指示灯 HL2 也常亮，开始功能测试过程。

2. 正常功能测试。

（1）抓取机械手装置从供料站出料台抓取工件，抓取的顺序是：手臂伸出→手爪夹紧抓取工件→提升台上升→手臂缩回。

(2)抓取动作完成后，伺服电机驱动机械手装置向加工站移动，移动速度不小于300mm/s。

(3)机械手装置移动到加工站物料台的正前方后，即把工件放到加工站物料台上。抓取机械手装置在加工站放下工件的顺序是：手臂伸出→提升台下降→手爪松开放下工件→手臂缩回。

(4)放下工件动作完成2s后，抓取机械手装置执行抓取加工站工件的操作。抓取的顺序与供料站抓取工件的顺序相同。

(5)抓取动作完成后，伺服电机驱动机械手装置移动到装配站物料台的正前方。然后把工件放到装配站物料台上。其动作顺序与加工站放下工件的顺序相同。

(6)放下工件动作完成2s后，抓取机械手装置执行抓取装配站工件的操作。抓取的顺序与供料站抓取工件的顺序相同。

(7)机械手手臂缩回后，摆台逆时针旋转90°，伺服电机驱动机械手装置从装配站向分拣站运送工件，到达分拣站传送带上方入料口后把工件放下，动作顺序与加工站放下工件的顺序相同。

(8)放下工件动作完成后，机械手手臂缩回，然后执行返回原点的操作。伺服电机驱动机械手装置以400mm/s的速度返回，返回900mm后，摆台顺时针旋转90°，然后以100mm/s的速度低速返回原点后停止。

当抓取机械手装置返回原点后，一个测试周期结束。当供料单元的出料台上放置了工件时，再按一次启动按钮SB2，开始新一轮的测试。

3.非正常运行的功能测试。若在工作过程中按下急停按钮QS，则系统立即停止运行。在急停复位后，应从急停前的断点开始继续运行。但是若急停按钮按下时，输送站机械手装置正在向某一目标点移动，则急停复位后输送站机械手装置应首先返回原点位置，然后再向原目标点运动。

在急停状态，绿色指示灯HL2以1Hz的频率闪烁，直到急停复位后恢复正常运行时，HL2恢复常亮。

要求完成如下工作任务：

(1)完成PLC的I/O分配及各元件的接线。

(2)设置伺服驱动器参数。

(3)按控制要求编制PLC程序或调阅源程序。

(4)进行设备的调试与运行。

二、实训步骤与要求

1.输送单元的I/O分配。由于需要输出驱动伺服电机的高速脉冲，PLC应采用晶体管输出型，另外，输送单元所需的I/O点较多。基于上述考虑，选用西门子S7-226 DC/DC/DC型PLC，该PLC共24点输入，16点晶体管输出。表5-8给出了PLC的I/O信号分配表。

表 5-8　输送单元的 I/O 分配表

输入信号				输出信号			
序号	输入点	信号名称	信号来源	序号	输出点	信号名称	信号来源
1	I0.0	原点传感器检测	装置侧	1	Q0.0	伺服脉冲	装置侧
2	I0.1	右限位保护		2	Q0.1	脉冲方向	
3	I0.2	左限位保护		3	Q0.2		
4	I0.3	机械手抬升下线检测		4	Q0.3	抬升台上升电磁阀	
5	I0.4	机械手抬升上限检测		5	Q0.4	回转气缸左旋电磁阀	
6	I0.5	机械手旋转左限检测		6	Q0.5	回转气缸右旋电磁阀	
7	I0.6	机械手旋转右限检测		7	Q0.6	手爪伸出电磁阀	
8	I0.7	机械手伸出检测		8	Q0.7	手爪夹紧电磁阀	
9	I1.0	机械手缩回检测		9	Q1.0	手爪放松电磁阀	
10	I1.1	机械手夹紧检测		14	Q1.5	报警指示	按钮/指示灯模块
11	I1.2	伺服报警		15	Q1.6	运行指示	
21	I2.3	启动按钮	按钮/指示灯模块	16	Q1.7	停止指示	
22	I2.4	复位按钮					
23	I2.5	急停按钮					
24	I2.6	方式选择					

2. 输送单元的 PLC 外部接线图及接线。输送单元的 PLC 外部接线图如图 5-48 所示，晶体管输出的 S7-200 系列 PLC，供电电源采用 24V 的直流电源，与前面各工作单元的继电器输出的 PLC 不同。接线时也要注意，千万不要把 AC220V 电源连接到其电源输入端。

3. 设置伺服驱动器参数。YL-335B 所使用的松下 MINAS A5 系列 AC 伺服电机驱动器，电机编码器反馈脉冲为 2500pulse/rev。缺省情况下，驱动器反馈脉冲电子齿轮分—倍频值为 4 倍频。如果希望指令脉冲为 6000pulse/rev，那么就应把指令脉冲电子齿轮的分—倍频值设置为 10000/6000。从而实现 PLC 每输出 6000 个脉冲，伺服电机旋转一周，驱动机械手恰好移动 60mm 的整数倍。

在 YL-335B 上，伺服驱动装置工作于位置控制模式，S7-226 PLC 的 Q0.0 输出脉冲作为伺服驱动器的位置指令，脉冲的数量决定伺服电机的旋转位移，即机械手的直线位移，脉冲的频率决定了伺服电机的旋转速度，即机械手的运动速度，S7-226 PLC 的 Q0.1 输出脉冲作为伺服驱动器的方向指令。当对控制要求较为简单时，伺服驱动器可采用自动增益调整模式。根据上述要求，伺服驱动器参数设置见表 5-9。

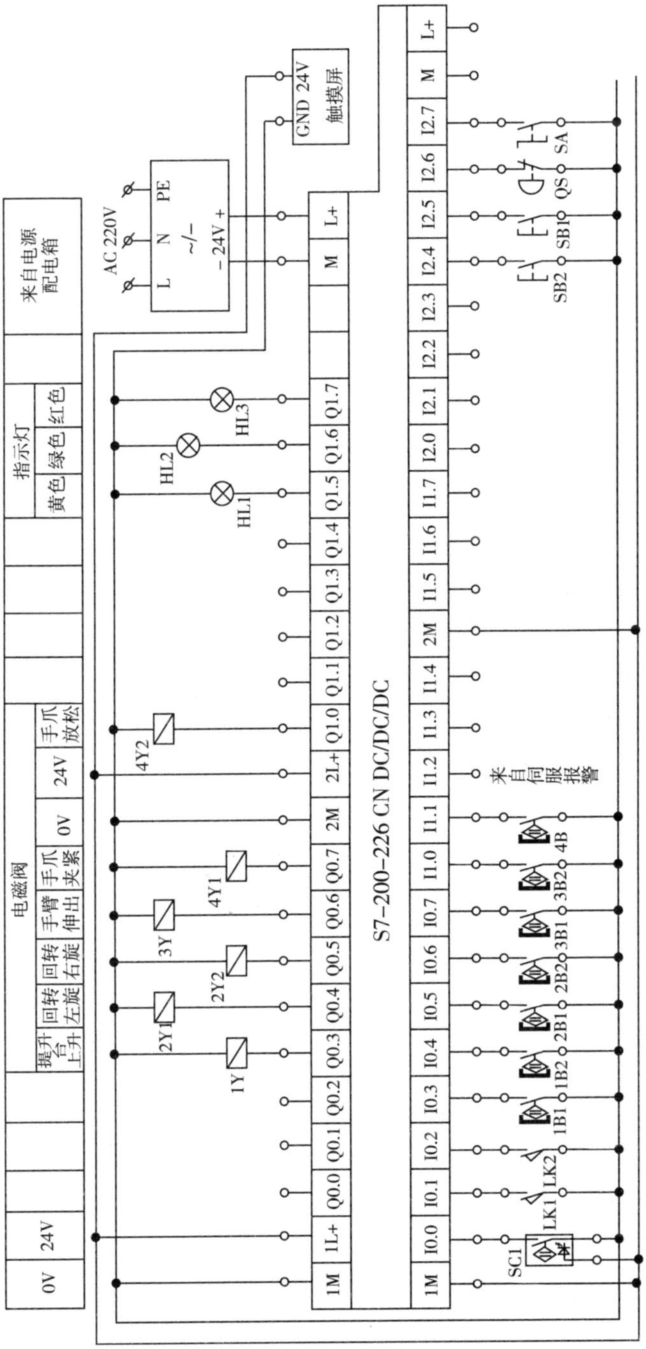

图 5-48　输送单元 PLC 外部接线图

表 5-9　伺服参数设置表格

序号	参数		设置数值	功能和含义
	参数编号	参数名称		
1	Pr5.28	LED初始状态	1	显示电机转速
2	Pr0.01	控制模式	0	位置控制(相关代码P)
3	Pr5.04	驱动禁止输入设定	2	当左或右(POT或NOT)限位动作,则会发生Err38行程限位禁止输入信号出错报警。设置此参数值必须在控制电源断电重启之后才能修改、写入成功。
4	Pr0.04	惯量比	250	
5	Pr0.02	实时自动增益设置	1	实时自动调整为标准模式,运行时负载惯量的变化情况很小。
6	Pr0.03	实时自动增益的机械刚性选择	13	此参数值设得越大,响应越快。
7	Pr0.06	指令脉冲旋转方向设置	1	脉冲序列+符号 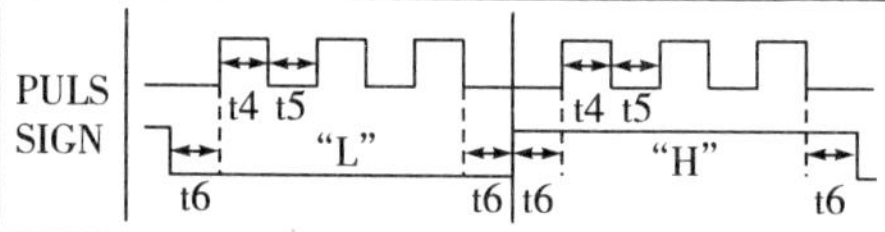
8	Pr0.07	指令脉冲输入方式	3	
9	Pr0.08	电机每旋转一转的脉冲数	6000	

4.输送单元控制的编程。

(1)主程序的编写思路。从任务描述的传送工件功能测试任务可以看出,整个功能测试过程应包括上电后复位、传送功能测试、紧急停止处理和状态指示等部分。传送功能测试是一个步进顺序控制过程,在子程序中可采用步进指令驱动实现。

输送单元程序控制的关键点是伺服电机的定位控制,在编写程序时,应预先规划好各段的包络,然后借助位置控制向导组态PTO输出。根据表5-7的伺服电机运行的运动包络数据,完成各段包络的绘制,表中包络5和包络6用于急停复位,是经急停处理返回原点后重新运行的运动包络。

紧急停止处理过程建议编写一个子程序单独处理。这是因为,当抓取机械手装置正在向某一目标点移动时,按下急停按钮,PTOx_CTRL子程序的D_STOP输入端变成高位,停止启用PTO,PTOx_RUN子程序使能位关闭并终止,使抓取机械手装置停止运动。急停复位后,原来运行的包络已经终止,并且无法定义一个包络去达到目标点。解决该问题的一种方案是,急停复位后首先返回原点,然后运行从原点到原目标点的包络。这样当急停复位后,程序不能马上回到原来的顺控过程,而是要经过使机械手装置返回原点的一个过渡过程。

主程序应包括上电初始化、复位过程(子程序)、准备就绪后投入运行等阶段。主程序参考程序如图5-49所示。

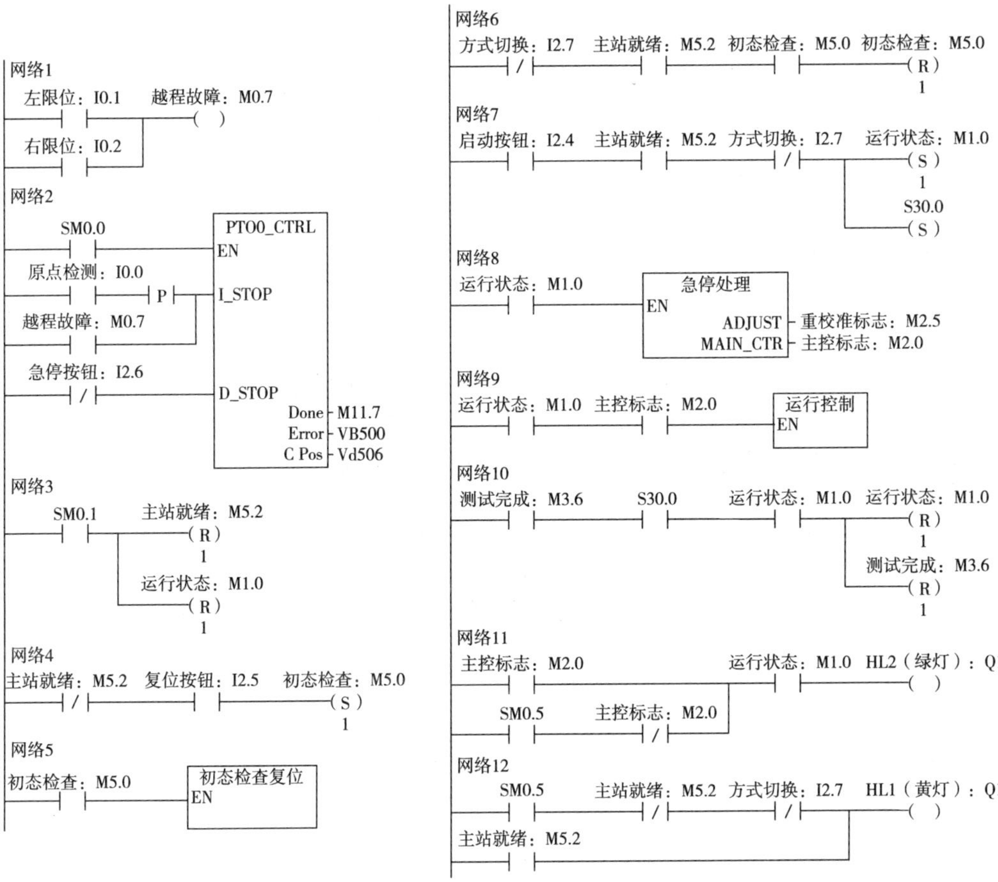

图 5-49 主程序梯形图

(2)传送功能测试子程序的结构。传送功能测试过程是一个单序列的步进顺序控制。在运行状态下，若主控标志 M2.0 为 ON，则调用该子程序。步进过程的流程如图 5-50 所示。

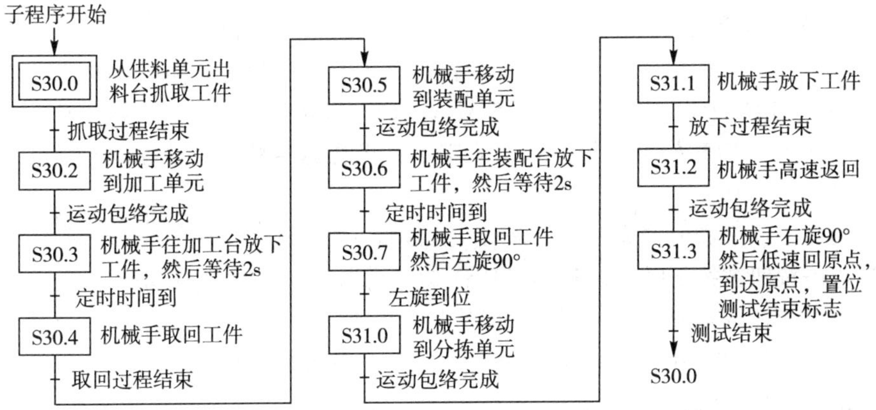

图 5-50 传送功能测试过程的流程说明

(3)初态检查复位子程序和回原点子程序。系统上电且按下复位按钮后,就调用初态检查复位子程序,进入初始状态检查和复位操作阶段,目标是确定系统是否准备就绪,若未准备就绪,则系统不能启动进入运行状态。

该子程序的内容是检查各气动执行元件是否处在初始位置,抓取机械手装置是否在原点位置,如果不在原点位置,则进行相应的复位操作,直至准备就绪。子程序中,除调用回原点子程序外,主要是完成简单的逻辑运算。

在输送单元的整个工作过程中,抓取机械手装置返回原点的操作会频繁地进行。因此,编写一个子程序供需要时调用是必要的。回原点子程序是一个带形式参数的子程序,在其局部变量表中定义了一个 BOOL 输入参数 START,当使能输入(EN)和 START 输入为为 ON 时,启动子程序调用,如图 5-51(a)所示。子程序的梯形图则如图 5-51(b)所示,当 START(即局部变量 L0.0)为 ON 时,置位 PLC 的方向控制输出 Q0.0,并且这一操作放在 PTO0_RUN 指令之后,这就确保了方向控制输出的下一个扫描周期才开始脉冲输出。

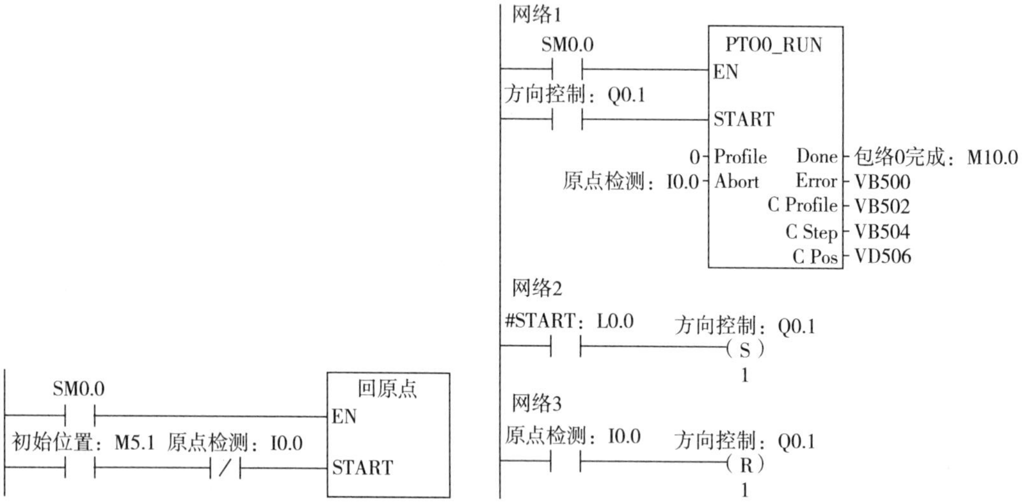

(a)回原点子程序的调用　　(b)回原点子程序梯形图

图 5-51　回原点子程序

(4)急停处理子程序。当系统进入运行状态后,在每一扫描周期都调用急停处理子程序。该子程序也带形式参数,在其局部变量表中定义了一个 BOOL 输出参数 ADJUST 和一个 BOOL 输入/输出参数 MAIN_CTR,参数 MAIN_CTR 传递给全局变量主控标志 M2.0,并由 M2.0 当前状态维持,此变量的状态决定了系统在运行状态下能否执行正常的传送功能测试过程。

急停处理子程序梯形图如图 5-52 所示,说明如下:

①当急停按钮被按下时,MAIN_CTR 置 0,从而 M2.0 置 0,传送功能测试过程停止。

②若急停前抓取机械手正在前进中(从供料往加工,或从加工往装配,或从装配往分拣),则当急停复位的上升沿到来时,需要启动使机械手低速回原点过程。到达原点后,置位 ADJUST 输出,传递给包络调整标志 M2.5,以便在传送功能测试过程重新运行后,给处于前进工步的过程调整包络用。例如,对于从加工到装配的过程,急停复位重新运行后,将执行从原点(供料单元处)到装配的包络。

③若急停前抓取机械手正在高速返回中，则当急停复位的上升沿到来时，使高速返回步复位，转到下一步，即摆台右转和低速返回。

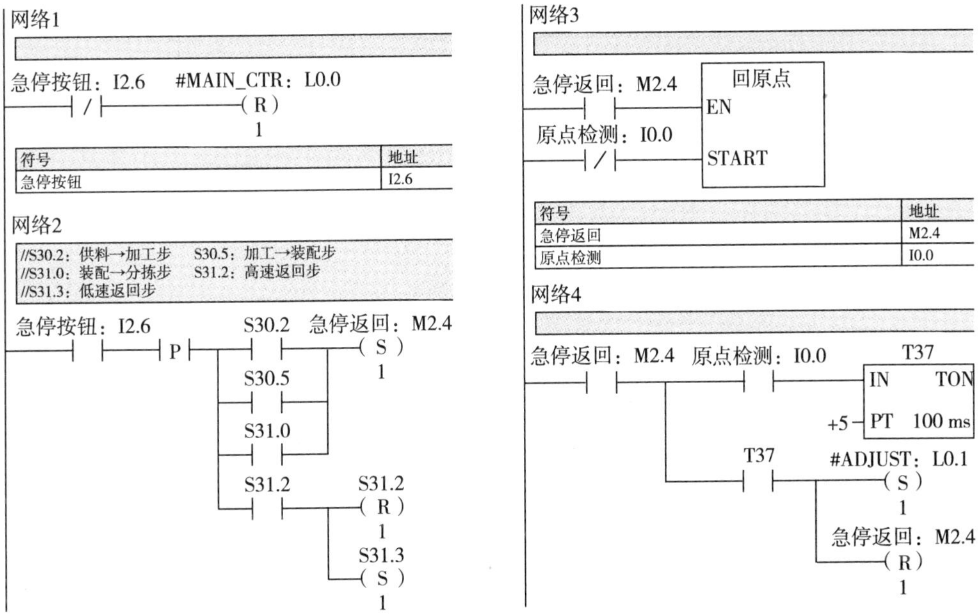

图 5-52 急停处理子程序

5. 调试与运行。

(1)调整气动部分，检查气路是否正确、气压是否合理、气缸的动作速度是否合理。

(2)检查磁性开关的安装位置是否到位。

(3)检查 I/O 接线是否正确。

(4)检查电感式传感器、限位开关安装是否合理以及灵敏度是否合适，保证检测的可靠性。

(5)根据运行要求设置伺服驱动参数。

(6)调试运行程序，观察输送单元是否满足任务要求。

(7)优化程序。

5.3.5 实训报告要求及评分标准

一、实训报告要求

1. 根据控制工艺流程完成输送单元的程序设计。
2. 记录调试过程中的疑难问题及解决方法。
3. 如果用触摸屏监控输送单元输送过程，该如何修改程序？
4. 若急停时不回原点，急停程序该如何修改？
5. 编写实训报告。

二、评分标准

表 5-10　实训考核评分表

姓名：	班级：	学号：	工位号：	日期：

考核项目	考核内容	配分	考核要求	得分
工作计划与图纸	工作计划	5分	工作计划合理	
	材料清单	5分	清单完整	
	气路图	5分	符号规范，原理正确	
	电路图	5分	符号规范，原理正确	
电路连接	电路连接正确性及工艺	20分	端子连接，插针压线不牢或超过2根导线，每处扣1分； 端子连接处没有线号，每处扣0.5分； 电路接线没有绑扎带或接线凌乱，扣2分	
气路连接	气路连接正确性、调节合理及工艺	20分	气路连接未完成或有错，每处扣2分，气路连接有漏气现象，每处扣1分； 气缸节流阀调整不当，每处扣1分，气管没有绑扎或气路连接凌乱，扣2分	
测试与功能	按任务描述测试	30分	启动/停止方式不按控制要求，扣2分；运行测试不满足要求，每处扣4分，输送机构位置有明显偏差，每处扣3分	
职业素养与安全文明	职业习惯，安全文明意识	10分	现场操作安全保护符合安全操作规程；工具摆放、包装物品、导线线头等处理符合职业岗位的要求；团队合作有分工、有合作，配合紧密；遵守纪律，尊重教师，爱惜设备和器材，保持工位的整洁	
考评教师签名：			总分：	

项目5.4　生产线联机控制实训

5.4.1　实训目的

1. 熟悉 YL-335B 生产线的结构及功能。
2. 认识生产线的加工单元和装配单元。
3. 学会西门子 PPI 网络的组态和编程。
4. 能够根据所给的源程序进行生产线的联机调试。
5. 能够正确处理生产线调试中的问题。

5.4.2 实训所需器材

1. S7-200 PLC 5 台，触摸屏 1 台，变频器 1 台。
2. 计算机 1 台、连接电缆 1 根、编程软件 1 套。
3. 24V DC 开关电源 5 台，控制台与设备连接电缆 5 根。
4. YL-335B 实训平台 1 台。
5. 内六角扳手 1 套，钟表起子 1 套，一字起子和十字起子 1 套，扳手 1 把，压线钳 1 把。
6. 导线、插针若干。

5.4.3 预备知识

一、自动化生产线整体组成

自动化生产线实训考核装备由安装在铝合金导轨式实训台上的供料单元、加工单元、装配单元、输送单元和分拣单元等 5 个单元组成。其外观和俯视图如图 5-53 所示。

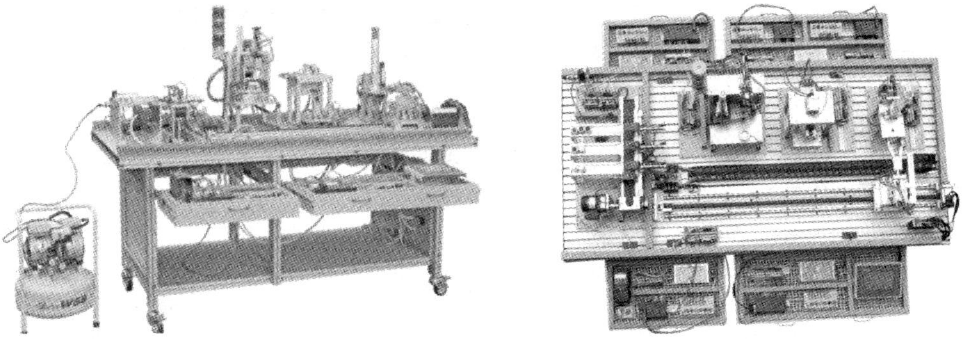

图 5-53 自动化生产线外观及俯视图

在控制方面，YL-335B 采用了基于 RS485 串行通信的 PLC 网络控制方案，即每一工作单元由一台 PLC 承担其控制任务，各 PLC 之间通过 RS485 串行通讯实现互联的分布式控制方式。对于采用西门子 S7-200 系列 PLC 的设备，YL-335B 的标准配置是采用 PPI 协议的通信方式，如图 5-54 所示，其中输送站指定为主站，其余各站均指定为从站。

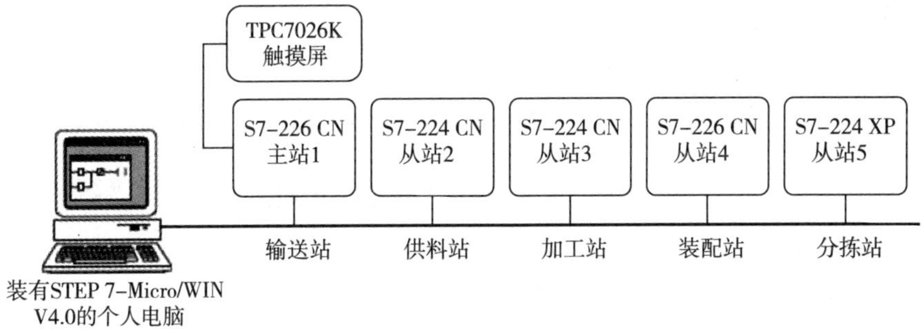

图 5-54 自动化生产线的 PPI 网络

二、S7-200 的 PPI 通信实现步骤

PPI 协议是 S7-200 CPU 最基本的通信方式,是一种主从通信协议:主站发送要求到从站,从站响应;从站不发送信息,只是等待主站的要求并对要求做出响应。S7-200 CPU 的通信口(PORT0 或 PORT1)支持 PPI 通信协议,如果在用户程序中使能 PPI 主站模式,就可以在主站程序中使用网络读写指令来读写从站信息,而从站程序没有必要使用网络读写指令。本项目以 YL-335B 各工作站 PLC 实现 PPI 通信为例,说明使用 PPI 协议实现通信的步骤。

1. 设置通信端口参数。对网络上每一台 PLC 设置其系统块中的通信端口参数,对用作 PPI 通信的端口(PORT0 或 PORT1)指定其地址(站号)和波特率。设置后把系统块下载到该 PLC。

具体操作方法:在 STEP 7-Micro/WIN 中打开设置通信端口界面。利用 PPI/RS485 编程电缆单独地把输送单元 CPU 系统块里端口 0 设置为 1 号站,波特率为 19.2 千波特,如图 5-55 所示。按同样方法设置供料单元 CPU 端口 0 为 2 号站,波特率为 19.2 千波特;设置加工单元 CPU 端口 0 为 3 号站,波特率为 19.2 千波特;设置装配单元 CPU 端口 0 为 4 号站,波特率为 19.2 千波特;最后设置分拣单元 CPU 端口 0 为 5 号站,波特率为 19.2 千波特,分别把系统块下载到相应的 CPU 中。

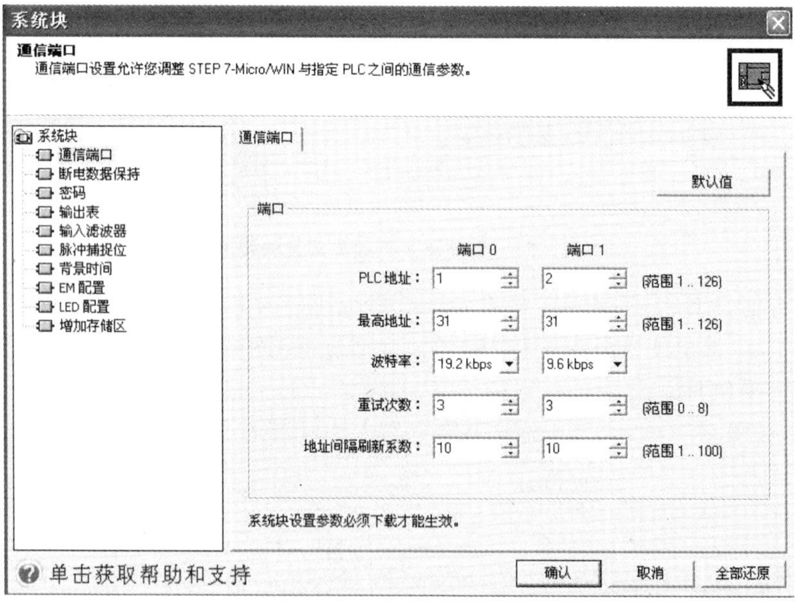

图 5-55　设置输送站 PLC 端口 0 参数

2. 进行 PPI 网络连接。利用网络接头和网络线把各台 PLC 中用作 PPI 通信的端口 0 连接,所使用的网络接头中,2#～5#站用的是标准网络连接器,1#站用的是带编程接口的连接器,该编程口通过 RS232/PPI 多主站电缆与个人计算机连接。然后利用 STEP 7-Micro/WIN 软件和 PPI/RS485 编程电缆搜索出 PPI 网络的 5 个站。如图 5-56 所示,5 个站已经完成 PPI 网络连接。

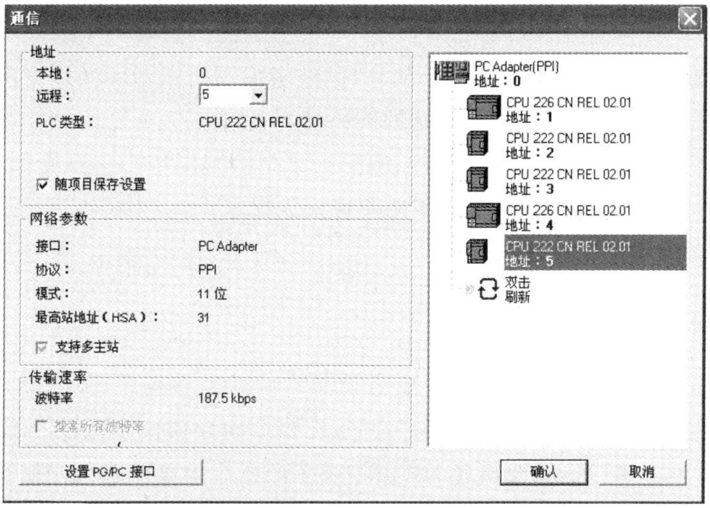

图 5-56 PPI 网络上的 5 个站

3.设置主站属性。PPI 网络中主站(输送站)PLC 程序中,必须在上电第一个扫描周期用特殊存储器 SMB30 指定其主站属性,从而使能其主站模式。SMB30 是 S7-200 PLC PORT-0 自由通信口的控制字节,在 PPI 模式下,控制字节的 2 到 7 位是忽略掉的,即 SMB30＝0000 0010,定义 PPI 主站。SMB30 中协议选择缺省值是 00＝PPI 从站,因此,从站侧不需要初始化。

4.编写主站网络读写程序段。在 PPI 网络中,只有主站程序中使用网络读写指令来读写从站信息,而从站程序没有必要使用网络读写指令。一般来说,在编写主站的网络读写程序前,应预先规划好以下数据:

(1)主站向各从站发送数据的长度(字节数)。

(2)发送的数据位于主站何处。

(3)数据发送到从站的何处。

(4)主站从各从站接收数据的长度(字节数)。

(5)主站从从站的何处读取数据。

(6)接收到的数据放在主站何处。

以上数据应根据系统工作要求、信息交换量等统一筹划。考虑到 YL-335B 中各工作站 PLC 所需交换的信息量不大,主站向各从站发送的数据只是主令信号,从从站读取的也只是各从站状态信息,发送和接收的数据均为 1 个字(2 个字节)已经足够。在本项目中所规划的数据见表 5-11。

表 5-11 YL-335B PPI 网络读写数据规划

输送站 1#站(主站)	供料站 2#站(从站)	加工站 3#站(从站)	装配站 4#站(从站)	分拣站 5#站(从站)
发送数据的长度	2 字节	2 字节	2 字节	2 字节
从主站何处发送	VB1000	VB1000	VB1000	VB1000
发往从站何处	VB1000	VB1000	VB1000	VB1000
接收数据的长度	2 字节	2 字节	2 字节	2 字节
数据来自从站何处	VB1010	VB1010	VB1010	VB1010
数据存到主站何处	VB1200	VB1204	VB1208	VB1212

网络读写指令可以向远程站发送或接收16个字节的信息,在CPU内同一时间最多可以有8条指令被激活。YL-335B有4个从站,因此考虑同时激活4条网络读指令和4条网络写指令。根据上述数据,即可编制主站的网络读写程序。但更简便的方法是借助网络读写向导程序。这一向导程序可以快速简单地配置复杂的网络读写指令操作,为所需的功能提供一系列选项。一旦完成,向导将为所选配置生成程序代码,并初始化指定的PLC为PPI主站模式,同时使能网络读写操作。

三、网络读写向导的使用步骤

1. 网络读写向导启动及基本设置。要启动网络读写向导程序,在STEP 7-Micro/WIN软件命令菜单中选择"工具"→"指令导向",并且在指令向导窗口中选择"NETR/NETW(网络读写)",单击"下一步"后,就会出现NETR/NETW指令向导界面,如图5-57所示。

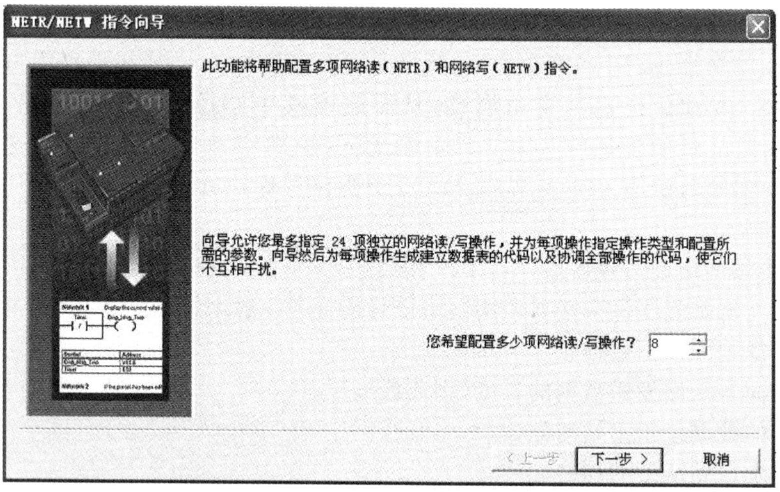

图5-57 NETR/NETW指令向导界面

本界面和紧接着的下一个界面,将要求用户提供希望配置的网络读写操作总数、指定进行读写操作的通信端口、指定配置完成后生成的子程序名字,完成这些设置后,将进入对具体每一条网络读或写指令的参数进行配置的界面。

2. 网络写操作设置。在本项目中,8项网络读写操作安排如下:第1～4项为网络写操作,主站向各从站发送数据;第5～8项为网络写操作,主站读取各从站数据。图5-58为第1项操作配置界面,选择NETW操作,按表5-11,主站(输送站)向各从站发送的数据都位于主站PLC的VB1000～VB1001处,所有从站都在其PLC的VB1000～VB1001处接收数据。所以前4项填写都是相同的,仅站号不一样。

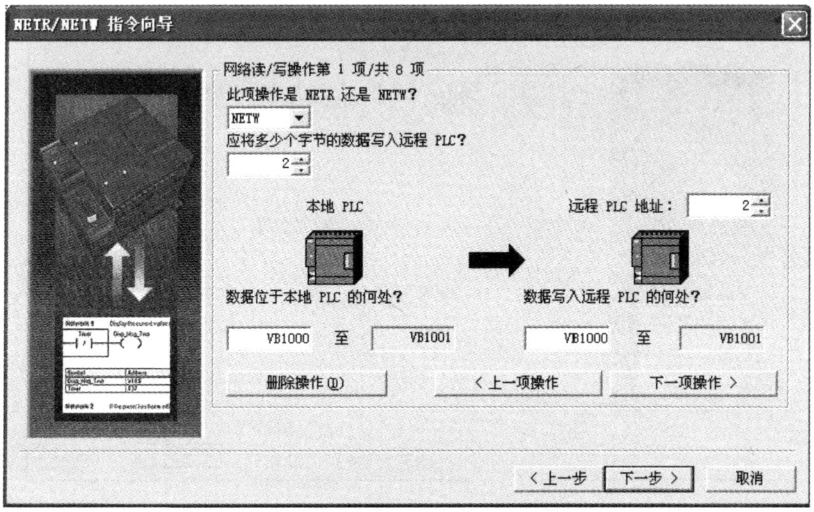

图 5-58 对供料单元的网络写操作

3. 网络读操作设置。完成前 4 项数据的填写后,单击"下一项操作",进入第 5 项配置,5～8项都是选择网络读操作,按表 5-11 中各站规划逐项填写数据,直至 8 项操作配置完成。图 5-59 所示是对 2# 从站(供料单元)的网络写操作配置。

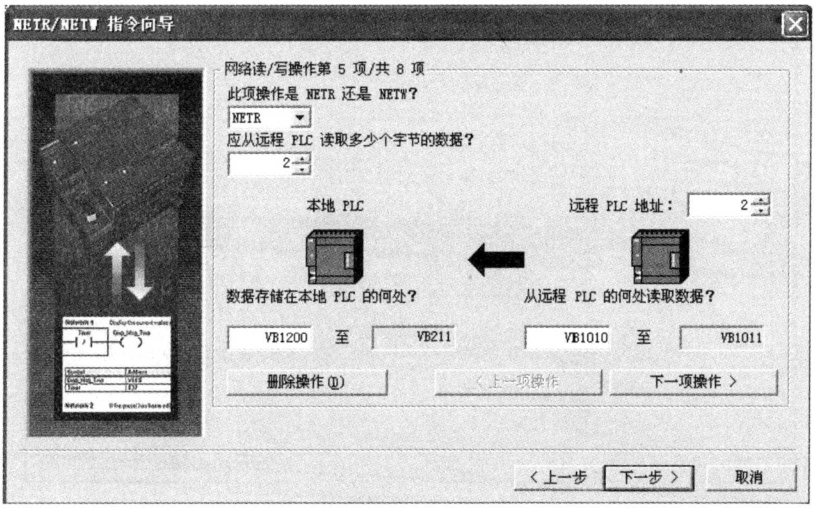

图 5-59 对供料单元的网络写操作配置

4. 配置存储区。8 项配置完成后,单击"下一步",导向程序将要求指定一个 V 存储区的起始地址,以便将此配置放入 V 存储区,如图 5-60 所示。这时若在选择框中填入一个 VB 值(例如 VB100),或单击"建议地址",程序自动建议一个大小合适且未使用的 V 存储区地址范围。

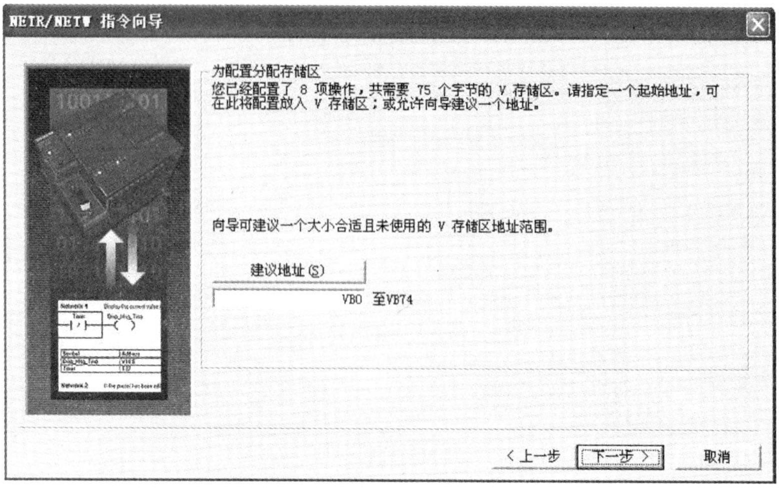

图 5-60　为配置分配存储区

5. 生成项目组件。单击“下一步”，全部配置完成，向导将为所选的配置生成项目组件，如图 5-61 所示。修改或确认图中各栏目后，点击“完成”，借助网络读写向导程序配置网络读写操作的工作结束。这时，指令向导界面消失，程序编辑器窗口将增加 NET_EXE 子程序标记。

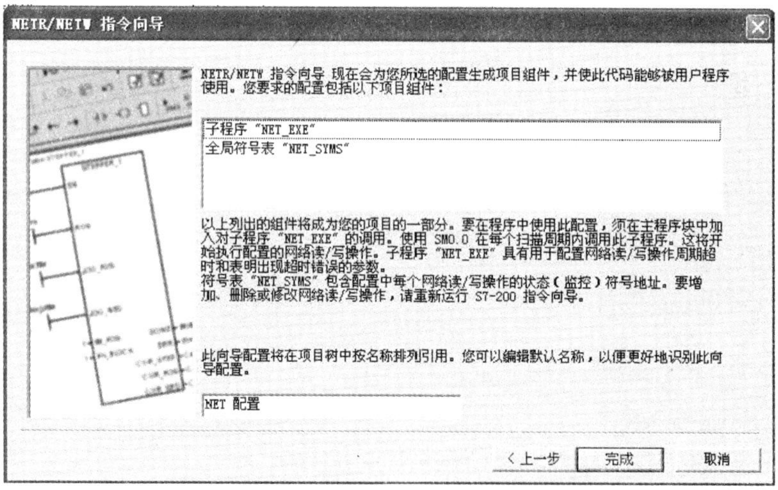

图 5-61　生成项目组件

6. 子程序 NET_EXE 调用。要在程序中使用上面所完成的配置，须在主程序块中加入对子程序“NET_EXE”的调用。使用 SM0.0 在每个扫描周期内调用此子程序，这将开始执行配置的网络读/写操作。梯形图如图 5-62 所示。由图可见，NET_EXE 有 Timeout、Cycle、Error 等几个参数，它们的含义如下：

(1)Timeout：设定的通信超时时限，范围为 1～32767s，若等于 0，则不计时。

(2)Cycle：输出开关量，所有网络读/写操作完成一次切换状态。

(3)Error：发生错误时报警输出。

本项目中 Timeout 设定为 0,Cycle 输出到 Q1.6,故网络通信时,Q1.6 所连接的指示灯将闪烁。Error 输出到 Q1.7,当发生错误时,所连接的指示灯将亮。

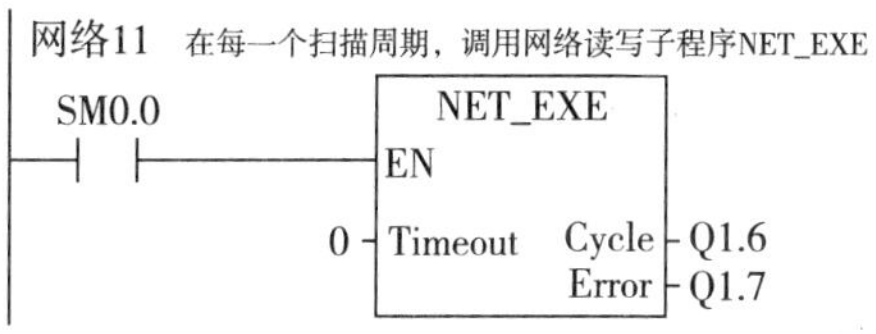

图 5-62 子程序 NET_EXE 的调用

5.4.4 实训内容

一、任务描述

YL-335B 自动生产线整体实训工作任务是一项综合性的工作,适于多名学生共同协作完成。

1. 自动生产线的工作目标。系统将供料单元料仓内的工件送往加工单元的物料台,加工完成后,把加工好的工件送往装配单元的装配台,然后把装配单元料仓内的白色和黑色 2 种不同颜色的小圆柱零件嵌入到装配台上的工件中,完成装配后的成品被送往分拣单元分拣输出。已完成加工和装配工作的工件如图 5-63 所示。

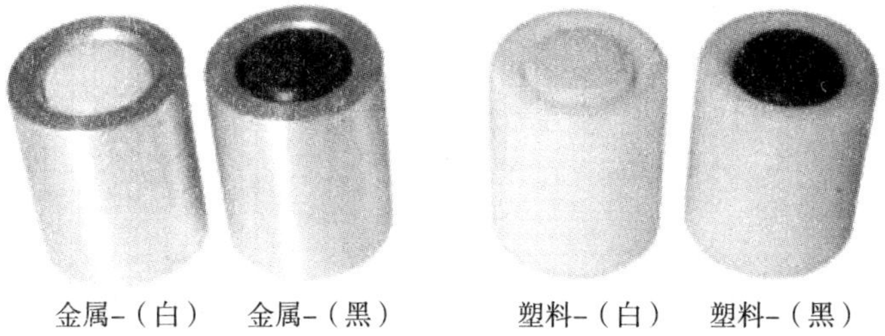

图 5-63 已完成加工和装配工作的工件

2. 生产线基本配置情况。生产线上各单元的位置布置如图 5-64 所示。系统的控制方式应采用 PPI 协议通信的分布式网络控制,并指定输送单元作为系统主站。系统主令工作信号由触摸屏人机界面提供,但系统紧急停止信号由输送单元的按钮/指示灯模块的急停按钮提供。安装在工作桌面上的警示灯应能显示整个系统的主要工作状态,例如复位、启动、停止、报警等。

3. 控制流程要求。系统的工作模式分为单站工作和全线运行模式。从单站工作模式切换到全线运行方式的条件是:各工作站均处于停止状态,各站的按钮/指示灯模块上的工作方式选择开关置于全线模式,此时若人机界面中选择开关切换到全线运行模式,系统进入全线运行状态。

要从全线运行方式切换到单站工作模式,仅限当前工作周期完成后人机界面中选择开关切换到单站运行模式才有效。

在全线运行方式下,各工作站仅通过网络接受来自人机界面的主令信号,除主站急停按钮外，所有本站主令信号无效。

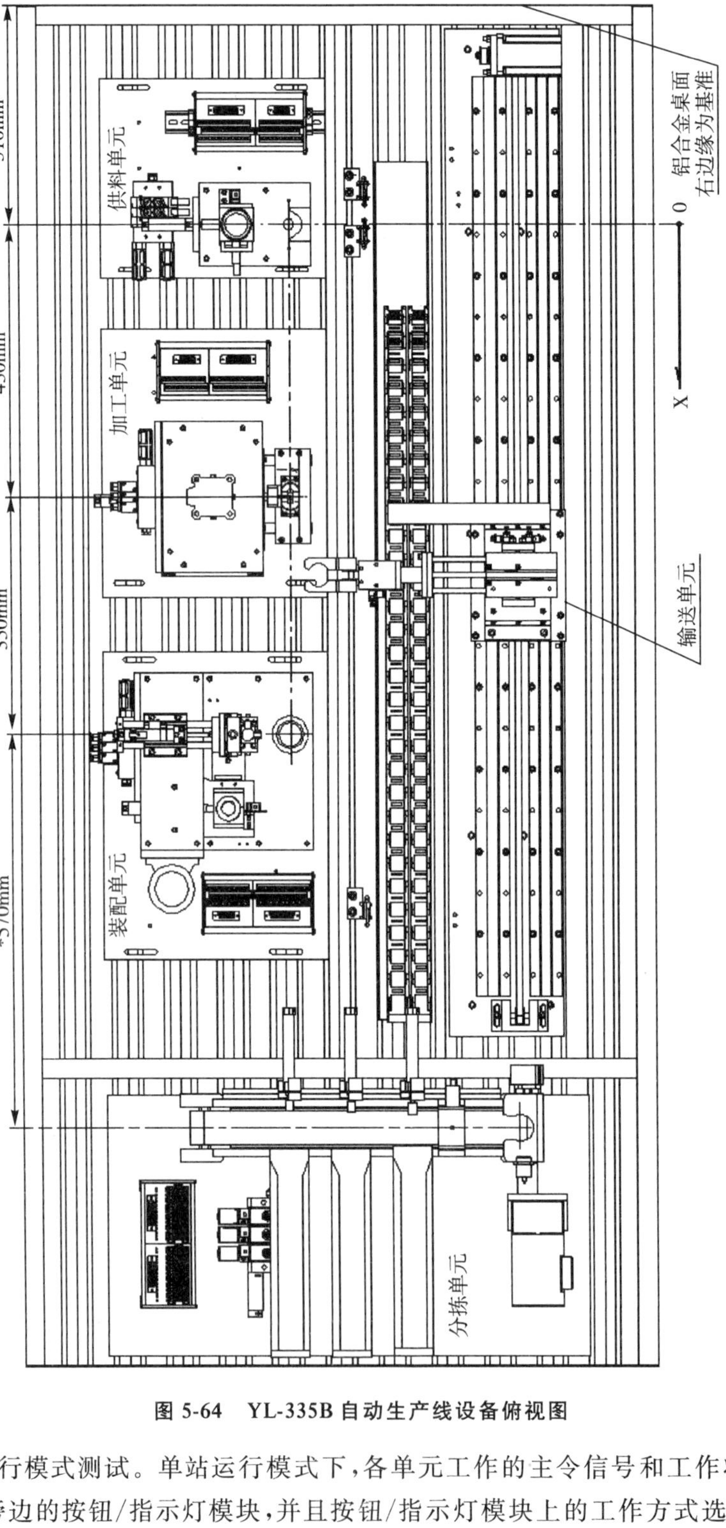

图 5-64　YL-335B 自动生产线设备俯视图

4. 单站运行模式测试。单站运行模式下，各单元工作的主令信号和工作状态显示信号来自其 PLC 旁边的按钮/指示灯模块，并且按钮/指示灯模块上的工作方式选择开关 SA 应置于“单站方式”位置。各站的具体控制要求为：

(1)供料站单站运行工作要求。

①设备上电和气源接通后,若工作单元的2个气缸满足初始位置要求,且料仓内有足够的待加工工件,则“正常工作”指示灯HL1常亮,表示设备准备好。否则,该指示灯以1Hz频率闪烁。

②若设备准备好,按下启动按钮,工作单元启动,“设备运行”指示灯HL2常亮。启动后,若出料台上没有工件,则应把工件推到出料台上。出料台上的工件被人工取出后,若没有停止信号,则进行下一次推出工件操作。

③若在运行中按下停止按钮,则在完成本工作周期任务后,各工作单元停止工作,HL2指示灯熄灭。

④若在运行中料仓内工件不足,则工作单元继续工作,但“正常工作”指示灯HL1以1Hz频率闪烁,“设备运行”指示灯HL2保持常亮。若料仓内没有工件,则HL1指示灯和HL2指示灯均以2Hz频率闪烁。工作站在完成本周期任务后停止。除非向料仓补充足够的工件,否则工作站不能再启动。

(2)加工站单站运行工作要求。

①上电和气源接通后,若各气缸满足初始位置要求,则“正常工作”指示灯HL1常亮,表示设备准备好。否则,该指示灯以1Hz频率闪烁。

②若设备准备好,按下启动按钮,设备启动,“设备运行”指示灯HL2常亮。当待加工工件送到加工台上并被检出后,设备将工件夹紧,送往加工区域冲压,完成冲压动作后返回待料位置的工件加工工序。如果没有停止信号输入,当再有待加工工件送到加工台上时,加工单元又开始下一周期工作。

③在工作过程中,若按下停止按钮,加工单元在完成本周期的动作后停止工作,HL2指示灯熄灭。

④当待加工工件被检出而加工过程开始后,如果按下急停按钮,本单元所有机构应立即停止运行,HL2指示灯以1Hz频率闪烁。急停按钮复位后,设备从急停前的断点开始继续运行。

(3)装配站单站运行工作要求。

①设备上电和气源接通后,若各气缸满足初始位置要求,料仓上已经有足够的小圆柱零件,工件装配台上没有待装配工件,则“正常工作”指示灯HL1常亮,表示设备已准备好。否则,该指示灯以1Hz频率闪烁。

②若设备准备好,按下启动按钮,装配单元启动,“设备运行”指示灯HL2常亮。如果回转台上的左料盘内没有小圆柱零件,就执行下料操作;如果左料盘内有零件,而右料盘内没有零件,则执行回转台回转操作。

③如果回转台上的右料盘内有小圆柱零件且装配台上有待装配工件,执行装配机械手抓取小圆柱零件,放入待装配工件中的控制。

④完成装配任务后,装配机械手应返回初始位置,等待下一次装配。

⑤若在运行过程中按下停止按钮,则供料机构应立即停止供料,在装配条件满足的情况下,装配单元在完成本次装配后停止工作。

⑥在运行中发生“零件不足”报警时,指示灯 HL3 以 1Hz 的频率闪烁,HL1 和 HL2 灯常亮;在运行中发生“零件没有”报警时,指示灯 HL3 以亮 1s、灭 0.5s 的方式闪烁,HL2 熄灭,HL1 常亮。

(4)分拣站单站运行工作要求。

①初始状态:设备上电和气源接通后,若工作单元的 3 个气缸满足初始位置要求,则“正常工作”指示灯 HL1 常亮,表示设备准备好。否则,该指示灯以 1Hz 频率闪烁。

②若设备准备好,按下启动按钮,系统启动,“设备运行”指示灯 HL2 常亮。当传送带入料口人工放下已装配的工件时,变频器即启动,驱动传动电动机以频率为 30Hz 的速度把工件带往分拣区。

③如果金属工件上的小圆柱工件为白色,则该工件对到达 1 号滑槽中间,传送带停止,工件对被推到 1 号槽中;如果塑料工件上的小圆柱工件为白色,则该工件对到达 2 号滑槽中间,传送带停止,工件对被推到 2 号槽中;如果工件上的小圆柱工件为黑色,则该工件对到达 3 号滑槽中间,传送带停止,工件对被推到 3 号槽中。工件被推出滑槽后,该工作单元的一个工作周期结束。仅当工件被推出滑槽后,才能再次向传送带下料。

如果在运行期间按下停止按钮,该工作单元在本工作周期结束后停止运行。

(5)输送站单站运行工作要求。单站运行的目标是测试设备传送工件的功能。要求其他各工作单元已经就位,并且在供料单元的出料台上放置了工件。具体测试过程要求如下:

①在输送单元通电后,按下复位按钮 SB1,执行复位操作,使抓取机械手装置回到原点位置。在复位过程中,“正常工作”指示灯 HL1 以 1Hz 频率闪烁。

当抓取机械手装置回到原点位置,且输送单元各个气缸满足初始位置的要求时,则复位完成,“正常工作”指示灯 HL1 常亮。按下启动按钮 SB2,设备启动,“设备运行”指示灯 HL2 也常亮,开始功能测试过程。

②抓取机械手装置从供料站出料台抓取工件,抓取的顺序是:手臂伸出→手爪夹紧抓取工件→提升台上升→手臂缩回。

③抓取动作完成后,伺服电机驱动机械手装置向加工站移动,移动速度不小于 300mm/s。

④机械手装置移动到加工站物料台的正前方后,即把工件放到加工站物料台上。抓取机械手装置在加工站放下工件的顺序是:手臂伸出→提升台下降→手爪松开放下工件→手臂缩回。

⑤放下工件动作完成 2s 后,抓取机械手装置执行抓取加工站工件的操作。抓取的顺序与供料站抓取工件的顺序相同。

⑥抓取动作完成后,伺服电机驱动机械手装置移动到装配站物料台的正前方,然后把工件放到装配站物料台上。其动作顺序与加工站放下工件的顺序相同。

⑦放下工件动作完成 2s 后,抓取机械手装置执行抓取装配站工件的操作。抓取的顺序与供料站抓取工件的顺序相同。

⑧机械手手臂缩回后,摆台逆时针旋转 90°,伺服电机驱动机械手装置从装配站向分拣站运送工件,到达分拣站传送带上方入料口后把工件放下,动作顺序与加工站放下工件的顺序相同。

⑨放下工件动作完成后，机械手手臂缩回，然后执行返回原点的操作。伺服电机驱动机械手装置以400mm/s的速度返回，返回900mm后，摆台顺时针旋转90°，然后以100mm/s的速度低速返回原点停止。

当抓取机械手装置返回原点后，一个测试周期结束。当供料单元的出料台上放置了工件时，再按一次启动按钮SB2，开始新一轮的测试。

5.系统正常的全线运行模式测试。全线运行模式下，各工作站部件的工作顺序以及对输送站机械手装置运行速度的要求，与单站运行模式一致。全线运行步骤如下：

(1)系统在上电且PPI网络正常后开始工作。触摸人机界面上的复位按钮，执行复位操作。在复位过程中，绿色警示灯以2Hz频率闪烁。红色和黄色灯均熄灭。

复位过程包括使输送站机械手装置回到原点位置和检查各工作站是否处于初始状态。

各工作站初始状态是指：

①各工作单元气动执行元件均处于初始位置。

②供料单元料仓内有足够的待加工工件。

③装配单元料仓内有足够的小圆柱零件。

④输送站的紧急停止按钮未按下。

当输送站机械手装置回到原点位置，且各工作站均处于初始状态时，复位完成，绿色警示灯常亮，表示允许启动系统。这时若触摸人机界面上的启动按钮，系统启动，绿色和黄色警示灯均常亮。

(2)供料站的运行。系统启动后，若供料站的出料台上没有工件，则应把工件推到出料台上，并向系统发出出料台上有工件的信号。若供料站的料仓内没有工件或工件不足，则向系统发出报警或预警信号。出料台上的工件被输送站机械手取出后，若系统仍然需要推出工件进行加工，则进行下一次推出工件操作。

(3)输送站运行1。当工件推到供料站出料台后，输送站抓取机械手装置应执行抓取供料站工件的操作。动作完成后，伺服电机驱动机械手装置移动到加工站加工物料台的正前方，把工件放到加工站的加工台上。

(4)加工站运行。加工站加工台的工件被检出后，执行加工过程。当加工好的工件重新送回待料位置时，向系统发出冲压加工完成信号。

(5)输送站运行2。系统接收到加工完成信号后，输送站机械手应执行抓取已加工工件的操作。抓取动作完成后，伺服电机驱动机械手装置移动到装配站物料台的正前方，然后把工件放到装配站物料台上。

(6)装配站运行。装配站物料台的传感器检测到工件到来后，开始执行装配过程。装入动作完成后，向系统发出装配完成信号。

如果装配站的料仓或料槽内没有小圆柱工件或工件不足，应向系统发出报警或预警信号。

(7)输送站运行3。系统接收到装配完成信号后，输送站机械手应抓取已装配的工件，然后从装配站向分拣站运送工件，到达分拣站传送带上方入料口后把工件放下，然后执行返回原点的操作。

(8)分拣站运行。输送站机械手装置放下工件、缩回到位后，分拣站的变频器即启动，驱动传动电动机以80%最高运行频率(由人机界面指定)的速度,把工件带入分拣区进行分拣,工件分拣原则与单站运行相同。当分拣气缸活塞杆推出工件并返回后,应向系统发出分拣完成信号。

(9)仅当分拣站分拣工作完成,并且输送站机械手装置回到原点时,系统的一个工作周期才认为结束。如果在工作周期期间没有触摸过停止按钮,系统在延时1s后开始下一周期工作。如果在工作周期期间曾经触摸过停止按钮,系统工作结束,警示灯中黄色灯熄灭,绿色灯仍保持常亮。系统工作结束后若再按下启动按钮,则系统又重新工作。

6.异常工作状态测试。

(1)工件供给状态的信号警示。如果发生来自供料站或装配站的"工件不足够"的预报警信号或"工件没有"的报警信号,则系统动作如下:

①如果发生"工件不足够"的预报警信号,警示灯中红色灯以1Hz的频率闪烁,绿色和黄色灯保持常亮,系统继续工作。

②如果发生"工件没有"的报警信号,警示灯中红色灯以亮1s、灭0.5s的方式闪烁,黄色灯熄灭,绿色灯保持常亮。

若"工件没有"的报警信号来自供料站,且供料站物料台上已推出工件,系统继续运行,直至完成该工作周期尚未完成的工作。当该工作周期工作结束后,系统将停止工作,除非"工件没有"的报警信号消失,否则系统不能再启动。

若"工件没有"的报警信号来自装配站,且装配站回转台上已落下小圆柱工件,则系统继续运行,直至完成该工作周期尚未完成的工作。当该工作周期工作结束,系统将停止工作,除非"工件没有"的报警信号消失,否则系统不能再启动。

(2)急停与复位。系统工作过程中按下输送站的急停按钮,则输送站立即停车。在急停复位后,应从急停前的断点开始继续运行。但若急停按钮按下时,机械手装置正在向某一目标点移动,则急停复位后输送站机械手装置应首先返回原点位置,然后再向原目标点运动。

要求完成如下工作任务:

(1)检查并调整自动化生产线各单元位置。

(2)进行有关器件参数的设置与测试。

(3)进行人机界面设计。

(4)调试系统的PLC程序。

二、实训步骤与要求

1.按照图5-64所示调整自动化生产线各单元的位置并固定好。

2.接通气源后检查各工作单元气缸初始位置是否符合要求,如不符合,须适当调整,确保各气缸运行顺畅和平稳。

3.设置变频器参数和伺服电机驱动器的参数,并进行单元模块的测试,检查并核对PLC各传感器和电磁阀的I/O分配是否正确。

4.参考预备知识中的内容,连接和配置PLC的PPI网络,保证网络畅通。

5.设计人机界面。人机界面的参考设计如图5-65所示。

6.下载各站程序进行单站的调试,使每站运行都符合要求。

7. 进行 5 站联机测试,使系统运行符合要求。

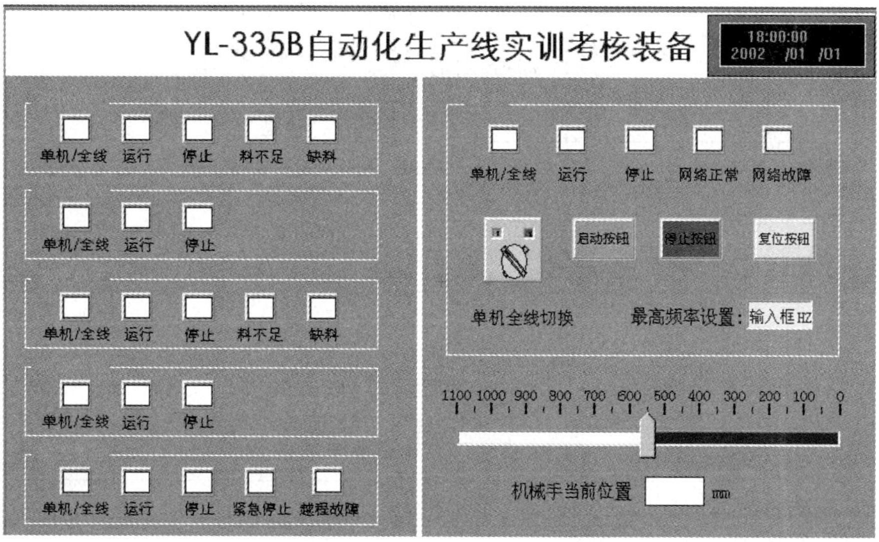

图 5-65 自动线的人机界面

5.4.5 实训报告要求及评分标准

一、实训报告要求

1. 根据控制工艺流程完成自动线整机调试。
2. 记录调试过程中所设置的参数。
3. 记录调试过程中的疑难问题及解决方法。
4. 如果将主站改为装配单元或分拣单元,请对该系统进行修改和调试。
5. 完成自动化生产线整机调试任务,并编写实训报告。

二、评分标准

表 5-12 实训考核评分表

姓名:	班级:	学号:	工位号:	日期:
考核项目	考核内容	配分	考核要求	得分
工作计划与图纸	工作计划	5 分	工作计划合理	
	材料清单	5 分	清单完整	
	气路图	5 分	符号规范,原理正确	
	电路图	5 分	符号规范,原理正确	
电路连接	电路连接正确性及工艺	20 分	端子连接,插针压线不牢或超过 2 根导线,每处扣 1 分; 端子连接处没有线号,每处扣 0.5 分; 电路接线没有绑扎带或接线凌乱,扣 2 分	

续表

气路连接	气路连接正确性、调节合理及工艺	20分	气路连接未完成或有错,每处扣2分,气路连接有漏气现象,每处扣1分; 气缸节流阀调整不当,每处扣1分,气管没有绑扎或气路连接凌乱,扣2分	
测试与功能	按任务描述测试	30分	启动/停止方式不按控制要求,扣1分;运行测试不满足要求,每处扣0.5分,工件送料测试,推出位置有明显偏差,每处扣2分	
职业素养与安全文明	职业习惯,安全文明意识	10分	现场操作安全保护符合安全操作规程;工具摆放、包装物品、导线线头等处理符合职业岗位的要求;团队合作有分工有合作,配合紧密;遵守纪律,尊重教师,爱惜设备和器材,保持工位的整洁	
考评教师签名:			总分:	

第6章 PLC模拟试题

6.1 模拟试题一

一、试题名称

用 PLC 改造继电器—接触器控制线路。

二、任务描述及考核要求

1. 任务描述。使用 PLC 对所给的具有能耗制动功能的星形—三角形启动控制线路进行改造，如图 6-1 所示。

2. 考核要求。

(1)用 PLC 对图 6-1 所示的电路进行改造，并进行安装与调试。

(2)根据任务设计主电路电路图，列出 PLC 控制 I/O 口(输入/输出)元件地址分配表。

(3)根据加工工艺，设计梯形图(或指令表)及 PLC 控制 I/O 口(输入/输出)接线图。

(4)安装与接线。

①将熔断器、接触器、继电器、PLC 装在一块配线板上，将转换开关、按钮等装在另一块配线板上。

②按 PLC 控制 I/O 口(输入/输出)接线图在模拟配线板上正确安装，元件在配线板上要布置合理，安装要准确、紧固，配线导线要紧固、美观，导线要进行线槽，导线要有端子标号，引出端要用别径压端子。

(5)程序输入与调试：能正确地将所编程序输入 PLC；按照被控设备的动作要求进行模拟调试，达到设计要求。

(6)通电试验：正确使用电工工具及万用表，进行仔细检查，通电试验，并注意人身和设备安全。

(7)考核时间为 210 分钟。

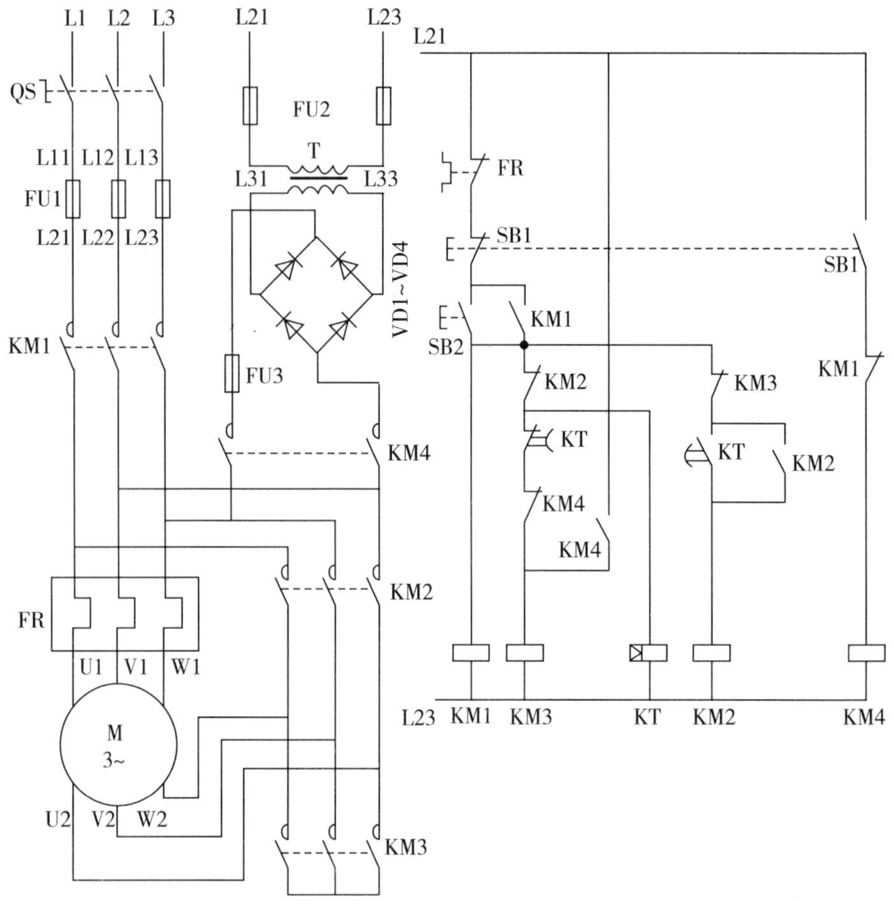

图 6-1 具有能耗制动功能的星形—三角形启动控制线路

三、评分表

考生姓名			准考证号		工位号		
序号	主要内容	考核要求	评分标准		配分	扣分	得分
1	电路设计	根据任务，设计主电路电气原理图，列出 PLC 控制 I/O 口（输入/输出）元件地址分配表，根据加工工艺，设计梯形图及 PLC 控制 I/O 口（输入/输出）接线图，根据梯形图列出指令表	1. 电气控制原理设计不全或设计错误，每处扣 1 分； 2. 输入输出地址遗漏或出错，每处扣 1 分； 3. 梯形图表达不正确或画法不规范，每处扣 1 分； 4. 接线图表达不正确或画法不规范，每处扣 1 分； 5. 指令有错，每条扣 1 分		35		

续表

2	安装与接线	按 PLC 控制 I/O 口(输入/输出)接线图在模拟配线板上正确安装,元件在配线板上布置要合理,安装要准确紧固,配线导线要紧固、美观,导线要进行线槽,导线要有端子标号,引出端要用别径压端子	1.元件布置不整齐、不匀称、不合理,每个扣 1 分; 2.元件安装不牢固、安装元件时漏装木螺钉,每个扣 1 分; 3.损坏元件扣 5 分; 4.电机运行正常,如不按电气原理图接线,扣 1 分; 5.布线不进行线槽,不美观,主电路、控制电路每根扣 0.5 分; 6.接点松动、露铜过长、反圈、压绝缘层,标记线号不清楚、遗漏或误标,引出端无别径压端子,每处扣 1 分; 7.损伤导线绝缘或线芯,每根扣 0.5 分; 8.不按 PLC 控制 I/O(输入/输出)接线图接线,每处扣 1 分	30		
3	程序输入及调试	熟练、正确地将所编程序输入 PLC;按照被控设备的动作要求进行模拟调试,达到设计要求	1.不会熟练操作 PLC 键盘输入指令扣 2 分; 2.不会用删除、插入、修改等命令,每项扣 2 分; 3.一次试车不成功扣 4 分;二次试车不成功扣 8 分;三次试车不成功扣 10 分	25		
4	安全文明生产	劳动保护用品穿戴整齐;电工工具佩带齐全;遵守操作规程;尊重考评员,讲文明礼貌;考试结束要清理现场	1.考试中,违犯安全文明生产考核要求的任何一项扣 2 分,扣完为止; 2.考生在不同技能试题中,违犯安全文明生产考核要求同一项内容的,要累计扣分; 3.当考评员发现考生有重大事故隐患时,要立即予以制止,并每次扣考生安全文明生产总分 5 分	10		
备注			合计			
			考评员签字	年 月 日		

评分人: 年 月 日 核分人: 年 月 日

6.2 模拟试题二

一、试题名称

用 PLC 控制装料小车的自动控制系统。

二、任务描述及考核要求

1.任务描述。

工作流程:启动按钮 SB1 用来开启运料小车,停止按钮 SB2 用来立即停止运料小车,如

图 6-2 所示。

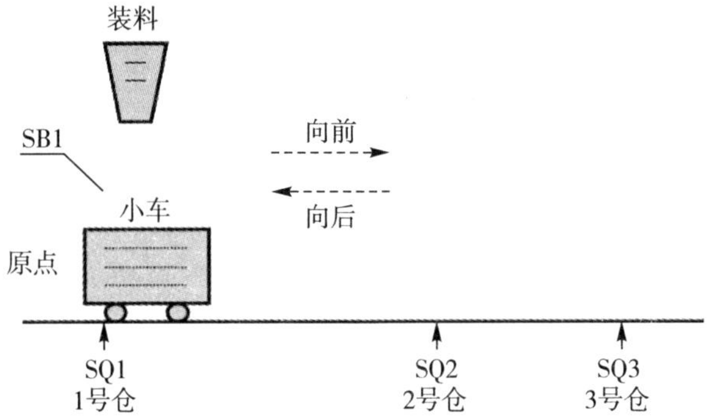

图 6-2　PLC 控制装料小车的自动控制系统

(1)按 SB1 启动按钮,小车在 1 号仓停留(装料)10s 后,第一次由 1 号仓运料到 2 号仓,碰限位开关 SQ2 后,停留(卸料)5s,然后空车返回到 1 号仓,碰限位开关 SQ1 停留(装料)10s。

(2)小车第二次由 1 号仓运料到 3 号仓,经过限位开关 SQ2 不停留,继续向前,当到达 3 号仓,碰限位开关 SQ3 后停留(卸料)8s,然后空车返回到 1 号仓,碰限位开关 SQ1 后停留(装料)10s。

(3)重新进行上述工作过程。

(4)按下 SB2,小车立即停止。

2. 考核要求。

(1)根据任务,列出 PLC 控制 I/O 口(输入/输出)元件地址分配表。

(2)根据工作流程,设计梯形图(或指令表)及 PLC 控制 I/O 口(输入/输出)接线图。

(3)程序输入与调试:正确地将所编程序输入 PLC;按照被控设备的动作要求进行模拟调试,达到设计要求。

(5)通电试验:在模拟装置上进行通电试验,正确使用电工工具及万用表,进行仔细检查,通电试验,并注意人身和设备安全。

(6)考核时间为 90 分钟。

三、评分表

考生姓名			准考证号		工位号		
序号	主要内容	考核要求	评分标准		配分	扣分	得分
1	电路设计	根据任务,设计主电路图,列出 PLC 控制 I/O 口(输入/输出)元件地址分配表,根据加工工艺,设计梯形图及 PLC 控制 I/O 口(输入/输出)接线图,根据梯形图列出指令表	1. 电路图设计不全或设计有错,每处扣 2 分; 2. 输入输出地址遗漏或出错,每处扣 1 分; 3. 梯形图表达不正确或画法不规范,每处扣 2 分; 4. 接线图表达不正确或画法不规范,每处扣 2 分; 5. 指令有错,每条扣 2 分		60		

续表

2	程序输入及调试	熟练操作 PLC 键盘或软件,能正确地将所编程序输入 PLC;按照被控设备的动作要求进行模拟调试,达到设计要求	1. 不能熟练操作 PLC 键盘或软件输入指令,扣 2 分; 2. 不会用删除、插入、修改等命令,每项扣 2 分; 3. 缺少 1 个动作功能,扣 8 分	40		
备注			合计			
			考评员签字	年 月 日		

评分人： 年 月 日 核分人： 年 月 日

6.3 模拟试题三

一、试题名称

回转台 PLC 控制系统的设计、安装与调试。

二、任务描述及考核要求

1. 任务描述。有一台设备,其回转台由一液压控制系统控制,液压工作台回转由电磁阀控制。工作台工作循环为:回转工作台抬起→回转工作台回转→回转工作台反靠→回转工作台夹紧→离合器脱开→回转油缸返回。回转工作台运转时,各电磁铁和限位开关的工作状态如表 6-1 所示。控制要求如下:

(1)工作方式设置为自动循环、手动、单周。

(2)有必要的电气保护和联锁。

(3)自动循环时应按上述顺序动作。

表 6-1 回转工作台运转时各电磁铁和限位开关的工作状态表

工作状态	回转工作台运转时各电磁铁和限位开关的工作状态											
	通电电磁铁						被压的限位开关					
	1DT	2DT	3DT	4DT	5DT	6DT	1X	2X	3X	4X	5X	YJ *
回转台原位	—		—	—	—	—			+		+	+
回转台抬起	+	—	—	—	—	—	+					
回转台回转	(+)	—	+	—	—	—	(+)	+				
回转台反靠	(+)	—	—	+	+	—	(+)		+			
回转台夹紧	—	+	—	(+)	—	—			(+)			+
离合器脱开	—	(+)	—	—	—	+			(+)	+		(+)
油缸返回	—	(+)	—	+	—	—			(+)	(+)	+	(+)

注:YJ * 为压力继电器

2. 考核要求。

(1)电路设计。根据任务设计主电路电路图,列出 PLC 控制 I/O 口(输入/输出)元件地址分配表以及 PLC 控制 I/O 口(输入/输出)接线图。

(2)程序设计。根据加工工艺设计梯形图。

(3)程序输入与调试。正确地将所编程序输入 PLC;按照被控制设备的动作要求进行模拟调试,直到符合控制要求。

(4)通电试验。正确使用电工工具及万用表,进行仔细检查,最好使通电试验一次性成功,并注意人身和设备安全。

(5)考试时间为 180 分钟。

三、评分表

<table>
<tr><td colspan="2">考生姓名</td><td></td><td>准考证号</td><td></td><td colspan="2">工位号</td><td></td></tr>
<tr><td>序号</td><td>主要内容</td><td>考核要求</td><td colspan="2">评分标准</td><td>配分</td><td>扣分</td><td>得分</td></tr>
<tr><td>1</td><td>电路设计</td><td>根据任务设计主电路图,列出 PLC 控制 I/O 口(输入/输出)元件地址分配表,根据加工工艺,设计梯形图及 PLC 控制 I/O 口(输入/输出)接线图,根据梯形图列出指令表</td><td colspan="2">1. 电路图设计不全或设计有错,每处扣 2 分;
2. 输入输出地址遗漏或出错,每处扣 1 分;
3. 梯形图表达不正确或画法不规范,每处扣 2 分;
4. 接线图表达不正确或画法不规范,每处扣 2 分;
5. 指令有错,每条扣 2 分</td><td>60</td><td></td><td></td></tr>
<tr><td>2</td><td>程序输入及调试</td><td>熟练操作 PLC 键盘或软件,能正确地将所编程序输入 PLC;按照被控设备的动作要求进行模拟调试,达到设计要求</td><td colspan="2">1. 不会熟练操作 PLC 键盘或软件输入指令,扣 2 分;
2. 不会用删除、插入、修改等命令,每项扣 2 分;
3. 缺少 1 个动作功能,扣 8 分</td><td>40</td><td></td><td></td></tr>
<tr><td rowspan="2">备注</td><td rowspan="2" colspan="2"></td><td colspan="2">合计</td><td></td><td></td><td></td></tr>
<tr><td>考评员签字</td><td colspan="4">年 月 日</td></tr>
</table>

评分人: 年 月 日 核分人: 年 月 日

6.4 模拟试题四

一、试题名称

用 PLC 控制加热炉自动上料装置。

二、任务描述及考核要求

1. 任务描述。加热炉自动上料装置和工作过程如图 6-3 所示。

(1)按下 SB1 启动按钮→KM1 得电,炉门电机正转→炉门开。

(2)压限位开关 SQ1→KM1 失电,炉门电机停转;KM3 得电,推料机电机正转→推料机进,运料入炉,到料位。

(3)压限位开关 SQ2→KM3 失电,推料机电机停转;延时 3s 后,KM4 得电,推料机电机反转→推料机退到原位。

(4)压限位开关 SQ3→KM4 失电,推料机电机停转;KM2 得电,炉门电机反转→炉门闭。

(5)压限位开关 SQ4→KM2 失电,炉门电机停转;SQ4 常闭触点闭合,为下次循环做准备。

(6)上述过程不断运行。若按下停止按钮 SB2,工作立即停止。

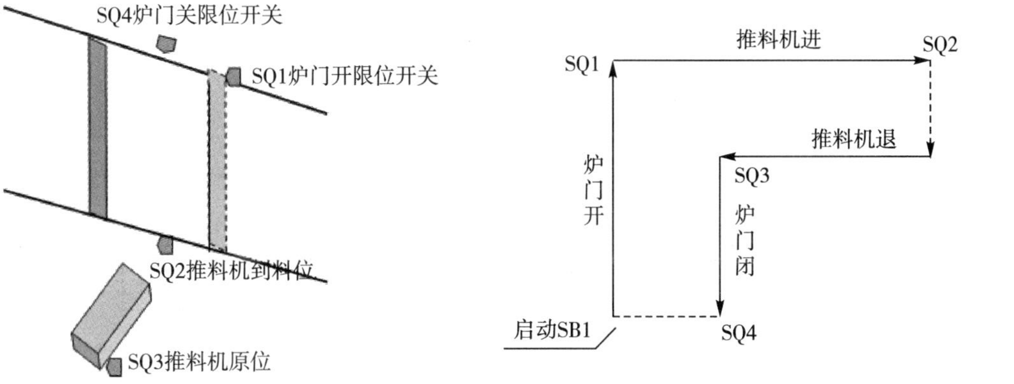

图 6-3 加热炉自动上料装置和工作过程

2.考核要求。

(1)电路设计。根据任务和工作过程设计主电路电路图,列出 PLC 控制 I/O 口(输入/输出)元件地址分配表以及 PLC 控制 I/O 口(输入/输出)接线图。要求有必要的保护和联锁环节。

(2)程序设计。根据工作流程设计梯形图。

(3)程序输入与调试。将所编程序正确地输入 PLC;按照被控制设备的动作要求进行模拟调试,直到符合控制要求。

(4)安装与接线。

①将熔断器、接触器、继电器、PLC 装在一块配线板上,将转换开关、按钮等装在另一块配线板上。

②按 PLC 控制 I/O 口(输入/输出)接线图在模拟配线板上正确安装,元件在配线板上布置要合理,安装要准确、紧固,配线导线要紧固、美观,导线要进行线槽,导线要有端子标号,引出端要用别径压端子。

(5)通电试验。正确使用电工工具及万用表进行仔细检查,最好使通电试验一次性成功,并注意人身和设备安全。

(6)考试时间为 210 分钟。

三、评分表

考生姓名			准考证号	工位号		
序号	主要内容	考核要求	评分标准	配分	扣分	得分
1	电路设计	根据任务设计主电路电气原理图,列出PLC控制I/O口(输入/输出)元件地址分配表,根据加工工艺,设计梯形图及PLC控制I/O口(输入/输出)接线图,根据梯形图列出指令表	1. 电气控制原理设计不全或设计出错,每处扣1分; 2. 输入输出地址遗漏或出错,每处扣1分; 3. 梯形图表达不正确或画法不规范,每处扣1分; 4. 接线图表达不正确或画法不规范,每处扣1分; 5. 指令有错,每条扣1分	35		
2	安装与接线	按PLC控制I/O口(输入/输出)接线图在模拟配线板正确安装,元件在配线板上布置要合理,安装要准确、紧固,配线导线要紧固、美观,导线要进行线槽,导线要有端子标号,引出端要用别径压端子	1. 元件布置不整齐、不匀称、不合理,每个扣1分; 2. 元件安装不牢固,安装元件时漏装木螺钉,每个扣1分; 3. 损坏元件扣5分; 4. 电机运行正常,如不按电气原理图接线,扣1分; 5. 布线不进行线槽、不美观,主电路、控制电路每根扣0.5分; 6. 接点松动、露铜过长、反圈、压绝缘层,标记线号不清楚、遗漏或误标,引出端无别径压端子,每处扣1分; 7. 损伤导线绝缘或线芯,每根扣0.5分; 8. 不按PLC控制I/O(输入/输出)接线图接线,每处扣1分	30		
3	程序输入及调试	熟练、正确地将所编程序输入PLC;按照被控设备的动作要求进行模拟调试,达到设计要求	1. 不会熟练操作PLC键盘输入指令扣2分; 2. 不会用删除、插入、修改等命令,每项扣2分; 3. 一次试车不成功扣4分;二次试车不成功扣8分;三次试车不成功扣10分	25		
4	安全文明生产	劳动保护用品穿戴整齐;电工工具佩带齐全;遵守操作规程;尊重考评员,讲文明懂礼貌;考试结束要清理现场	1. 考试中,违犯安全文明生产考核要求的任何一项扣2分,扣完为止; 2. 考生在不同技能试题中,违犯安全文明生产考核要求同一项内容的,要累计扣分; 3. 当考评员发现考生有重大事故隐患时,要立即予以制止,并每次扣考生安全文明生产总分5分	10		
备注			合计			
			考评员签字	年　月　日		

评分人:　　　　年　月　日　　　　　　核分人:　　　　年　月　日

6.5 模拟试题五

一、试题名称

用 PLC 控制钻孔动力头电路。

二、任务描述及考核要求

1. 任务描述。某冷加工自动线有一个钻孔动力头,该动力头的加工过程如下(如图 6-4 所示):

(1)动力头在原位,并加以启动信号,这时接通电磁阀 YV1,动力头快进。

(2)动力头碰到限位开关 SQ1 后,接通电磁阀 YV1 和 YV2,动力头由快进转为工进,同时动力头电机转动(由 KM1 控制)。

(3)动力头碰到限位开关 SQ2 后,电磁阀 YV1 和 YV2 失电,并开始延时 10s。

(4)延时时间到,接通电磁阀 YV3,动力头快退。

(5)动力头回到原位,即停止电磁阀 YV3 及动力头电机。

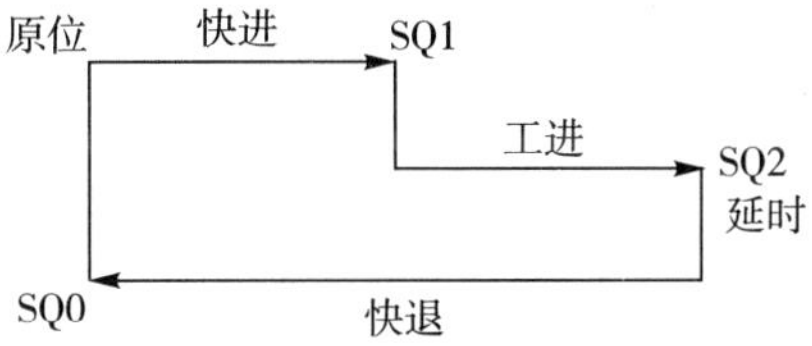

图 6-4 钻孔动力头工作过程

2. 考核要求。

(1)设计主电路,并根据控制要求列出 I/O 分配表,作出 PLC 外部接线图。

(2)分析工作过程,画出流程图,并编写梯形图程序。

(3)按照所绘制的 PLC 接线图接线,下载程序并进行模拟调试。

(4)通电试验。正确使用电工工具及万用表,进行仔细检查,最好使通电试验一次性成功,并注意人身和设备安全。

(5)考试时间为 180 分钟。

三、评分表

考生姓名			准考证号		工位号	
序号	鉴定要求	配分	等级	评分细则		得分
1	梯形图设计:根据给定的工艺要求进行程序设计	30	A	梯形图正确表达控制要求		
			B	梯形图设计错 1~2 点		
			C	梯形图设计错 3~5 点		
			D	梯形图设计错误或不能设计		

续表

2	语句表编写：根据梯形图的内容进行语句表编写	20	A	语句表编写完全正确	
			B	语句表编写错1～2点	
			C	语句表编写错3～5点	
			D	语句表编写错误或不能编写	
3	程序输入：可用编程器或用计算机软件输入程序	30	A	键盘操作熟练，键入程序完全正确	
			B	键入程序错，1次提示后能修改，程序基本正确	
			C	键入程序错，2次提示后能修改，程序基本正确	
			D	程序输入错误或不能输入程序	
4	模拟调试	10	A	调试步骤正确，能达到控制要求	
			B	系统运行失误1次	
			C	系统运行错，经提示后能修改，运行基本正确	
			D	通电调试失败，系统不能运行	
5	安全生产无事故发生	10	A	安全文明生产，符合操作规程	
			B	接线端口连接错	
			C	损坏计算机内编程软件	
			D	不能文明生产，不符合操作规程	
备注			合计		
			考评员签字	年　月　日	

评分人：　　年　月　日　　　　核分人：　　年　月　日

6.6 模拟试题六

一、试题名称

用PLC控制混料罐。

二、任务描述及考核要求

1.任务描述。

(1)有一混料罐装有2个进料泵，用于控制2种液料的进罐，装有一个出料泵，用于控制混合料出罐，另有一个混料泵用于搅拌液料。罐体上装有3个液位检测开关S1、S4、S6，分别送出罐内液位低、中、高的检测信号。罐内与检测开关对应处有一只装有磁钢的浮球，用作液面指示器，当浮球到达开关位置时开关吸合，离开时开关释放。如图6-5所示。

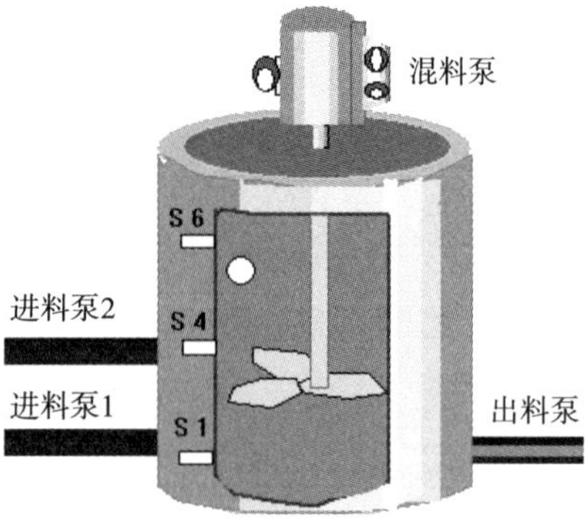

图6-5　混料罐示意图

在操作面板上设有一个混料配方选择开关SA1,用于选择配方1或配方2。设有一个启动按钮SB1,当按动SB1后,混料罐就按给定的工艺流程开始运行。设有一个停止按钮SB2作为流程的停止开关;循环选择开关SA2作为流程的连续循环与单次循环的选择开关。

(2)混料罐的工艺流程。混料罐的工艺流程如图6-6所示。

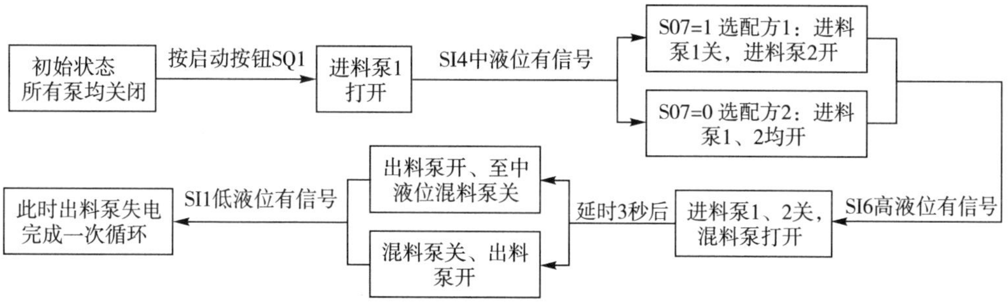

图6-6 混料罐的工艺流程

2.考核要求。

(1)编程方法及选用机型在现场由考评员指定。

(2)工作方式由考评员设定。

①混料罐连续循环与单次循环可按SA2自锁按钮进行选择,当SA2为“0”时,混料罐连续循环,当SA2为“1”时,混料罐单次循环。

②混料罐连续循环时,按停止按钮SB2混料罐立即停止;当再按启动按钮SB1时,混料罐继续运行。

③连续作3次循环后自动停止,中途按停止按钮SB2,混料罐完成一次循环后才能停止。

(3)按工艺要求画出控制流程图。

(4)列出I/O分配表和PLC外部接线图。

(5)设计梯形图程序或语句程序。

(6)在考核装置上接线,输入程序进行模拟仿真调试。

(7)考试时间为120分钟。

三、评分表

考生姓名			准考证号		工位号	
序号	鉴定要求	配分	等级	评分细则		得分
1	流程图设计:根据给定的工艺要求,进行流程图设计	20	A	流程图正确表达控制要求		
			B	流程图设计错1点,能独立纠正		
			C	流程图设计错2点,能独立纠正		
			D	流程图设计错误多处,或不能设计		
2	梯形图或语句表程序编写:根据流程图的内容,进行梯形图或语句表程序编写	20	A	梯形图或语句表程序编写完全正确		
			B	梯形图或语句表程序编写错1点		
			C	梯形图或语句表程序编写错2点		
			D	梯形图或语句表程序编写错误多处,或不能编写		

续表

3	程序输入:编程器或计算机软件输入程序	10	A	键盘操作熟练,键入程序完全正确	
			B	键入程序错1点,1次提示后能纠正	
			C	键入程序错2点,1次提示后能纠正	
			D	程序输入错误多处,或不会输入程序	
4	模拟调试	20	A	调试步骤正确,能达到控制要求	
			B	系统运行失败1次,能独立纠正	
			C	系统运行失败1~2次,经提示后能修改	
			D	系统运行失败多次,或系统不能运行	
5	回答问题	20	A	回答问题完全正确	
			B	一题回答正确,另一题回答不完整	
			C	二题均回答不完整	
			D	不能回答或回答问题完全错误	
6	安全生产无事故发生	10	A	安全文明生产,符合操作规程	
			B	接线端口连接错	
			C	损坏计算机内编程软件	
			D	不能文明生产,不符合操作规程	
备注			合计		
			考评员签字	年　月　日	

评分人:　　　　年　月　日　　　　　　　　核分人:　　　　年　月　日

6.7　模拟试题七

一、试题名称

用PLC控制红绿灯。

二、任务描述及考核要求

1.任务描述。红绿灯工作流程如下:

(1)南北红灯亮并保持15s,同时东西绿灯亮,但保持10s,到10s时东西绿灯闪亮3次(每周期1s)后熄灭;继而东西黄灯亮,并保持2s,到2s后,东西黄灯熄灭,东西红灯亮,同时南北红灯熄灭和南北绿灯亮。

(2)东西红灯亮并保持10s,同时南北绿灯亮,但保持5s,到5s时南北绿灯闪亮3次(每周期1s)后熄灭;继而南北黄灯亮,并保持2s,到2s后,南北黄灯熄灭,南北红灯亮,同时东西红灯熄灭和东西绿灯亮。

(3)上述过程作一次循环；当强制按钮 SB3 接通时，南北黄灯和东西黄灯同时亮，并不断闪亮(每周期 2s)；同时将控制台指示灯点亮并关闭信号灯控制系统。控制台指示灯及强制闪烁的黄灯在下一次启动时熄灭。

当控制按钮 SB1 接通时，信号灯控制系统开始工作，且先南北红灯亮，东西绿灯亮。红绿灯连续循环，按停止按钮 SB2 时，红绿灯立即停止；当再按启动按钮 SB1 时，红绿灯重新运行。

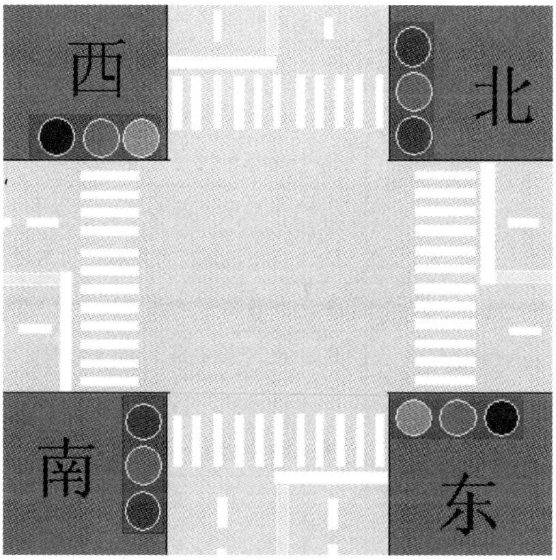

图 6-7 红绿灯示意图

2. 考核要求。

(1)编程方法及选用机型由考评员在现场指定。

(2)工作方式由考评员设定。

①红绿灯连续循环与单次循环可按 SB4 自锁按钮进行选择，当 SB4 为 0 时，红绿灯连续循环，当 SB4 为 1 时，红绿灯单次循环。

②红绿灯连续循环，按停止按钮 SB2 红绿灯立即停止；当再按启动按钮 SB1，红绿灯重新运行。

③连续作 3 次循环后自动停止，中途按停止按钮 SB2 时，红绿灯完成一次循环后才能停止。

(3)按工艺要求画出控制流程图。

(4)列出 I/O 分配表和 PLC 外部接线图。

(5)设计梯形图程序或语句程序。

(6)在考核装置上接线，输入程序进行模拟仿真调试。

(7)考试时间为 120 分钟。

三、评分表

考生姓名		准考证号		工位号	
序号	鉴定要求	配分	等级	评分细则	得分
1	流程图设计:根据给定的工艺要求,进行流程图设计	20	A	流程图正确表达控制要求	
			B	流程图设计错1点,能独立纠正	
			C	流程图设计错2点,能独立纠正	
			D	流程图设计错误多处,或不能设计	
2	梯形图或语句表程序编写:根据流程图的内容,进行梯形图或语句表程序编写	20	A	梯形图或语句表程序编写完全正确	
			B	梯形图或语句表程序编写错1点	
			C	梯形图或语句表程序编写错2点	
			D	梯形图或语句表程序编写错误多处,或不能编写	
3	程序输入:编程器或计算机软件输入程序	10	A	键盘操作熟练,键入程序完全正确	
			B	键入程序错1点,1次提示后能纠正	
			C	键入程序错2点,1次提示后能纠正	
			D	程序输入错误多处,或不会输入程序	
4	模拟调试	20	A	调试步骤正确,能达到控制要求	
			B	系统运行失败1次,能独立纠正	
			C	系统运行失败1~2次,经提示后能修改	
			D	系统运行失败多次,或系统不能运行	
5	回答问题	20	A	回答问题完全正确	
			B	一题回答正确,另一题回答不完整	
			C	二题均回答不完整	
			D	不能回答或回答问题完全错误	
6	安全生产无事故发生	10	A	安全文明生产,符合操作规程	
			B	接线端口连接错	
			C	损坏计算机内编程软件	
			D	不能文明生产,不符合操作规程	
备注		合计			
		考评员签字	年 月 日		

评分人: 年 月 日 核分人: 年 月 日

6.8　模拟试题八

一、试题名称

用 PLC 控制喷水池。

二、任务描述及考核要求

1. 任务描述。喷水池有红、黄、蓝三色灯，2 个喷水龙头和 1 个带动龙头移动的电磁阀。按 SB1 启动按钮开始动作，喷水池的动作以 45s 为 1 个循环，每 5s 为 1 个节拍，连续工作 3～5个循环后，停止 3～5s，如此不断循环，直到按下 SB2 停止按钮后完成 1 个循环，整个工艺停止。如图 6-8 所示。

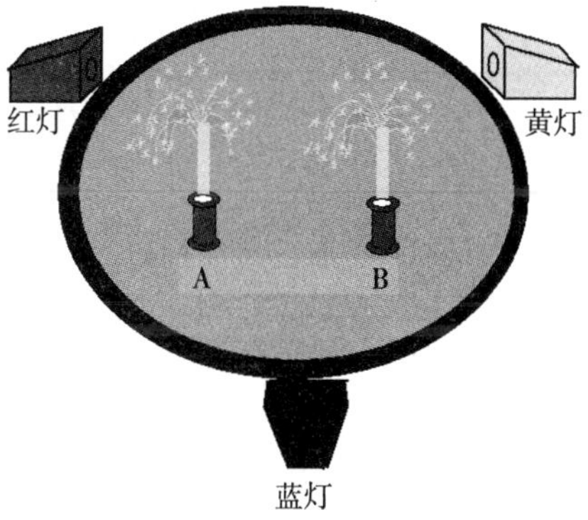

图 6-8　喷水池示意图

灯、喷水龙头和电磁阀的动作安排见表 6-2，状态表中在该设备有输出的节拍下显示灰色，无输出为空白。

表 6-2　喷水池各设备动作节拍表

节拍 设备	1	2	3	4	5	6	7	8	9
红灯									
黄灯									
蓝灯									
喷水龙头 A									
喷水龙头 B									
电磁阀									

2. 考核要求。

(1)编程方法及选用机型由考评员在现场指定。

(2)按工艺要求画出控制流程图。

(3)列出 I/O 分配表和 PLC 外部接线图。

(4)设计梯形图程序或语句程序。

(5)在考核装置上接线,输入程序,用组态软件来模拟仿真编程效果,检查程序,实现喷水池控制要求。

(6)排除考评员设定的故障。

(7)考试时间为120分钟。

三、评分表

考生姓名		准考证号		工位号	
序号	鉴定要求	配分	等级	评分细则	得分
1	流程图或状态转移图设计	25	A	能正确表达控制要求	
			B	设计图错1～2处,能独立纠正	
			C	设计图错3处,能独立纠正	
			D	设计图错误多处,或不能设计	
2	梯形图或指令语句表编写	25	A	梯形图或语句表与流程图(或状态转移图)相符并正确表达题意	
			B	梯形图或语句表编写中错1～2处	
			C	梯形图或语句表编写中错3处	
			D	编程中错多处或不会编写	
3	程序输入	10	A	键盘操作熟练,程序输入步骤正确	
			B	键入程序错1处,1次提示后能纠正	
			C	键入程序错2处,1次提示后能纠正	
			D	程序输入错误多处,或不会输入程序	
4	模拟调试	20	A	调试步骤正确,能达到控制要求	
			B	系统运行失败1次,能独立纠正	
			C	系统运行失败2次,经提示后能纠正	
			D	系统运行失败多次,或不会调试系统	
5	排除故障(由考评员设置两个故障)	20	A	故障分析书写正确,排除处理妥当	
			B	正确分析,排除一个故障,另一个故障经启发(一次)后排除	
			C	二个故障均经启发(一次)后排除	
			D	不能排除故障	
备注		合计			
		考评员签字	年 月 日		

评分人: 年 月 日 核分人: 年 月 日

参考文献

[1] 徐国林. PLC 应用技术[M]. 北京:机械工业出版社,2007.

[2] 廖常初. PLC 基础及应用(第 2 版)[M]. 北京:机械工业出版社,2007.

[3] 李方园. PLC 控制技术(西门子 S7-200)[M]. 北京:电子工业出版社,2010.

[4] 北京昆仑通态自动化软件科技有限公司. MCGS 培训教程. 2005.

[5] 吴作明. 工控组态软件与 PLC 应用技术[M]. 北京:北京航空航天大学出版社,2007.

[6] 李道霖. 电气控制与 PLC 原理及应用[M]. 北京:电子工业出版社,2009.

[7] 刘华波. 西门子 S7-200 PLC 编程及应用案例精选[M]. 北京:机械工业出版社,2009.

[8] 郑凤翼. 图解西门子 S7-200 系列 PLC 应用 88 例[M]. 北京:电子工业出版社,2009.

[9] 吕景泉. 自动化生产线安装与调试(第 2 版)[M]. 北京:中国铁道出版社,2009.

[10] SIMATIC S7-200 可编程控制器系统手册. 2007.